安鹏涛 张斯琦 编著

我们所生活的世界是建立在化学法则基础上的

中国青年出版社

图书在版编目（CIP）数据

跟着化学家学化学 / 安鹏涛，张斯琦编著. — 北京：中国青年出版社，2025.1（2025.3重印）
ISBN 978-7-5153-7307-2

I.①跟… II.①安… ②张… III. ① 化学—青少年读物 IV. ①O6-49

中国国家版本馆CIP数据核字（2024）第099358号

侵权举报电话

全国"扫黄打非"工作小组办公室
010-65212870
http://www.shdf.gov.cn

中国青年出版社
010-59231565
E-mail: editor@cypmedia.com

跟着化学家学化学

编　　著：安鹏涛 张斯琦

出版发行：中国青年出版社
地　　址：北京市东城区东四十二条21号
网　　址：www.cyp.com.cn
电　　话：010-59231565
传　　真：010-59231381
编辑制作：北京中青雄狮数码传媒科技有限公司
策划编辑：张鹏 田影
责任编辑：徐安维

印　　刷：北京博海升彩色印刷有限公司
开　　本：880mm x 1230mm 1/32
印　　张：10
字　　数：318千字
版　　次：2025年1月北京第1版
印　　次：2025年3月第3次印刷
书　　号：ISBN 978-7-5153-7307-2
定　　价：69.80元

本书如有印装质量等问题，请与本社联系
电话：010-59231565
读者来信：reader@cypmedia.com
投稿邮箱：author@cypmedia.com

前言

欢迎来到化学的奇妙世界！

化学是一门研究物质的组成、结构、性质及其变化的科学，是自然科学的重要支柱之一，与我们的日常生活息息相关。从我们呼吸的空气到吃的食物，从我们穿的衣服到用的药物，都有着化学的影子。

你知道暖宝宝为什么能够自动发热吗？为什么蓝色的烟花很罕见？为什么塑料制品底部标有三角标识？它们都代表什么意思？阅读本书吧，它会告诉你答案。

本书的宗旨是为读者提供清晰、易懂的化学知识指南。我们将从原子和分子开始，逐步揭示化学反应、化学键、物质的状态和性质等重要概念。同时，我们还会介绍一些与日常生活密切相关的化学现象，帮助读者理解化学在生活中的应用和重要性。

本书以48个化学原理展开，讲述了结构化学、无机化学、热化学、电化学、有机化学基础。在编写本书的过程中，我们力求将复杂的化学概念以简洁明了的方式呈现出来，用丰富的插图和图表来增强理解，通过介绍科学家与生活中的趣闻轶事来激发读者进一步探究的兴趣。

其实，生活中任何微小的现象都能够引起我们的思考。例如，波义耳思考紫罗兰遇酸为什么变成红罗兰后发明了能够检验酸碱的石蕊试纸；布朗思考为什么花粉粒会在水上不断地无规则运动后提出了“布朗运动”。为了更好地理解这种思考过程，本书虚拟了与科学家的访谈，希望通过这种访谈拉近大家与科学家的距离，更好地明白每个原理的发现过程。

本书的结构如下：

- 物质结构篇——分子的结构都是什么样的？

原子核模型、元素周期表、同位素、离子键与离子晶体、共价键……

- 反应与平衡篇——物质的反应规律是什么样的？

质量守恒定律、氧化还原反应、阿伦尼乌斯方程、勒夏特列原理……

- 化学热力学篇——反应的热量是如何产生的？

热力学第一定律、热力学第二定律、热力学第三定律、吉布斯自由能……

- 溶液与胶体篇——溶液中的反应都是什么样的？

电离理论、酸碱中和、沉淀溶解平衡、丁达尔效应……

- 电化学篇——电能与化学能是什么关系？

原电池、燃料电池、电解、电镀……

- 有机篇——有机物的结构与性质是什么样的？

烷烃、烯烃、苯、同分异构、手性化合物……

化学的魅力在于它能解释自然界的万千现象，从简单的物理变化到复杂的生命过程，都有着化学的影子。无论是古代炼金术士的梦想，还是现代化学家的创新，化学在人类文明的发展中扮演了重要角色。

化学不仅仅是一门学科，它还是一种观察世界的方式。通过学习化学，你将发现自然界的无尽奥秘，理解从微观粒子到宏观世界的变化规律。希望本书能够点燃你对化学的热情，开启你探索科学奥秘的大门。

感谢你选择了本书，愿它成为你学习化学的良师益友。让我们一起走进化学的奇妙世界，感受化学的魅力吧！

编者

目录

物质结构篇

分子的结构都是什么样的？

卢瑟福

玻尔

查德威克

反应与平衡篇

物质的反应规律是什么样的？

化学热力学篇

反应的热量是如何产生的？

溶液与胶体篇

溶液中的反应都是什么样的？

有机篇

有 机 物 的 结 构 与 性 质 是 什 么 样 的 ？

物质结构篇

分子的结构都是什么样的？

分子的结构都是什么样的?

原子核模型

原子是构成物质的基本单位，是由中心的原子核和外围电子构成的。

发现契机!

—— 欧内斯特·卢瑟福（Ernest Rutherford，1871年8月30日—1937年10月19日）是英国物理学家，诺贝尔化学奖得主。在1907年研究α粒子散射时，卢瑟福发现有极少数粒子被反弹回来，于是提出了原子核式结构模型。

这个结果让我感到十分震惊，因为根据我的老师约瑟夫·约翰·汤姆孙的枣糕模型，是不可能会有粒子被反弹回来的。于是我又重复实验了多次，结果依旧如此。

—— 为什么会发生这种情况呢?

这是我一生中碰到的最不可思议的事情，就好像你用一门15英寸（约38厘米）口径的大炮去轰击一张纸，却被反弹回的炮弹击中一样。经过思考，我认为原子几乎全部的质量都集中在直径很小的核心区域，所以我称它为原子核。

—— 但是您并没有急着公开自己的发现。

我考虑了整整四年的时间，验证了大量的数据，确保万无一失之后，在1911年首次公布了卢瑟福模型。

—— 您真是一位严谨的人!

原理解读！

- 原子是由原子核和核外电子组成的，原子的直径约为10^{-10}m，而原子核的直径约为10^{-15}m，只有原子直径的十万分之一。
- 原子的主要质量都集中在原子核上。
- 对于中性原子，所有电子所带的负电荷总和等于原子核所带的正电荷数。
- 原子结构如下图所示。

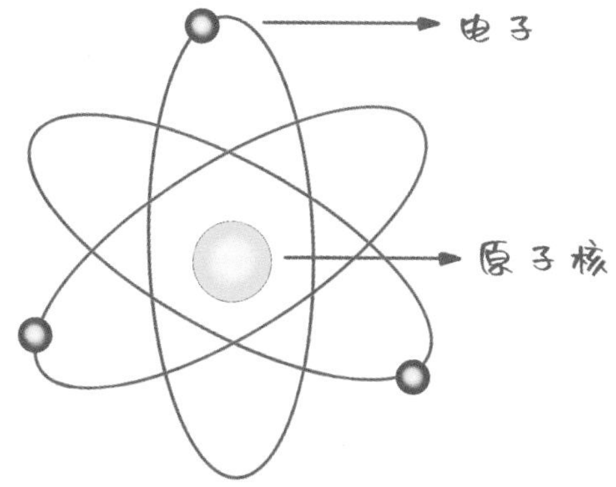

原子核是一个体积很小、带正电荷且位于原子中间的核，而电子在核外绕核运动。

原子是化学变化中的最小粒子，由质子、中子和电子等基本粒子组成。原子的结构是物理学和化学领域中一个非常重要的问题，因为涉及物质的本质和变化。

电子的发现以及汤姆孙的枣糕模型

1897年，英国物理学家约瑟夫·约翰·汤姆孙进行了改进阴极射线实验，在测定阴极射线中带电粒子的核质比时发现了一种新粒子，他将其命名为“电子”。

于是，汤姆孙提出原子是一个实心球体，充斥着正电荷，电子则均匀分布在球体中，就像是一块镶嵌着葡萄干的布丁，所以又被称作“葡萄干布丁原子结构模型”或者“枣糕模型”，如图1所示。

［图1］枣糕模型

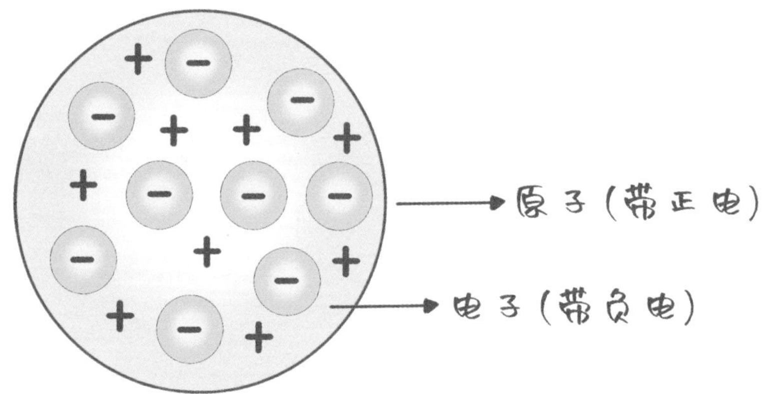

这个模型在卢瑟福进行α粒子散射实验后被推翻了。

虽然枣糕模型是错误的，但是从经典物理学的角度看，汤姆孙的模型是很成功的。该模型不仅能解释原子为什么是电中性的，电子在原子里是怎样分布的，而且还能解释原子为什么会发光。枣糕模型向人们展现了原子不是一个虚无缥缈的概念，而是有质量、有大小、有内部结构的粒子。

我在1898年发现了α射线，在这之后进行了α粒子散射实验，意外地证明了枣糕模型是错误的，原子的正电荷并不是均匀分布在像枣糕的球体上，而是集中在一个很小的核上。

卢瑟福的α粒子散射实验

卢瑟福的α粒子散射实验：在暗室中，用α粒子去轰击金箔。穿过金箔的α粒子会以散射状击打在屏幕上，留下微弱的闪光，借此可以研究α粒子的轨迹变化，如图2所示。

［图2］卢瑟福α粒子散射实验

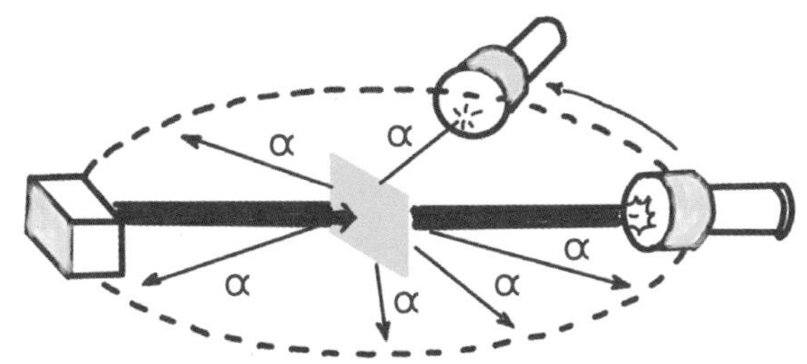

在α粒子散射实验中可以发现：绝大多数α粒子穿过金箔后仍沿原来的方向前进或只发生很小的偏转，但有些α粒子发生了较大的偏转，大约有1/8000α粒子的偏转角度超过了90°，个别的甚至接近180°，就像被弹回来了一样。这是一个令人震惊的现象，因为按照汤姆孙的模型，α粒子相当于子弹，而金箔相当于枣糕，当子弹打到均匀分布的枣糕上，会直接穿过枣糕，如图3所示。

［图3］α粒子穿过枣糕模型

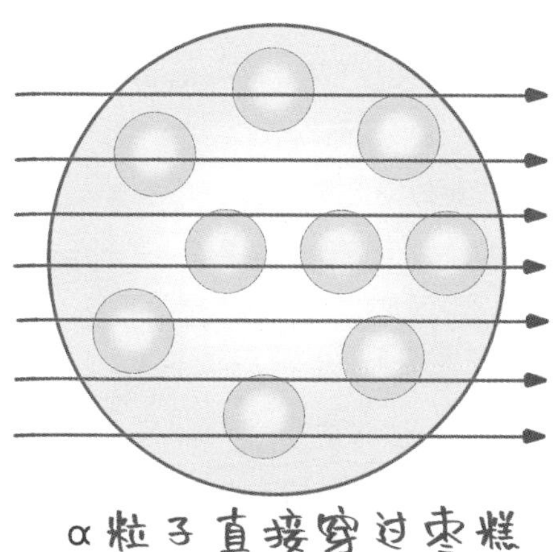

α粒子直接穿过枣糕

卢瑟福在经过深思熟虑和仔细的计算之后，否定了汤姆孙的“枣糕模型”，提出了新的原子结构模型。他设想在原子中间有一个体积很小、带正电荷的核，而电子在核外绕核运动，这种结构被称为原子的“核式结构模型”，能够很好地解释α粒子散射实验中部分粒子的大幅度偏转现象，如图4所示。

[图4] α粒子穿过原子的核式结构模型

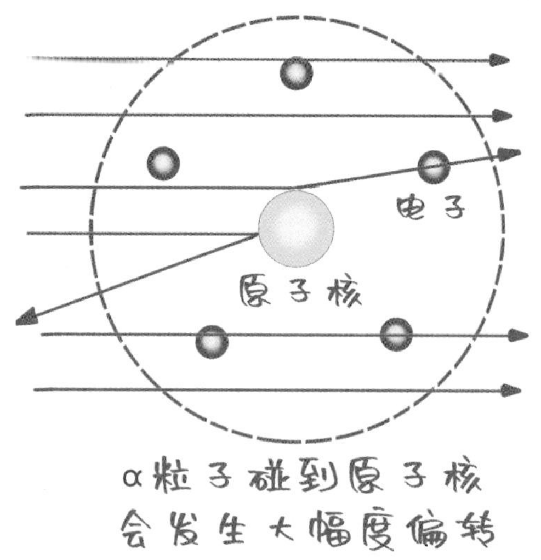

原子核的体积

原子的直径约为10^{-10}m，而原子核的直径约为10^{-15}m，只有原子直径的十万分之一，其余的体积都被电子所在的电子云所占据。如果把原子线度放大到1000m，则原子核的线度只有约1cm；如果将原子比作一个足球场那么大，那么原子核就相当于足球场上的一粒米。

原子核的体积虽然很小，但它几乎集中了原子的所有质量，并且密度大得惊人。正因为原子核很小，密度很大，原子内部非常“空旷”，所以绝大多数α粒子从离核较远的地方经过时，受到带有同种电荷的原子核的排斥力很小，因而几乎不发生偏转；只有极少数的α粒子有机会从离核很近的地方经过，受到比较大的排斥力，才会发生大角度的偏转。

原理应用知多少！

原子钟

通过观察太阳的东升西落，我们知道了“一天”的长度；通过月相的变化，我们确定了“一月”；而四季的更替让我们感受到了“一年”。这些时间标准都是基于天体运动的周期，比如地球的自转和公转。单摆的摆动、弹簧的振动等也具有周期性，人们利用这些机械运动的周期制造出机械钟表来测量时间。物体在阳光下的投影、漏壶中的稳定滴水等现象也体现了周期变化，因此我们发明了日晷和水钟。原则上，任何周期性现象都可以作为时间标准。

然而，地球的自转和公转周期并不完全均匀，单摆的摆动无法避免摩擦等因素的影响，日晷和水钟也会受到环境湿度和温度的影响……这些因素都影响了时间测量的精确性，逐渐无法满足现代人们对时间精度的需求。那么能否找到一个更稳定、更精确的周期现象，来提升时间测量的精度呢?

让我们把目光从运转有序的天体转向神奇的量子世界。世界由微小的原子组成，每一个原子都可以看成是一个结构稳定的量子系统，核外电子围绕原子核在特定的轨道上运动。

电子从所在轨道跃迁到另一个轨道时，会吸收或释放特定频率的电磁波。这个频率非常稳定，不受外界环境变化的影响，因此可以用来精确计时。

利用这个原理，原子钟便被制造了出来。铯-133原子的基态超精细结构跃迁频率（约9,192,631,770赫兹）已经被国际单位制（SI）定义为一秒的标准。

原子钟的高精度和稳定性使其在许多领域得到了广泛应用。全球定位系统（GPS）中，每颗GPS卫星上都搭载原子钟，提供精确的时间信号，帮助接收器计算出准确的位置；在高频金融交易中，时间精度至关重要，原子钟能确保交易时间的精确记录，减少延迟和错误；在物理学、天文学等领域，精确的时间测量对实验和观测至关重要，原子钟为这些研究提供了基础支持。

“这也许是我挖的最后一个马铃薯”

1889年，18岁的卢瑟福通过了初级大学奖学金的考试，当他的母亲告诉他这一消息时，卢瑟福正在菜园里挖马铃薯，他说：“这也许是我挖的最后一个马铃薯。”通过刻苦努力，穷孩子卢瑟福完成了学业，艰苦求学的经历培养了他认准目标就百折不回、勇往直前的精神。后来，学生为卢瑟福起了一个外号——鳄鱼，并把鳄鱼徽章装饰在他的实验室门口，因为鳄鱼从不回头，它会张开吞食一切的大口，不断前进。

最伟大的导师

1908年，卢瑟福获得了该年度的诺贝尔化学奖，但他对自己获得的不是物理学奖感到有些意外，风趣地说：“我竟摇身一变，成为一位化学家了。”

卢瑟福不但是伟大的物理学家，还直接或间接培养出一大批天才，他的助手和学生中先后有十多人获得了诺贝尔奖。

1921年，卢瑟福的助手索迪获诺贝尔化学奖；1922年，卢瑟福的学生阿斯顿获诺贝尔化学奖；1922年，卢瑟福的学生玻尔获诺贝尔物理学奖；1927年，卢瑟福的助手威尔逊获诺贝尔物理学奖；1935年，卢瑟福的学生查德威克获诺贝尔物理学奖；1948年，卢瑟福的助手布莱克特获诺贝尔物理学奖；1951年，卢瑟福的学生科克罗夫特和沃尔顿共同获得诺贝尔物理学奖；1978年，卢瑟福的学生卡皮查获诺贝尔物理学奖。在学生眼里，他是“最伟大的导师”。

分子的结构都是什么样的？

玻尔模型

基态原子的电子不是杂乱无章的，而是按顺序排布在电子轨道中。

发现契机！

——玻尔模型是丹麦物理学家尼尔斯·玻尔（Niels Bohr，1885年10月7日—1962年11月18日）于1913年提出的原子结构的理论模型。

我观察到光谱线的频率和电子的能级之间存在关系，于是产生了一些猜想。我尝试通过量子假设来解释这些现象，提出了电子只能在特定的能级上运动，并且发射或吸收光子以跃迁到另一个能级的理论。

——那一刻您有什么样的感受呢？

意识到这个理论可以很好地解释氢原子光谱，我感到非常激动和满足。这个模型为解释电子在原子中的运动提供了一个清晰而简洁的框架。

——这听起来非常精彩！玻尔模型对量子力学的发展产生了深远的影响，那么，这个模型的发现对当时的科学界有什么意义吗？

玻尔模型的提出填补了当时关于原子结构的理论空白，为后来量子力学的发展奠定了基础。它还解释了氢原子光谱中的谱线，为后续的研究提供了方向。而且这个模型在当时被广泛接受，为之后的量子理论奠定了基础。

原理解读！

- 核外电子由于能量不同而分成不同的能层（K、L、M、N等），如下图所示。不同能层所能容纳的最大电子数不同，电子是按顺序排布在能层中的。

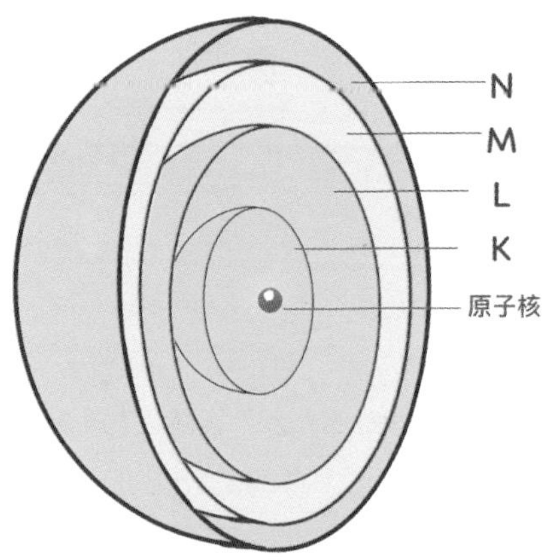

- 同一能层下，又分为不同的能级（s、p、d、f等），不同能级能够容纳的最大电子数不同。
- 处于最低能量状态的原子叫作基态原子，当基态原子吸收了能量，它的电子会从较低能级跃迁到较高能级，变成激发态原子。
- 电子排布的构造原理：从氢开始，随着核电荷数的增加，新增的电子填入能级存在一定的顺序。构造原理揭示了原子中电子排布的规律。

电子排布是从能量低的能级排布到能量高的能级，并且优先填充能量较低的能级轨道。

能层与能级

核外电子按照能量的高低分为不同的能层，不同的能层所能容纳的最大电子数不同，如表1所示。

［表1］能层

能层	一	二	三	四	五	六	七
符号	K	L	M	N	O	P	Q
最大电子数	2	8	18	32	50	72	98

同一能层下又有不同的能级，第一能层下只有1个能级（1s），第二能层下有2个能级（2s、2p），第三能层下有3个能级（3s、3p、3d），依次类推，能级的字母代号为s、p、d、f……**它们所能容纳的最大电子数等于奇数1、3、5、7…的两倍。任意一层的能级总是从s能级开始的，且能级数等于能层数。**

能层的能量越高，所容纳的电子能量就越高，能量（E）的高低顺序为：

E（K）<E（L）<E（M）<E（N）<E（O）<E（P）<E（Q）

同一能层下能级能量的高低顺序为：E（s）<E（p）<E（d）<E（f）<……

原子结构示意图

我们首先绘制一个圆表示原子核，然后在原子核内部标注它的质子数，在下方标注原子符号，接着在右边绘制电子层，最后标注上每一层的电子数，原子结构图就完成了。以氧原子为例，其原子结构如图1所示。

［图1］氧原子的原子结构图

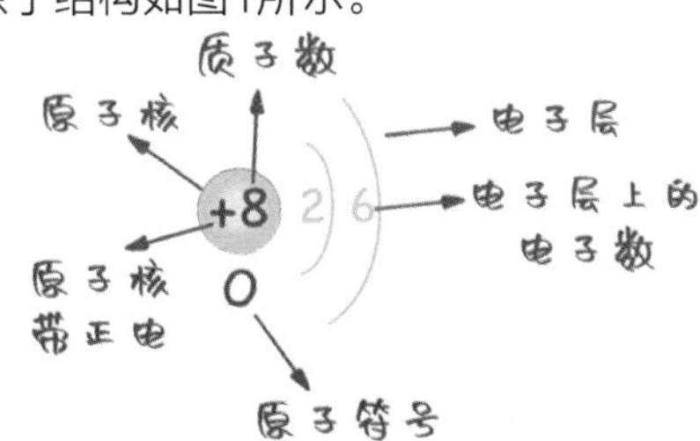

构造原理

从氢开始，随着核电荷数的增加，新增的电子填入能级的顺序称为构造原理，如图2所示。每一行代表一个能层，每一个圆球代表一个能级，用箭头连接的顺序代表构造原理。

［图2］构造原理

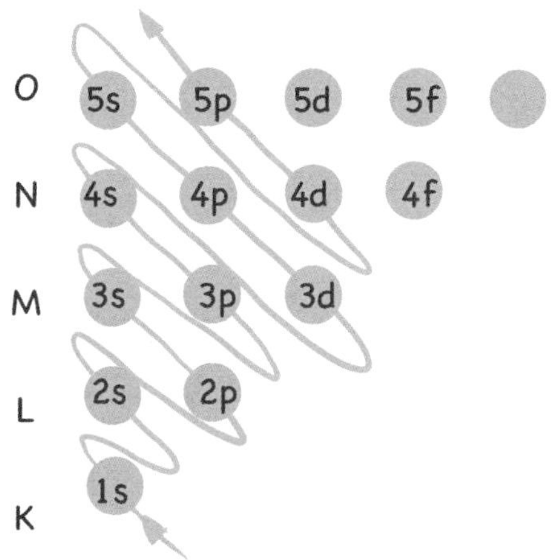

电子排满一个能级，就按顺序排布下一个能级，直至所有电子都排布完。每个能级有几个电子就在能级符号上标注数字几。例如，从氢原子到氮原子的电子排布式如下：

$1s^1 \rightarrow 1s^2 \rightarrow 1s^22s^1 \rightarrow 1s^22s^2 \rightarrow 1s^22s^22p^1 \rightarrow 1s^22s^22p^2 \rightarrow 1s^22s^22p^3$

氢　氦　锂　铍　硼　碳　氮

从图2的构造原理示意可以得知，电子并不是填满一个能层再去填充下一个能层。在3p填满后，电子是按照3p → 4s →3d的顺序排布的，而不是按照3p → 3d → 4s的顺序先把第三能层填充完毕再去填充第四能层的，这种现象称为**能级交错**。

例如：钾（19个电子）的电子排布顺序为：$1s^2\ 2s^22p^6\ 3s^23p^6\ \mathbf{4s^1}$

钪（21个电子）的电子排布顺序为：$1s^2\ 2s^22p^6\ 3s^23p^6\ \mathbf{4s^2\ 3d^1}$

值得注意的是，能级交错是由光谱学事实得出的，而不是推导出来的，构造原理是一个假象过程，是一个思维模型。

基态原子与激发态原子

处于能量最低状态的原子称为基态原子，原子中的电子正常情况下都处于基态，当基态原子吸收能量时，它的电子会跃迁到较高能级，并且运动状态发生改变，变成激发态原子。例如，电子吸收能量可以从1s轨道跃迁到2s、3s……激发态原子相对于基态原子是不稳定的，当原子从激发态回到基态，会以光或者热的形式释放能量。

生活中，核外电子的跃迁释放能量在很多地方都有体现，如节日燃放的烟花、激光、霓虹灯光、LED灯光等。

原理应用知多少！

颜色绚烂的烟花是怎么形成的

金属原子（如锂、钠、钡、铜等）燃烧吸收能量后会跃迁到一个较高能级，然后在返回基态时释放出能量，这些能量会以特定波长的光的形式发射出来。每种元素都有其独特的电子跃迁能级，并且发射的光具有特定的颜色，就可以形成颜色绚烂的烟花。

不同的金属发出的光颜色是不同的，以下是一些常见的焰色反应颜色：

钠（Na），黄色；钾（K），紫色；锂（Li），红色；钙（Ca），橙红色；钡（Ba），黄绿色；铜（Cu），绿色；锶（Sr），洋红色。

罕见的蓝色烟花

过年时，到处都是五颜六色的烟花，有红的、黄的、绿的、紫的等，但为什么没有蓝色烟花呢？

我们知道，烟花是由于金属原子受热跃迁到激发态，然后从激发态回到基态时，以光的形式释放能量形成的，不同的金属释放的光颜色不同。那么没有蓝色烟花是因为没有金属的焰色是蓝色吗？

当然不是，含有铜的物质的焰色是蓝色的，例如铜粉、硫酸铜、硝酸铜、氢氧化铜、碱式碳酸铜、碳酸铜、氯化亚铜等。其中大部分铜盐产生的蓝色通常带有明显的绿色色调，而氯化亚铜（CuCl）释放的420nm～460nm波长的蓝光最为纯正，所以一般用氯化亚铜（CuCl）产生蓝色。

那为什么蓝色烟花很难制造呢？

通常情况下，焰火剂燃烧时的温度愈高，焰色反应的颜色愈明亮，视觉效果愈佳。然而，氯化亚铜的分解温度仅为几百摄氏度，当能够发生焰色反应的时候，氯化亚铜已经开始分解了，而能够产生蓝色焰色的无机盐对应的几乎只有氯化亚铜一种，所以要想产生明亮的蓝色，需要的技术相当复杂。此外，夜晚的天空本来就是深蓝色，能够让蓝色的烟花在夜晚这种蓝色背景下清晰显示出来也不是一件容易的事情，所以蓝色烟花的价格会特别高，通常情况下也就很难见到。

中子、质子与电子

原子不是最小的粒子，原子是由中子、质子和电子构成的。

发现契机！

——1932年，英国物理学家詹姆斯·查德威克（James Chadwick，1891年10月20日—1974年7月24日）用α粒子轰击铍，于是发现了中子。

我的老师卢瑟福，在只发现了质子的情况下提出了一个假设：既然原子中有带正电的质子，也有带负电的电子，那么为什么就不可以有一种不带电的中性粒子呢？带着这个猜想，我用α粒子轰击铍，发现了不带电的粒子——中子。

——中子的发现对于当时的科学界有何重要性？以及对核物理和原子能的研究产生了怎样的影响？

中子的发现不仅是原子核内部结构研究的一个重要里程碑，也为后来人类能够利用核能打下了极为重要的基础，也可以说，“中子”敲开了人类进入核能时代的大门。

——您对您的发现有何期望和预期？这一发现是如何改变您个人和科学界的轨迹的？

当时，我并没有完全预料到中子的发现会对科学和技术领域产生如此深刻的影响。然而，我相信这是一个引人瞩目的发现，它为我们认识自然界的深层结构提供了新的视角。在个人层面，我为自己的这一重要贡献而感到满足和骄傲。

原理解读！

- 分子是由原子构成的，而原子是由原子核与核外电子构成的。
- 原子核是由中子和质子组成的，如下图所示。质子带正电，中子不带电，所以原子核呈正电。质子和中子的相对质量都约等于1，如果忽略电子的质量，那么原子核的质量数等于质子数与中子数相加。

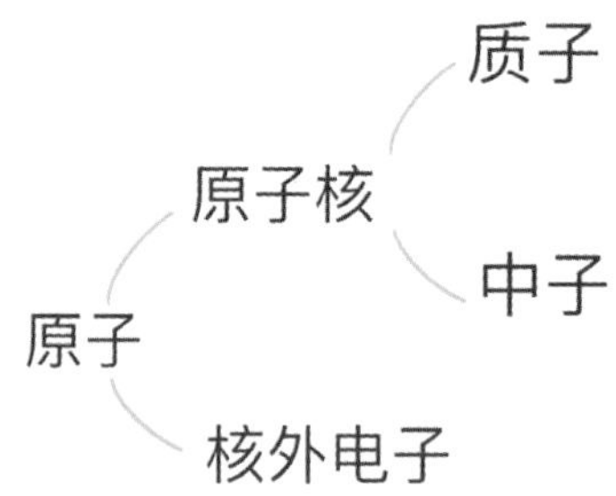

- 原子的表示方法：$^{A}_{Z}X$（X为元素符号，A为原子的质量数，Z为原子的质子数）。
- 相对原子质量：以一种碳原子质量的1/12为标准，其他原子的质量与它比较所得到的比值，作为这种原子的相对原子质量。

质子的数量决定了原子属于哪种化学元素，如果改变质子的数量，就会改变原子所属的元素种类。而改变中子的数量，则不会改变原子所属的元素种类。

原子的构成

物质由分子组成，分子由原子构成，原子由带负电的电子和带正电的原子核构成，电子在各自的轨道上绕原子核旋转。电子很轻，所以原子的绝大多数质量都集中在原子核上。

原子核又由质子和中子构成，质子带正电，中子不带电。有的原子核没有中子，只有质子，例如，氕（${}^{1}_{1}\mathrm{H}$）是氢（H）的一种同位素，是最轻、最常见的一种氢的存在形式，它的原子核就只有一个质子，没有中子。

质子和中子的相对质量都约等于1，如果忽略电子的质量，那么原子核的质量数等于质子数与中子数相加，即：

$$质量数（A）= 质子数（Z）+ 中子数（N）$$

质子、中子、电子是构成原子的三种基本粒子，图1展示了碳原子（${}^{12}_{6}\mathrm{C}$）的结构，它有6个质子、6个中子和6个电子。

［图1］碳原子（${}^{12}_{6}\mathrm{C}$）的结构图

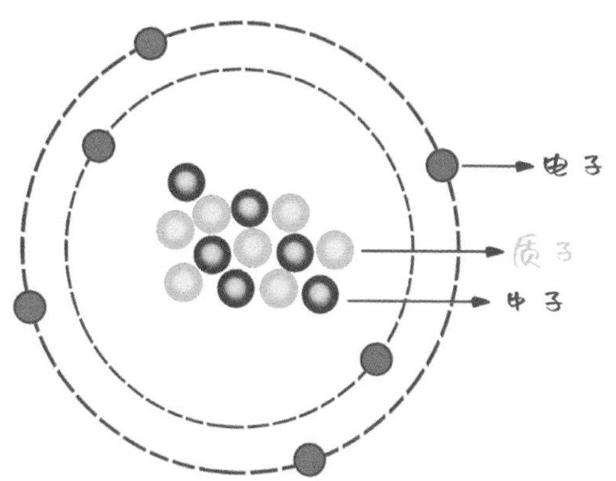

原子的书写方式

首先写出元素符号，然后在其左上角标记原子质量数（该原子核内质子数与中子数之和），在左下角标记原子核内质子数，即：

$${}^{A}_{Z}\mathrm{X}$$（X为元素符号，A为质量数，Z为质子数）

例如：有1个质子、1个中子的氢原子写为：${}_{1}^{1}H$。

有6个质子、7个中子的碳原子写为：${}_{6}^{13}C$。

有8个质子、8个中子的氧原子写为：${}_{8}^{16}O$。

相对原子质量

原子的质量很小，1个氢原子的质量约为1.67×10^{-27}kg，1个氧原子的质量约为2.657×10^{-26}kg。由于原子质量的数值太小，书写和使用都不方便，所以国际上一致同意采用相对质量，即以一种碳原子（${}_{6}^{12}C$）质量的1/12为标准，并用其他原子的质量与它相比较所得到的比值作为这种原子的相对原子质量（符号为Ar）。根据这个标准，氢的相对原子质量约为1，氧的相对原子质量约为16，碳的相对原子质量为12，如图2所示。

［图2］相对原子质量

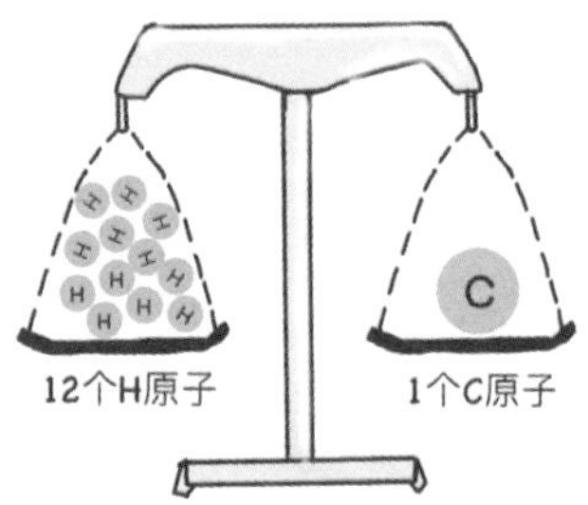

原理应用知多少！

用中子当“炮弹”

发现中子后，原子核由质子和中子构成的理论假设被科学界普遍接受。中子不带电荷，很容易接近原子核并被吸收，科学家们由此想到可以用中子作为“炮弹”来轰击各种元素的原子核，于是便有了一系列重要发现，因此20

世纪30年代也被誉为核物理学发展的黄金时代。

德国放射化学家和物理学家奥托·哈恩（Otto Hahn）与他的学生和助手弗里德里希·施特拉斯曼（Friedrich Straßmann）于1938年进行了中子撞击铀的实验，首次实现了中子诱发的铀裂变。

当用一个中子撞击原子核，原子核会发生裂变，释放能量并且释放出两个中子，如图3所示。

［图3］铀的裂变

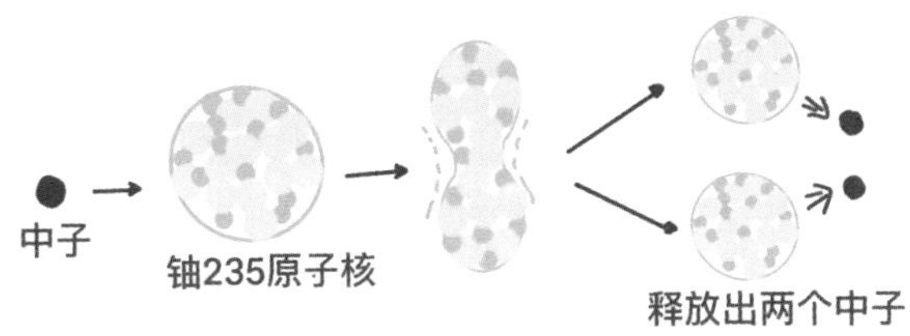

但如果释放出的中子继续撞击其他的原子核，继续释放中子，会怎么样呢？答案是：当原子核足够多，会持续撞击，裂变的原子会持续不断地增加，释放出巨大的能量，这一过程称为链式反应，如图4所示。历史上，轰炸广岛和长崎的原子弹就是利用链式反应爆炸释放出巨大的能量的。

［图4］链式反应

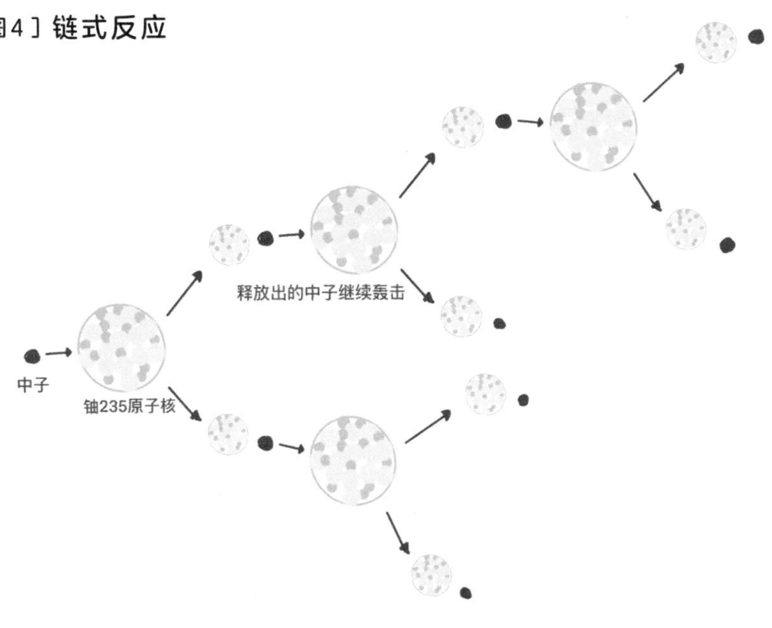

什么是“夸克”

相信大部分人都听说过“夸克”这个词，那么什么是夸克呢？起初，人们认为原子是最小的粒子，但随着原子核被发现，再到发现质子和中子，之后的很长一段时间内，人们都认为质子和中子是最小的粒子，不可再分。而随着科技的发展，人们意识到了质子和中子还能够再分为夸克。如今，人们认为夸克和轻子是不可再分的粒子，称为基本粒子。这些粒子是自然界中最基本的构建块，不能被分解为更小的实体。

夸克是构成强子（如质子和中子）的基本组成部分。夸克之间通过强相互作用相互吸引，形成稳定的亚原子粒子。夸克有6种不同的“味道”，分别为上夸克、下夸克、粲夸克、奇夸克、顶夸克和底夸克。中子由一个上夸克和两个下夸克组成，质子由两个上夸克和一个下夸克组成，如图5所示。

轻子是另一类基本粒子，包括电子、中微子和它们的反粒子。电子是带有负电荷的粒子，是原子的基本构建块之一。中微子是电中性、质量非常小的粒子，几乎没有与物质相互作用的性质。

[图5] 中子和质子的组成

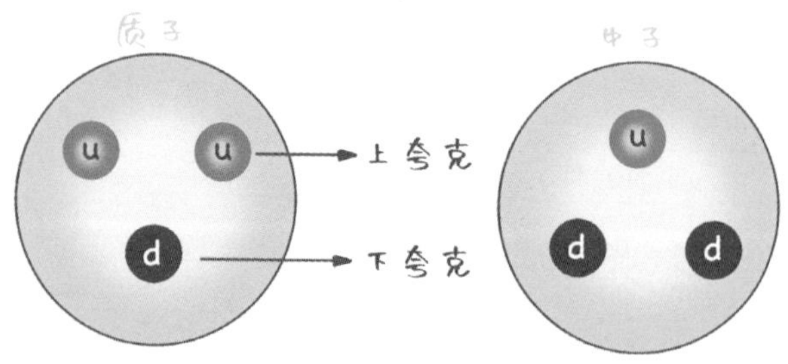

分子的结构都是什么样的？

门捷列夫

元素周期表

元素周期表不仅能按照规律给元素排序，还能够预测新元素。

发现契机！

—— 1869年，俄国科学家德米特里·门捷列夫（Dmitri Mendeleev，1834年2月8日—1907年2月2日）通过原子量对元素进行排序，创造了一种不仅可以对已发现的元素进行排序，还能预测未发现的元素的工具——元素周期表。

我对元素周期表的研究始于我对元素化学性质的好奇心。19世纪末，我开始系统地研究元素的物理性质和化学性质，我注意到一些元素在性质上存在周期性的规律，这促使我深入研究并试图找到一种有序的方式来组织这些元素。

—— 那么，您是如何发现这种有序的方式，也就是元素周期表的呢？

我的研究途径包括对元素的物理性质和化学性质进行详细地实验观察和测量。通过将元素按照它们的原子序数排列，并注意到周期的重复性质，我最终构建了元素周期表。我将具有相似性质的元素放在同一列，形成了水平的周期和垂直的族。

—— 这真是一项伟大的发现！元素周期表的发现为化学提供了有序的框架，使得我们能够更好地理解元素之间的关系和性质。它不仅为新元素的发现提供了指导，也为预测元素的性质和行为提供了有力的工具。同时，元素周期表的出现也极大地推动了化学研究和应用的发展。

原理解读！

- 在元素周期表中，有7个横行、18个纵列。每一个横行叫作一个周期，每一个纵列叫作一族（8、9、10三个纵列统称为Ⅷ族），如下图所示。

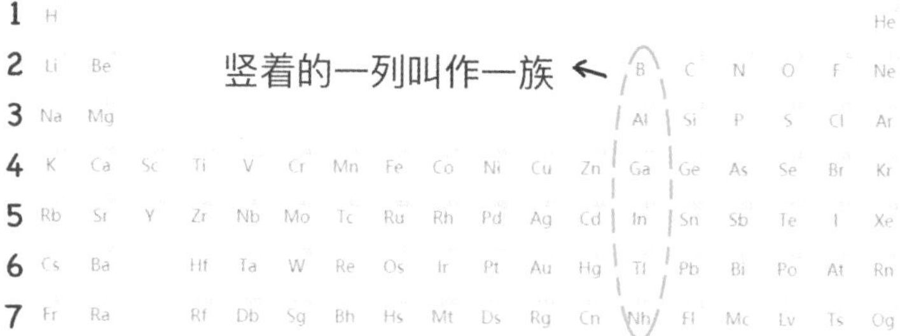

- 每一周期的原子层数相同，每一族的最外层电子数相同。
- 同一周期内（稀有气体除外），从左到右，随着原子序数的递增，元素原子半径递减；同主族中，从上到下，随着原子序数的递增，元素原子半径递增。
- 同一周期内，从左到右，随着原子序数的递增，元素的金属性递减，非金属性递增；同一族中，从上到下，随着原子序数的递增，元素的金属性递增，非金属性递减。

原子序数与原子结构之间存在以下关系：
原子序数=核电荷数=质子数=核外电子数

元素周期表的基本信息

在元素周期表内，第一周期有两个元素，第二、三周期分别有8个元素，前三周期统称为短周期，第四、五、六、七、八周期统称为长周期。由短周期和长周期组成的族称为主族（族序数后标A），完全由长周期组成的族称为副族（族序数后标B）。最右侧一族为稀有气体，化学性质不活泼，很难与其他物质发生反应，称为0族，如图1所示。

［图1］元素周期表的周期与族

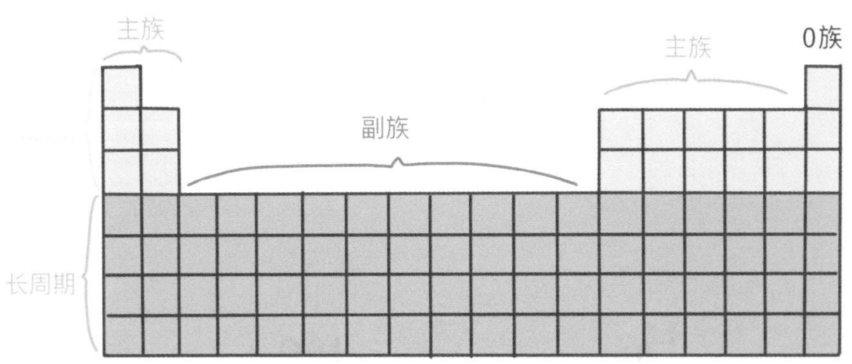

元素周期表中方格的信息

通过元素周期表我们能够得到元素的原子序数、元素符号、元素名称、相对原子质量、质量数等信息。我们以原子序数为1的氢原子在元素周期表中的方格举例，如图2所示。

［图2］元素周期表中的方格（氢）

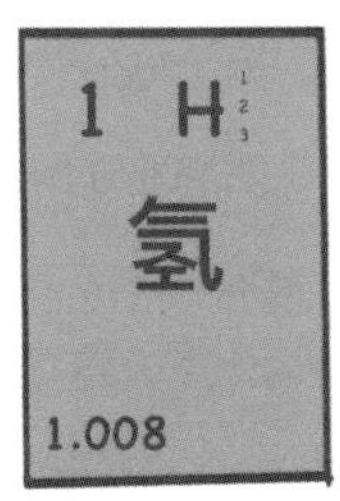

左边的1：氢的**原子序数**

H：氢的**元素符号**

氢：氢的**元素名称**

1.008：氢的**相对原子质量**

最右边竖排的1、2、3：氢元素的**质量数**

稀有气体

稀有气体是指周期表中的0族元素，也被称为惰性气体。这一族的元素包括氦（He）、氖（Ne）、氩（Ar）、氪（Kr）、氙（Xe）和氡（Rn）。这些气体在大气中的含量非常低，占空气的极小部分，在自然界中是相对稀有的，因此得名。

稀有气体通常是非常稳定的，因为它们的外层电子壳属于8个电子规则（8个外层电子，其中He最外层是两个电子）。由于这种稳定性，稀有气体很少与其他元素形成化合物。以氦（He）、氖（Ne）为例，氦原子的K层被电子充满，氖原子的L层被电子充满，从而达到8电子的稳定结构，如图3所示。

［图3］氦（He）、氖（Ne）的原子结构图

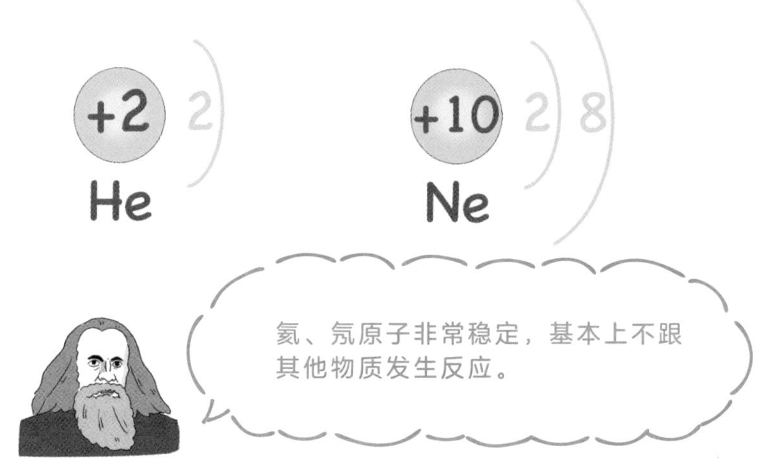

元素周期表的规律

我们已经知道元素周期表同一周期元素的电子层数相同，同一列元素的最外层电子数相同，同一族元素的最外层电子数相同。这也就意味着它们的化学性质相似，所以每一族的元素有特定的名称，例如1A族称为碱金属族（除了氢）、2A族称为碱土金属族、7A族称为卤族、8A族称为惰性气体族，这些名称是基于元素的一些共同性质和化学行为而命名的。

• 碱金属元素

接下来以碱金属元素为例，查看它们的性质是如何变化的。碱金属的原子结构如图4所示。

[图4] 碱金属的原子结构

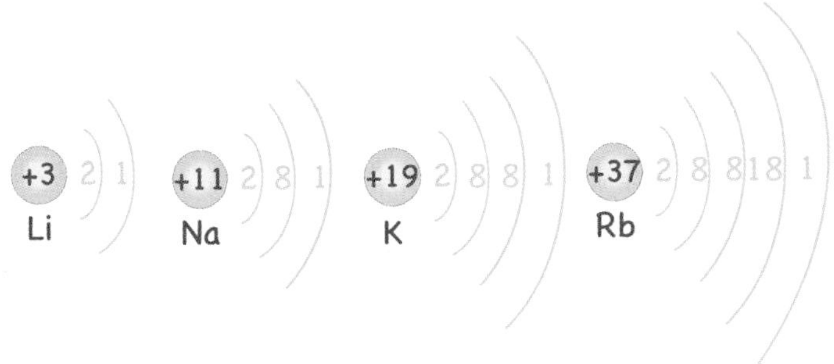

碱金属元素包括锂、钠、钾、铷、铯和钫，它们的化学性质相似，最外层都只有一个电子，都能够与氧气或水发生反应：

$Li + H_2O == 2LiOH + H_2\uparrow$ 现象：反应较慢，锂漂浮在水上并放出氢气。

$Na + H_2O == 2NaOH + H_2\uparrow$ 现象：反应非常剧烈，钠在水中迅速移动并放出大量热量。

$K + H_2O == 2KOH + H_2\uparrow$ 现象：反应更加剧烈，放出大量热量，反应产生的氢气可能引起明亮的火花。

而铷和铯遇到水则会立即燃烧，甚至可能产生爆炸。

随着核电荷数的增加，碱金属元素原子的电子层数逐渐增加，原子半径逐渐增大，原子核对最外层电子的吸引力逐渐减弱，原子失去最外层电子的能力逐渐增强。从锂到铯，金属性逐渐增强，所以与水的反应也越来越剧烈。碱金属在物理性质方面也表现出一定的相似性，它们都比较柔软、具有延展性、熔点较低、导热性和导电性比较好，例如液态钠可以作为核反应堆的传热介质。

• 卤族元素

卤族元素是典型的非金属元素，在自然界中以化合态存在。

在一定条件下，卤素单质能与氢气反应生成卤化氢：

$H_2 + F_2 = 2HF$　在暗处就能剧烈化合并发生爆炸

$H_2 + Cl_2 \xlongequal{\triangle} 2HCl$　光照或点燃才能发生反应

$H_2 + Br_2 \xlongequal{\triangle} 2HBr$　加热至一定温度才能反应

$H_2 + I_2 \xlongequal{\triangle} 2HI$　不断加热才能缓慢反应，且为可逆反应

随着核电荷数的增加，卤族元素原子的电子层数逐渐增加，原子半径逐渐增大，原子核对最外层电子的吸引力逐渐减弱，原子得到电子的能力逐渐减弱。从氟单质到碘单质，氧化性逐渐减弱，所以从氟单质到碘单质与氢气的反应条件就越来越苛刻。

原理应用知多少！

利用元素周期表寻找物质的新用途

我们可以把元素周期表分为金属区和非金属区，如图5所示。黄色线左下方是金属元素，黄色线右上方是非金属元素，由于元素的金属性和非金属性没有严格的界限，所以位于非金属区与金属区分界线附近的元素同时具有金属性和非金属性。

［图5］元素周期表的金属区域与非金属区域

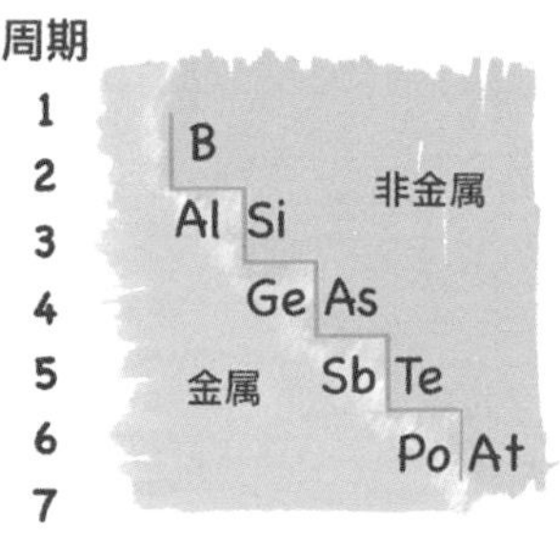

由于元素周期表中互相靠近的元素性质相近，所以在一定区域内寻找元素并发现物质的新用途被视为一种有效的办法。例如：在金属区与非金属区的交界处找到锗、硅、镓等半导体材料，半导体器件的研究正式始于锗，后来发展为与它同族的硅；而通常农药所含有的氟、氯、硫、磷、砷等元素在周期表中的位置靠近，对这个区域内的元素进行研究，有助于研制新品种的农药，如含砷的有机物发展成对人畜毒性较低的含磷的有机物等；人们还在过渡区的元素中寻找催化剂和耐高温、耐腐蚀的元素。

在打牌时发现元素周期律

门捷列夫花了几年工夫潜心研究和收集元素数据，他把元素分别写在卡片上，并写上元素的原子量以及相关信息，从而制成了一副由63张牌组成的“扑克牌”，每一张纸牌上都写着元素的名字、颜色、熔点、沸点、比重、化合价等。门捷列夫想方设法把这些纸牌排列成“同花顺”“连对”等，但仍然是一头雾水。终于有一天，他想：如果按照原子量排列起来会怎样呢？当时还没有发现惰性气体，他立即注意到，按照原子量排列，原子量为7的锂是当时的第二个元素，原子量为23的钠是第九个元素，再往后，钾是第十六个元素，这些活泼的碱金属恰好每隔七个元素出现一次。类似的，碱土族和卤素族也是如此。就这样，门捷列夫尝试着把手上的牌涂成各种颜色，并排列成一个矩阵。这样，元素卡片终于清晰了很多，元素也第一次有了队形。第一排是碱金属族，排头的锂最轻也最稳定，丢到水里只发出“嘶嘶”声，而排在最后的铯最重也最活泼，丢到水里会爆炸；最后一排是卤素族，和碱金属族恰好相反，排头最轻的氟化学性质最活泼，几乎可以腐蚀任何物质，而最后的碘已经是固体，其反应活性只能用来做碘酒这种消毒剂了。

这样一排序，这个杂乱无章的物质世界，竟然体现出了惊人的统一性：周期律。

阿伏伽德罗定律

在相同条件下，相同体积的气体中含有相同数量的分子。

发现契机!

——1811年，意大利化学家阿伏伽德罗（Avogadro，1776年8月9日—1856年7月9日）提出了阿伏伽德罗定律。

在19世纪，我关注了气体的状态方程和分子动理论。通过对气体行为的深入研究，我提出了阿伏伽德罗假说：同温、同压时，同体积的任何气体含有相同数目之分子。

——这一理论对化学和物理学的发展产生了深远的影响，您如何看待这一理论在当时和之后的重要性?

当时，这一理论受到了一些争议，因为当时的科学界对分子和原子的概念并不普遍接受。然而，随着实验证据的不断积累和科学技术的进步，我的理论逐渐得到了认可，并为热力学和动力学的发展提供了关键的思想支持。

——这一理论的提出是否受到了当时其他科学家的反对或质疑?

是的，有一些质疑。不过科学领域总是在辩论中前行的。随着实验证据的积累和对理论的进一步验证，阿伏伽德罗分子学说逐渐取得了胜利，并在后来的科学发展中占据了重要位置。

原理解读！

- 摩尔（mol）为国际上计量化学物质数量的基本单位之一。

  1mol = 6.02×10^{23}个微粒，下图的1mol水中有6.02×10^{23}个水分子。

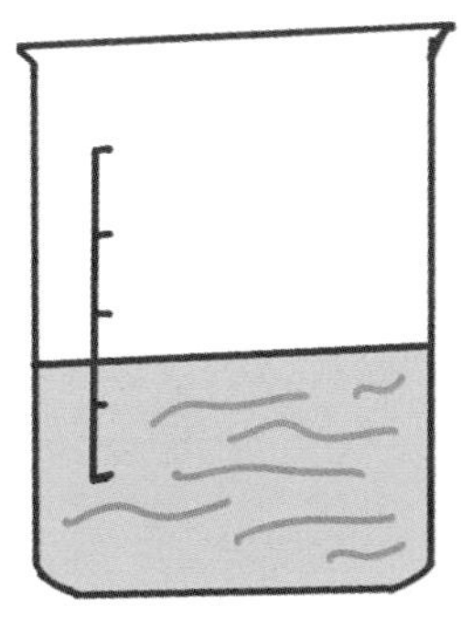

1molH_2O（18g）
有6.02×10^{23}个H_2O

- 阿伏伽德罗定律：同温、同压时，同体积的任何气体含有相同的分子数。

  记为：$V \propto n$（体积与物质的量成正比）

6.02×10^{23}个微粒称为1N_A，N_A称为阿伏伽德罗常数，即1mol中有1N_A个粒子。

阿伏伽德罗定律统一了不同气体的行为，在相同条件下，不同气体的体积只与分子数有关，而与气体的种类无关。这一观点使得气体的行为更加可预测和可理解。

摩尔与物质的量

科学上把含有N_A（约6.02×10^{23}）个微粒的集合体作为一个单位，称为摩尔，它是表示物质的量（符号为n）的单位，简称为摩，单位符号是mol。N_A称为阿伏伽德罗常数，$1N_A=6.02\times10^{23}mol^{-1}$，可以用以下等式表示：

$$n（物质的量）=\frac{N（粒子个数）}{N_A（阿伏伽德罗常数）}$$

例如：1mol的水中含有6.02×10^{23}个水分子；1mol的氧气中含有6.02×10^{23}个氧气分子。

摩尔质量与摩尔体积

1mol物质的质量称为该物质的摩尔质量，用符号M表示。如水的摩尔质量为$M（H_2O）$= 18 g/mol，Na的摩尔质量为$M（Na）$=23 g/mol。

设物质的质量为m，则m与M之比称为该物质的物质的量，即：$n=\frac{m}{M}$

研究气态物质时，测量体积往往比测量质量更加方便，所以引入了摩尔体积这一概念。单位物质的量的气体所占的体积称为气体摩尔体积，即：$V_m=\frac{V}{n}$

摩尔体积的数值取决于气体所处的气体与压强，例如：在0℃与101kPa的条件下（标准情况如图1所示），气体摩尔体积为22.4L/mol；在25℃与101kPa的条件下，气体摩尔体积为24.5L/mol。

［图1］标准情况下气体的摩尔体积

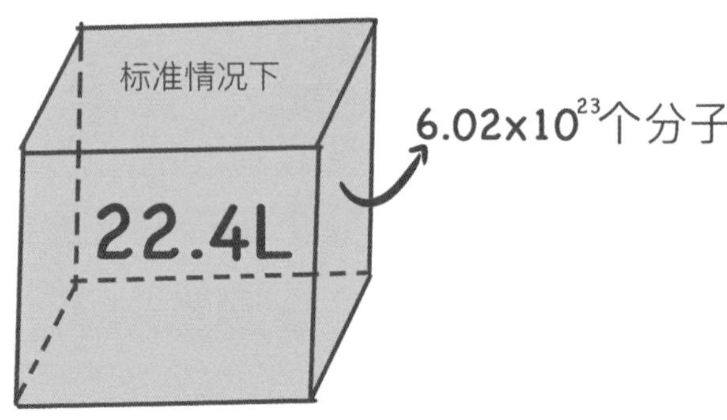

阿伏伽德罗定律

物质体积的大小取决于构成这种物质的粒子数目、粒子大小和粒子之间的距离这三个因素。

1mol任何物质中的粒子数目都是相同的，均约为6.02×10^{23}。因此，在粒子数目相同的情况下，物质体积的大小主要取决于构成物质的粒子的大小和粒子之间的距离。

1mol不同的固态物质或液态物质含有的粒子数相同，而粒子之间的距离是非常小的，这就使得固态物质或液态物质的体积主要取决于粒子的大小。但因为不同物质的粒子大小是不相同的，所以1mol不同的固态物质或液态物质的体积是不相同的。

对于气体来说，粒子之间的距离（一般指平均距离）远远大于粒子本身的直径，所以当粒子数相同时，气体的体积主要取决于气体粒子之间的距离。而在相同的温度和压强下，任何气体粒子之间的距离都可以看成是相等的，因此，粒子数相同的任何气体都具有相同的体积，即为**阿伏伽德罗定律**。

阿伏伽德罗定律：同温、同压时，同体积的任何气体含有相同数目之分子。

记为：$V \propto n$（体积与物质的量成正比）

或者：$\frac{V}{n} = a$（a为常数）

阿伏伽德罗定律适用于理想气体（即气体分子无体积，各分子间无作用力的气体，是一种理想状态下的气体），可以是单一气体，也可以是混合气体；可以是单质气体，也可以是化合物气体。

那么根据阿伏伽德罗定律可以推出以下结论：

- 同温同压下，$\frac{V_1}{V_2} = \frac{n_1}{n_2}$（气体体积比等于物质的量之比）。
- 同温同体积时，$\frac{P_1}{P_2} = \frac{n_1}{n_2}$（压强比等于物质的量之比）。

摩尔日

10月23日是摩尔日（Mole Day），大部分人应该是第一次听说，这是一个流传于北美化学家当中的非正式节日，在化学爱好者中比较流行。通常这些化学爱好者在10月23日的上午6:02到下午6:02之间庆祝它，因为这个时间的美式写法为“6:02 10/23”，外观与阿伏伽德罗常数6.02×10^{23}相似。

Mole除了摩尔的意思外，还有鼹鼠的含义，所以大家常常会在摩尔日这一天发一张鼹鼠的漫画。

分子的结构都是什么样的？

同位素

同位素是拥有相同原子序数但中子数不同的核粒子，属于同一种元素。

发现契机！

——1919年，英国化学家弗朗西斯·威廉·阿斯顿（Francis William Aston，1877年9月1日—1945年11月20日）首次制成了聚焦性能较高的质谱仪，并用它对许多元素的同位素及其丰度进行了测量，肯定了同位素存在的普遍性。

当时，我对于原子结构和元素之间的关系产生了浓厚兴趣。我希望能够深入研究元素的质量以及同一元素中不同同位素之间的区别，这种好奇心推动着我投入了对同位素的研究。

——在质谱仪的设计和发明过程中，您遇到了哪些挑战？是如何应对的呢？

设计一台高精度的质谱仪确实充满了挑战，最大的难题之一是确保仪器的精确性和稳定性。我们不断优化仪器的结构，使用更先进的检测技术，并且通过实验和理论相结合的方式逐渐解决了遇到的问题。

——同位素研究为我们提供了一种深入了解元素之间微妙差异的方法，这不仅推动了我们对元素和原子结构的理解，还在医学、地质学、生态学等多个领域发挥了关键作用。同位素的发现和研究极大地丰富了我们对自然界和物质构成的认识。

原理解读！

- 核素：具有一定数目质子和一定数目中子的一种原子称为一种核素。

  例如：$^{1}_{1}H$、$^{2}_{1}H$、$^{3}_{1}H$各为一种核素。

- 同位素：质子数相同而中子数不同的同一种元素互为同位素。

  例如：$^{1}_{1}H$、$^{2}_{1}H$、$^{3}_{1}H$互为同位素，如下图所示。

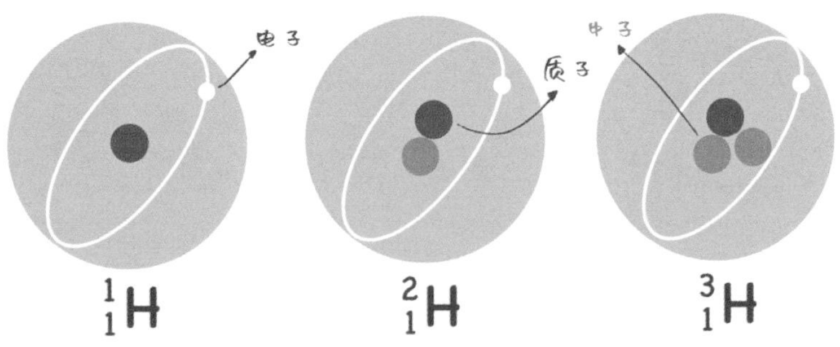

- 同位素丰度：同位素丰度是自然界中某个元素中不同同位素相对于总同位素的存在比例。

- 质谱仪：用于分析和识别物质的组成、结构和性质，同时还能够识别同一元素的不同同位素。

按同位素产生的条件，同位素可分为天然同位素和人工同位素；按结构稳定性，同位素可分为稳定同位素和放射性同位素。

核素与同位素

还记得在前面章节讲到的氢有三个质量数（1、2、3）的原因吗？质量数等于一种原子的质子数加上中子数，氢的质子数都为1，那么中子数就分别为0、1、2。如图1所示。

［图1］氢元素的不同核素

氢元素原子核		原子名称	原子符号
质子数（Z）	中子数（N）		
1	0	氕（piē）	${}^{1}_{1}H$
1	1	氘（dāo）	${}^{2}_{1}H$或D
1	2	氚（chuān）	${}^{3}_{1}H$或T

我们把具有一定数目质子和一定数目中子的一种原子称为一种核素，其总数目接近1700种，但只有约260种是稳定的。例如${}^{1}_{1}H$、${}^{2}_{1}H$、${}^{3}_{1}H$各为一种核素，其中${}^{1}_{1}H$是氢的主要稳定核素。**质子数相同而中子数不同的同一种元素互为同位素**，例如${}^{1}_{1}H$、${}^{2}_{1}H$、${}^{3}_{1}H$互为同位素。

同位素的质子数相同，在元素周期表中占同一个格子，如氕、氘、氚属于三种不同的核素，但是它们都属于氢元素，都位于元素周期表的第一个格子中。

同位素丰度

同位素丰度是自然界的某个元素中不同同位素相对于总同位素的存在比例。同位素丰度通常以百分比或千分比表示，例如氕、氘、氚的相对丰度分别为约99.9844%、约0.0156%、低于0.001%。

同位素丰度在科学中有着广泛的应用，例如，通过测量岩石等的同位素丰度，可以了解地球演化的过程，揭示地壳的形成和变化；同位素丰度可用于追踪污染源，为环境监测提供了有效手段；同位素丰度还可用于研究食物链中不同生物的相对位置和食物来源，追踪能量和物质的流动。

质谱仪

质谱仪是一种科学仪器，用于分析和识别物质的组成、结构和性质，同时还能够识别同一元素的不同同位素。质谱仪通过测量样品中离子的质荷比来提供有关样品分子的信息。

那么质谱仪是怎么工作的呢？它的原理其实很有趣。首先，质谱仪会把要研究的物质变成离子，就像是把物质分成了一些小的带电粒子。然后，这些离子会经过一个磁场，不同的离子会因为质量不同而被分开。最后，质谱仪通过测量这些被分开的离子，就能告诉我们物质中都有哪些成分了。

质谱仪在很多领域都发挥着作用，比如化学、生物学和环境科学等，科学家可以用它来分析化合物、检测药物，甚至研究星球上的岩石。

同位素的用途

氢有3种主要的同位素，它们分别是$^{1}_{1}H$、$^{2}_{1}H$、$^{3}_{1}H$。

$^{1}_{1}H$：最常见的氢同位素，也是我们通常所说的普通氢，常作为氢化反应的原料用于石油工业中。

$^{2}_{1}H$、$^{3}_{1}H$：用于制造氢弹、给金属探伤、利用同位素释放的射线育种等。

氧有3种主要的同位素，它们分别是$^{16}_{8}O$、$^{17}_{8}O$、$^{18}_{8}O$。

$^{16}_{8}O$：最丰富的氧同位素，占自然界中氧的99.76%，广泛存在于水和大气中。

$^{17}_{8}O$、$^{18}_{8}O$：在自然界中相对较少，但它们对氧的化学和生物学过程起着重要作用，常用于示踪实验，如研究大脑耗氧情况。其中，$^{17}_{8}O$用于同位素示踪来追踪氧的消耗情况。

碳有3种主要的同位素，它们分别是$^{12}_{6}C$、$^{13}_{6}C$、$^{14}_{6}C$。

$^{12}_{6}C$：最常见的碳同位素，占自然界中碳的约99%，通常用作标准碳的基准。

$^{13}_{6}C$：另一种稳定的碳同位素，占自然界中碳的约1%，常常被用于核磁共振实验。

$^{14}_{6}C$：放射性碳同位素，考古时常利用$^{14}_{6}C$测量文物的年代。

原理应用知多少！

同位素示踪法

同位素可用于追踪物质的运行和变化规律，在这个过程中，同位素叫作示踪元素。用示踪元素标记的化合物，其化学性质不变，科学家通过追踪示踪元素标记的化合物，可以弄清化学反应的详细过程，这种科学研究方法叫作同位素示踪法。

接下来通过图2来说说碳同位素示踪法。我们知道大部分的碳都是$^{12}_{6}C$，而如果用$^{14}_{6}C$来标记某一个碳，那么我们就可以观察$^{14}_{6}C$的去向，就能够知道碳的去向以及碳转化成了什么物质。

例如在生物学中，追踪人体内的代谢过程时，科学家可以使用$^{14}_{6}C$标记葡萄糖，然后观察它在身体内是如何转化和移动的，这样就可以了解身体中不同部分的代谢速率和路径。

[图2] 同位素示踪法

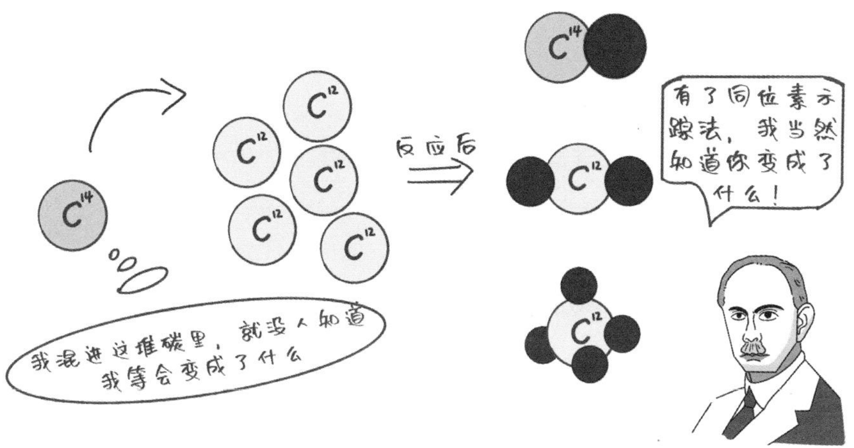

考古学家如何得知文物的具体年代

听到考古，你的内心可能会浮现出考古人员在考古遗址勤勤恳恳地用小铲子挖掘文物、用小刷子清理文物的场景，但其实在考古工作中经常会用到化学技术。科技考古就是利用现代科技手段分析古代文物，再结合考古学方法，来探寻人类的历史。

1964年，美国芝加哥教授威拉德·弗兰克·利比发明了$^{14}_{6}C$断代法，即利用死亡生物体内$^{14}_{6}C$不断衰变的原理对文物进行年代的测定，具体原理大致为：大气中的氮被宇宙射线轰击，不断地在大气中生成放射性碳$^{14}_{6}C$，这些$^{14}_{6}C$与氧结合生成具有放射性的二氧化碳。生物体在其生命过程中通过呼吸、摄食等途径摄入含有$^{14}_{6}C$的二氧化碳，这使得生物体的组织中包含有$^{14}_{6}C$。大气中的$^{14}_{6}C$含量是一定的，动物在存活时不断与大气中的$^{14}_{6}C$进行交换，其体内的$^{14}_{6}C$与大气中的含量是相同的，当生物体死亡时，它停止吸收新的$^{14}_{6}C$。此时，现有的$^{14}_{6}C$开始经过放射性衰变，转变成$^{14}_{7}N$。这个过程是一个放射性半衰期，约为5730年。而考古学家从文物中取样，通常是有机材料，比如木材、纤维或骨骼，利用放射性测量设备，测量样本中残留的$^{14}_{6}C$含量，最后通过与已知年代的标本进行比较，就可以估测出文物的具体年代。

所以，我们只需要知道样品中$^{14}_{6}C$和大气中$^{14}_{6}C$的比活度（每秒衰变次数）以及$^{14}_{6}C$的衰变速度，就可以推测出动植物的死亡年代。

离子键与离子晶体

离子键是正离子和负离子之间通过静电作用形成的强烈化学键。

发现契机！

——1916年，德国物理学家瓦尔特·科塞尔（Walther Kossel，1888年1月4日—1956年5月22日）根据稀有气体原子具有稳定结构的事实，提出了离子键理论。

我认为当电离能较小的金属原子（如1族和2族）与电负性较大的非金属原子（如16族、17族）靠近时，前者容易失去电子形成正离子，同时后者会获得电子成为负离子，从而使二者都能形成类似稀有气体原子的稳定结构，进而形成“离子化合物”。

——离子键对分子结构和物质性质有哪些关键影响?

离子键的形成使得分子结构更加稳定，特别是在形成晶体结构时。由于强烈的电荷相互作用，离子化合物通常具有较高的熔点和沸点。此外，它们在溶解时能够导电，而在溶液中则表现出溶解性。

——除了离子键理论，您在化学领域的其他贡献有哪些?

除此之外，我在晶体学领域的主要贡献之一是推动了X射线晶体学的发展。我使用X射线研究了晶体的结构，尤其是晶体中原子的排列方式，这对于深入了解物质的晶体结构以及原子之间的相互作用非常关键。

原理解读！

- 离子：离子是带有电荷的原子或分子，这种电荷可以是正电荷（正离子）或负电荷（负离子），其产生主要是由于电子的失去或获得，如下图所示。

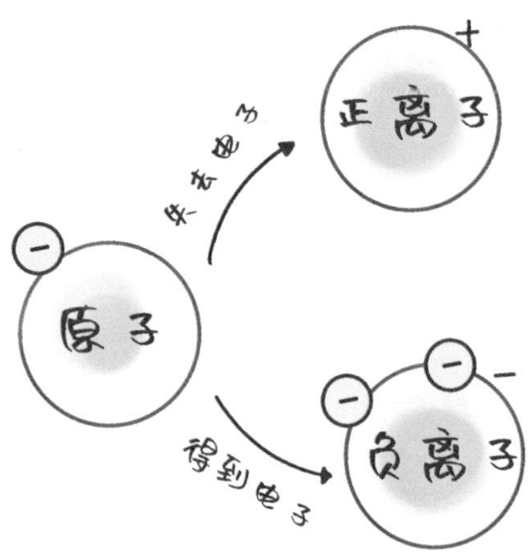

- 离子的书写方式：在原子或分子的右上角标注电荷数以及正负号。例如：Na^{+}、O^{2-}、SO_4^{2-}。
- 离子键：离子键是一种化学键，形成于正离子和负离子之间的电子转移。例如：氯化钠（NaCl）是由钠离子和氯离子以离子键结合起来的。
- 离子晶体：是由正负离子通过离子键结合而成的固态物质，呈现出规律的几何结构。

离子键通常在金属和非金属之间形成，因为金属倾向于失去电子，而非金属倾向于获得电子。

离子

离子是带有电荷的原子或分子，按照电性可分为正离子与负离子。

正离子：当一个原子失去一个或多个电子时，它就带有正电荷。这种情况下的离子称为正离子，也称为阳离子，正离子通常是金属原子。

负离子：当一个原子获得一个或多个电子时，它就带有负电荷。这种情况下的离子称为负离子，也称为阴离子，负离子通常是非金属原子。

形成离子的过程被称为离子化，离子的电荷大小取决于失去的电子数量。

例如：钠（Na）原子失去一个电子，会变成钠离子（Na^{+}）

氯（Cl）原子得到一个电子，会变成氯离子（Cl^{-}），如图1所示。

［图1］原子得到或失去电子变成离子

与分子、原子一样，离子也是构成物质的基本粒子。

离子的表示方法

离子的表示方法是在原子或分子的右上角标注电荷数以及正负号。以下是一些基本的离子书写规则。

正离子：正离子的表示方法是在元素符号的右上角上标正电荷数以及“+”号。例如Na^{+}、K^{+}、Ca^{2+}等。

负离子：负离子的表示方法是在元素符号的右上角上标负电荷数以及“−”号。例如Cl^{-}、O^{2-}、N^{3-}等。

多价离子：一些元素可以形成多种带电离子。

例如，铁元素可以形成Fe^{2+}（亚铁离子）和Fe^{3+}（高铁粒子）两种离子。

复杂离子：有些离子是由多个原子组成的，称为复杂离子。

例如，硫酸根离子写为SO_4^{2-}；硝酸根离子写为NO_3^-。

离子键

我们知道稀有气体为最外层8电子的稳定结构（除了氦为2电子稳定结构），其余的原子都想要通过得到电子或者失去电子来变成这种稳定结构，那么该如何实现呢?

当钠在氯气中燃烧时，出现以下反应：

$2Na + Cl_2 \xlongequal{\triangle} 2NaCl$（钠在氯气中燃烧生成氯化钠）

钠的最外层有1个电子，氯的最外层有7个电子，它们都想要变成8电子的稳定结构。如果钠原子把它多的1个电子给氯原子，是不是它们两个都能变成8电子稳定结构了？氯化钠的形成过程如图2所示。

［图2］氯化钠形成过程

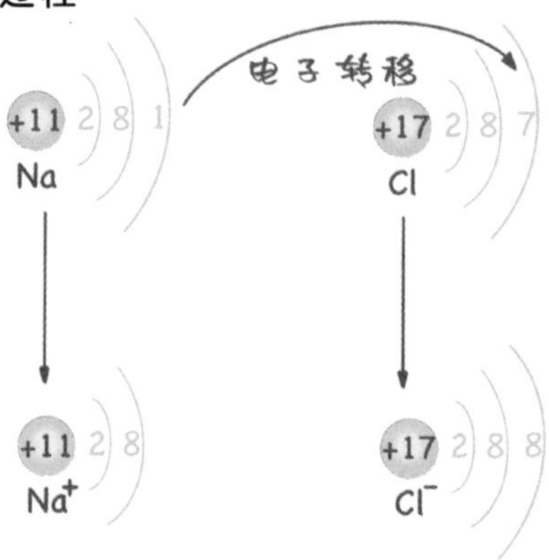

由于正负电荷之间的相互吸引力，钠离子与氯离子结合了起来，形成了氯化钠，钠离子与氯离子之间就形成了离子键。

所以，**离子键是指阴离子、阳离子间通过静电作用形成的化学键**，又称为盐键。

离子晶体

离子晶体是由正负离子通过离子键结合而成的固态物质。离子晶体中含有电荷量相等的阴离子和阳离子，并且这两种离子交替排列，整齐有规律，往往呈现出规则的几何外形。

氯化钠，也就是食盐，它的颗粒看上去呈正方体形态，是因为氯化钠是离子晶体，该晶体呈立方体构型，是由钠离子和氯离子按照一定的顺序搭建起来的。每个钠离子周围有上下前后左右共6个最近的等距离的氯离子，每个氯离子周围有上下前后左右共6个最近的等距离的钠离子，无数个离子按照同样的方式无限堆叠起来，就形成了氯化钠晶体，如图3所示。

[图3] 氯化钠晶体

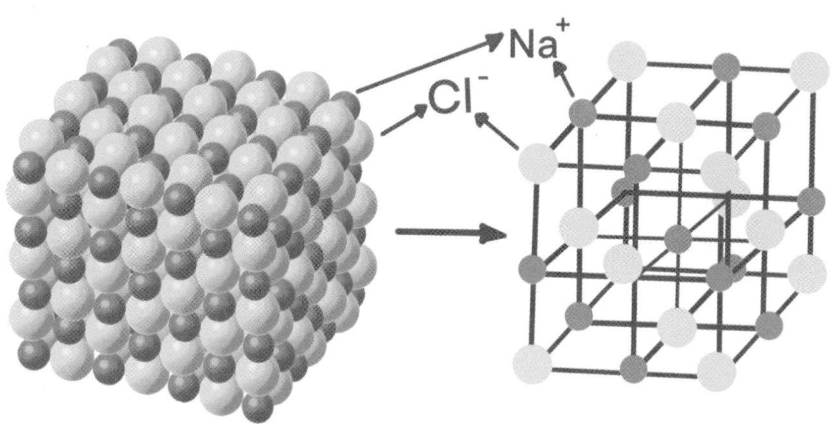

在图3的左图中，深黄色小球表示钠离子，浅黄色大球表示氯离子，每个钠离子的电荷为+1，而每个氯离子的电荷为-1。整体上，正离子和负离子的电荷相互平衡，使晶体呈电中性。

取该晶体结构的基本重复单位便可得到右边的结构，称为晶胞。Cl^-占据立方体的8个顶点以及6个面心，Na^+则占据立方体的12条棱心和中间的体心，这种结构称为面心立方结构。

值得注意的是，离子晶体本身是不导电的，但当离子晶体溶于水或者处于熔融状态（熔化）时，是具有导电性的。

原理应用知多少！

新型溶剂——离子液体

大部分离子晶体的熔点都较高，在数百至几千摄氏度。1914年，有人发现引入有机基团可以降低离子化合物的熔点到十几摄氏度，这使它们在常温下的状态变成了液体，于是离子液体便被逐渐开发利用了起来。

那么将氯化钠溶于水后变成的盐水是离子液体吗？当然不是，盐水里面还含有水分子，而离子液体（或称离子性液体）是指全部由离子组成的液体。

与传统溶剂相比，离子液体是一种新型溶剂。传统溶剂大部分为有机物，大都易挥发，蒸汽大多有毒，而离子液体由带电荷的离子构成，具有较难挥发、几乎没有蒸气压、不可燃、良好的化学稳定性和热稳定性、可循环利用及对环境友好等优点，是传统有机溶剂的良好替代品，故称为“绿色”化学溶剂。

例如，如果人们长期频繁地使用的酒精凝胶洗手液，双手会出现干裂、起皮甚至过敏发痒等症状，而如果将溶剂换成离子液体溶剂，能够大大改善这一情况。

除此之外，离子液体被广泛研究并应用于锂离子电池、燃料电池和超级电容器等电化学储能设备中。离子液体作为电解质，能够提高电池的性能和稳定性；特定类型的离子液体可用于金属提取和回收，包括从废弃电子设备中回收贵金属；离子液体还可用于制备一些高性能材料，如石墨烯、纳米颗粒等。

液晶是晶体吗

智能手机、液晶电视、计算机等电子设备，大部分都是利用液晶显示屏来实现显示功能的，那么什么是液晶？它是晶体吗？

事实上，液晶是一种介于液体和晶体固体之间的物质状态，具有类似液体和晶体的特性。液晶不仅像晶体固体一样表现出光学双折射性，而且可以流动，像普通液体那样不会被“切断”。液晶分子的排列介于有序的晶体和无序的液体之间，因此得名“液晶”。

液晶分子为细长棒状或碟状的有机分子，分子的大小通常是几纳米。在一定温度范围内，液晶分子不会像液体一样无序流动，而是沿着同一个方向流动，它们之间的位置关系不像晶体一样有着严格的顺序，而是像笔筒里的笔一样，彼此都是朝一个方向摆放，但首尾参差不齐，如图4所示。

[图4] 液晶分子

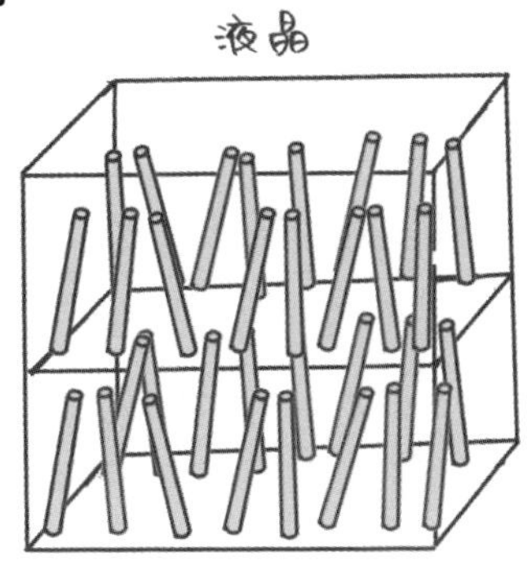

液晶的一个特别之处在于，当电流通过液晶时，可以改变液晶分子的排列方式。这就是电子设备的屏幕可以显示各种颜色和图像的原因。

共价键

共价键是原子间通过共用电子对所形成的，是一种强烈的相互作用。

发现契机！

——1916年，美国化学家吉尔伯特·牛顿·路易斯（Gilbert Newton Lewis，1875年10月25日—1946年3月23日）提出了化学键和路易斯结构式的概念，用于解释简单分子的结构。

在20世纪初，我发现有一些元素能够通过共享电子来形成稳定的化合物，这启发我提出了“电子对理论”，即电子以成对的方式参与共价键的形成。该理论发表于1916年伯克利的论文*The Atom and the Molecule*中。

——能否进一步解释一下这一理论的核心概念?

在我的理论中强调了电子对在形成化学键时的关键作用。对于共价键，我认为两个原子之间共享的电子对是非常重要的，它们使得原子能够达到更加稳定的电子配置。但在当时，我提出的理论只能用于解释简单分子的结构。

——路易斯的共价键理论被欧文·朗缪尔发扬光大，最终启发了莱纳斯·鲍林对化学键本质的研究，形成了价键理论。

是的，科学发展正是需要人们一步一步地探索，我很高兴看到我提出的理论被大家所研究和创新，并提出更新的理论。

原理解读！

- 化学键：相邻原子间的强烈作用称为化学键，共价键、离子键都是化学键。
- 共价键：原子间通过共用电子对所形成的相互作用称为共价键。
- 极性共价键：共用电子对偏移的共价键称为极性共价键。例如：HCl、H_2O、CO_2等
- 共享一个、两个、三个电子对所形成的键分别称为单键、双键、三键，如下图所示。

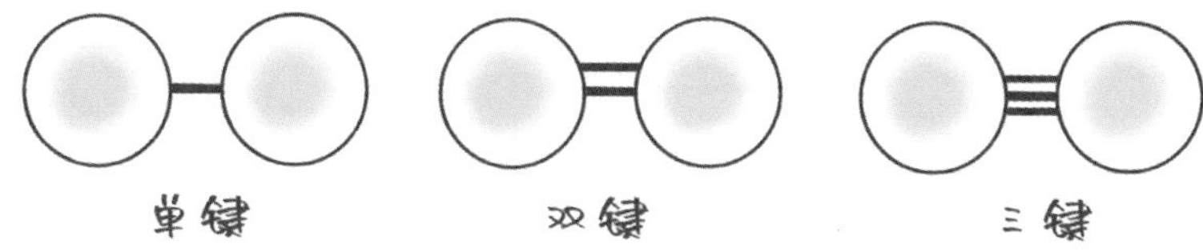

- 配位键：由一个原子单方面提供孤电子对，另一个原子提供空轨道而形成的化学键，称为配位键。
- 化学反应过程的本质就是旧键的断裂与新键的形成。

共价键通常发生在非金属元素之间。由于这些元素的电负性差异较小，无法通过电子转移形成离子键，因此通过共享电子来实现稳定性。

离子键和共价键的区别仅仅是共用电子对的偏移程度不同而已，当偏移程度较大时就体现离子性，偏移程度较小时就体现共价性。

共价键

为什么氯气（Cl_2）是两个氯原子组合而成的，而不是3个、4个氯组成的呢?

这与氯的最外层电子数有关。1个氯原子最外层有7个电子（3对成对电子和1个单电子），也就是说差1个电子达到8电子稳定结构，这时如果再来1个氯原子，它们两个各提供1个单电子组成1对成对电子，然后共用这对电子，那么它们都能够达到8电子稳定结构，所以就形成了氯气（Cl_2）。用电子式（在元素符号周围用“·”或“×”表示最外层电子）可表示形成过程，具体如下。

$$:\overset{..}{\underset{..}{Cl}}\cdot + \cdot\overset{..}{\underset{..}{Cl}}: \longrightarrow :\overset{..}{\underset{..}{Cl}}:\overset{..}{\underset{..}{Cl}}:$$

像这样原子间通过共用电子对所形成的相互作用称为共价键。

不同原子之间也可以通过共价键形成分子，如水（H_2O）、二氧化碳（CO_2）、氯化氢（HCl）、一氧化碳（CO）等。

以水为例，用电子式表示它的形成过程，具体如下。

$$H\times + \cdot\overset{..}{\underset{..}{O}}\cdot + \times H \longrightarrow H\overset{\times}{\cdot}\overset{..}{\underset{..}{O}}\overset{\times}{\cdot}H$$

每个氢原子提供一个电子，各与氧原子的一个单电子形成共用电子对，从而形成水分子。由于分子中氧原子的电子排布和共价键的性质，水分子为约104.5° 的V形结构，如图1所示。

［图1］**水的生成**

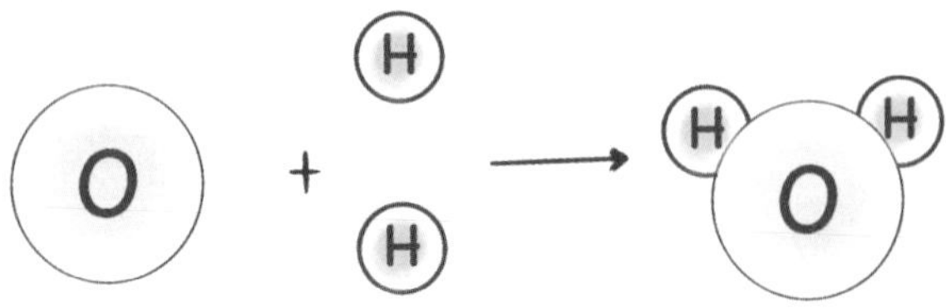

分子都具有一定的空间结构，如二氧化碳（CO_2）、氯化氢（HCl）为直线型，水（H_2O）为V型，甲烷（CH_4）为正四面体型等。

极性共价键

氯气（Cl_2）为两个相同的原子结合而成，每个氯原子对电子的吸引能力相同。**共用电子对并不偏向任何一个原子**，成键的原子不显电性而呈电中性，**这样的共价键称为非极性共价键**。

相反，在化合物中，不同的原子对电子的吸引程度不同，共用电子对偏向于吸引电子能力强的原子，该原子相对显负电性，那么吸引电子能力弱的原子就显正电性。

例如，上述的水中，氧原子对电子的吸引能力强，共用电子对向氧原子偏移，氧原子显负电性；氢原子对于电子的吸引能力弱，氢原子显正电性。像这样，**共用电子对偏移的共价键称为极性共价键**。

单键、双键、三键与配位键

为什么碳能和两个氧结合形成二氧化碳，也能和一个氧结合形成一氧化碳呢?

我们来对比一下H_2、CO_2、CO的电子式，如表1所示。

[表1] H_2、CO_2、CO的电子式

分子	电子式
H_2	H∶H
CO_2	∶Ö∷C∷Ö∶
CO	∶C⋮⋮O∶

根据电子式不难看出，氢气中有一对共用电子，二氧化碳中有两对共用电子，一氧化碳中有三对共用电子。像这样**共享一个、两个、三个电子对所形成的键分别称为单键、双键、三键**。

那么你可能会有疑问，碳原子最外层只有4个电子，为什么CO中碳原子在剩余一对电子的情况下还能够拿出3个电子与氧原子共用呢?

事实上，碳只拿出了2个电子与氧共用，而氧拿出2个电子与碳的2个电子组成电子对的同时，氧又单独拿出了一对电子与碳共用。像这样**由一个原子单方面提供孤电子对，另一个原子提供空轨道而形成的化学键，称为配位键**。配位键是共价键的一种，**其中提供孤电子对的粒子称为配体，接受孤电子对的粒子称为中心原子或离子**。例如CO中，O为配体，C为中心原子，如图2所示。

[图2] 氧与碳形成一氧化碳

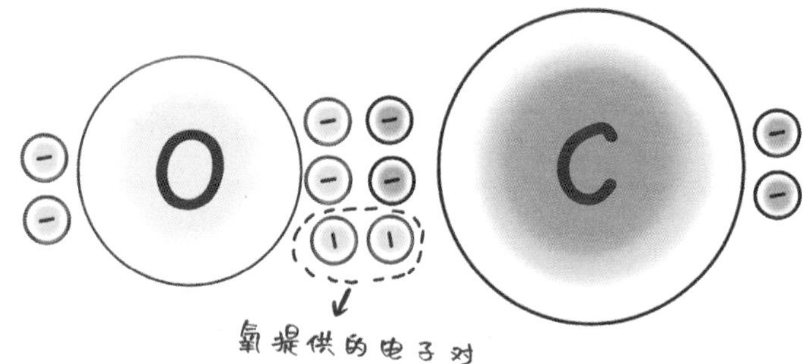

化学反应的本质

从表面上来看，化学反应就是原子重新组合成新的分子的过程，但其实化学反应的过程本质就是旧键的断裂与新键的形成。我们以氢气在氧气中燃烧生成水为例，H_2与O_2之间的化学键断裂生成H与O，H与O会形成新的化学键结合成H_2O，如图3所示。

[图3] 氢气与氧气反应生成水的过程

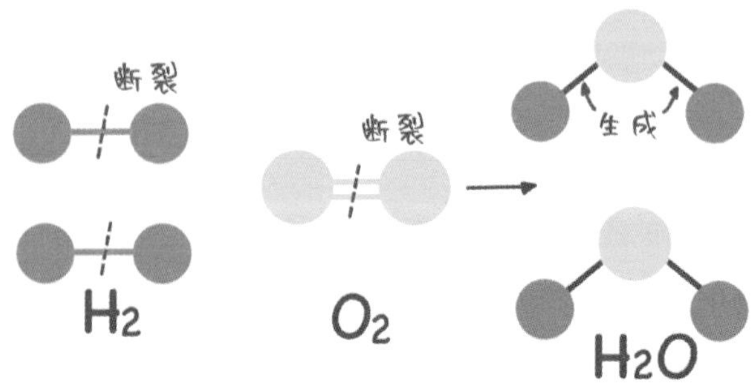

原理应用知多少！

螯合剂：重金属中毒的“清道夫”

我们在日常生活中可能会接触到一些重金属，比如铅、汞、砷等，它们虽然微小，却可能对我们的健康造成严重威胁。但是医学上有一种神奇的药物叫作螯合剂，可以帮助我们摆脱重金属中毒的困扰，让身体恢复健康。

重金属中毒是指人体暴露于过量的重金属元素中而导致的中毒。常见的重金属包括铅、汞、镉等，它们可能存在于我们的环境，如水、土壤中等。

重金属会在人体内积累，长期暴露在重金属中可能对我们的健康造成严重影响，它们会损害我们的肝脏、肾脏等重要器官，甚至会导致癌症和智力下降。

螯合剂是一种能够与金属离子形成多个配位键的化学物质，通过这些配位键，螯合剂能够将金属离子牢固地“抓住”，形成稳定的络合物。这些络合物通常是可溶的，因此可以通过肾脏排出体外，从而减少体内重金属的毒性。

螯合剂在医学上广泛用于治疗重金属中毒，例如铅中毒、汞中毒和砷中毒等。常见的螯合剂包括：

乙二胺四乙酸（EDTA）：用于治疗铅中毒。EDTA通过配位键与铅离子结合，形成可溶性络合物，便于通过尿液排出体外。

二巯基丙磺酸钠（DMPS）和二巯基丁二酸（DMSA）：用于治疗汞和砷中毒。

青霉胺：用于治疗铜中毒。

除了治疗重金属中毒，螯合剂还能够用于去除水中的重金属离子。例如，在工业废水处理过程中，螯合剂可以与水中的铅、镉、镍等重金属离子结合，形成稳定的络合物，使重金属离子沉淀或通过过滤去除。

另外，在进行受重金属污染的土壤修复时，螯合剂还可以通过配位键与土壤中的重金属离子结合，形成稳定的络合物，从而降低重金属的生物可利用性，减少其对环境和植物的毒性。例如，EDTA可以用于修复受铅污染的土壤。

一氧化碳是怎样使人中毒的

人的血液中含有很多负责运输氧气的血红蛋白，1个血红蛋白由1个珠蛋白和4个血红素组成，每个血红素中间有1个亚铁离子（Fe^{2+}），该亚铁离子可以和氧气分子通过配位键结合，形成氧合血红蛋白。氧气与血红蛋白的结合是可逆的，当血液流向氧气分压较高的肺部时，氧气迅速与血红蛋白结合；当血液流经氧分压低的人体组织时，二者解离，氧气供给组织作用。

但是，一氧化碳（CO）也能够与血红素形成配位键，形成一氧化碳血红蛋白。由于一氧化碳属于强配体，给出孤对电子的能力非常强，所以一氧化碳与血红蛋白的结合比血红蛋白与氧气的结合更加牢固，能够占据血红素与氧分子结合的点位，影响血液对氧气的运输。并且一旦结合，一氧化碳就很难与血红蛋白分离。当一氧化碳在空气中含量过高时，血红蛋白便很难去运输氧气，就会导致人的一氧化碳中毒。

值得注意的是，一氧化碳中毒病人的皮肤黏膜呈樱桃红色，与一般缺氧表现的青紫色是不同的，这是由于一氧化碳血红蛋白的颜色即为樱桃红色，所以反映在皮肤黏膜处也呈此色。

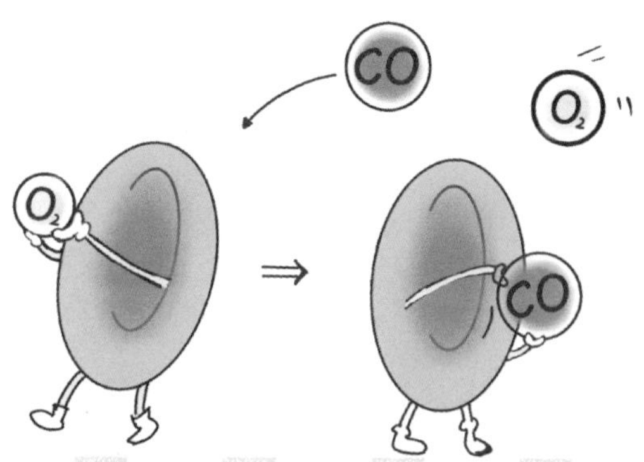

金属的能带理论

描述晶体中电子状态及其运动的一种重要理论。

发现契机！

—— 1928年，瑞士物理学家费利克斯·布洛赫（Felix Bloch，1905年10月23日—1983年9月10日）提出了能带理论的基本概念。

20世纪初期，科学家开始关注电子在固体中的行为。经过一系列实验和研究，人们发现金属是良好的导体，而绝缘体则是电流的极端障碍，这引发了人们对电子在固体中运动方式的深入探讨。

—— 那么您是如何提出能带理论的呢？核心内容是什么？

在1928年，我提出了一种描述固体中电子行为的理论，后来被称为能带理论。这个理论主要关注电子在晶体中的能量分布，将电子能级划分为能带，其中包括满带和导带。这个理论解释了固体中电子的能带结构，从而更好地理解了电子的运动和材料的导电性。

—— 能带理论的发展推动了半导体行业的崛起，为半导体材料的设计和应用提供了理论基础，直接影响了现代电子器件、计算机芯片和通信技术等的发展。此外，能带理论也在材料科学、固体物理学以及光电子学等领域产生了深远的影响。

能够为科学领域作出贡献是我的荣幸！

原理解读！

- 金属晶体：金属在常温下都以晶体的状态存在（汞除外，常温为液体），具有导电性、热导性与延展性，如下图所示。

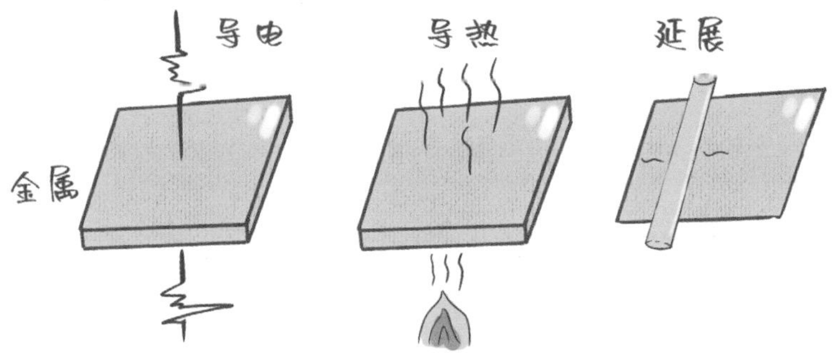

- 电子气理论：金属原子的价电子在整个金属晶体中自由运动，形成所谓的“电子气”，被所有原子共用。
- 能带：无数个原子轨道所形成的无数相邻轨道称为能带。能带分为满带、空带、导带，能够形成导带的物质就能够导电。
- 能带理论能很好地解释为什么导体和半导体能够导电，而绝缘体不能导电。

电子气理论与能带理论可以在不同层次上解释金属的性质，我们视研究问题的深度和复杂度而选择不同的理论框架。

金属晶体

金属在常温下都以晶体的状态存在（汞除外，常温为液体），称为金属晶体。构成金属晶体的微粒是金属阳离子和自由电子（也就是金属的价电子），金属中的原子之间以金属键来连接。

金属的原子通常具有较少的价电子，这些电子在金属结构中能够自由移动，从而赋予金属良好的导电性和热导性。

金属通常是可塑的，具有延展性，可以被锻造或轧制成不同形状，能够被拉成细丝，也能被压成薄片。

那么金属键是什么呢？有两种理论可以解释金属键，分别为“电子气理论”与“能带理论”。

电子气理论

金属原子形成的晶体中，每个金属原子的价电子并不是固定在某一个原子周围移动的，而是在整个金属晶体中自由运动，不受特定位置的束缚。这些自由的价电子能够形成所谓的“电子气”，被所有原子共用，电子气模型如图1所示。

[图1] 电子气模型

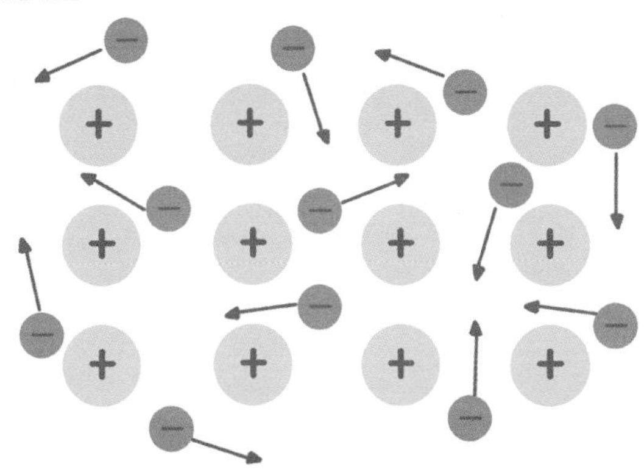

电子气模型能够用来解释金属的导电性与延展性。

导电性：由于电子在金属中能够自由移动，所以电子气理论能够解释金属的良好导电性。电子可以在电场作用下定向移动并形成电流，从而能够导电。

延展性：金属键是由于金属中自由电子形成的电子气使得正离子形成一种共享电子的结构。金属键相对较弱，这使得金属原子能够相对容易地滑动。当金属受到外力作用时，晶体中的各层原子就会相对滑动，而电子气的存在也使得电子在外部作用力下像润滑剂一样能够帮助金属原子相对容易地滑动。

能带理论

金属晶体可以看作是由很多个原子组成的“巨大分子”，结合在一起的无数个原子的原子轨道能耦合成等量的无数条分子轨道。

原子轨道就像台阶一样，人们可以越过一阶台阶，也可以越过两阶台阶，但是不能够越过半个台阶。电子也一样，电子只能从1s跃迁到2s，或者从1s一下子跃迁到2p，但是不能从1s跃迁到1s与2s的中间地带。当金属原子组成金属晶体时，原子轨道相互重叠形成分子轨道，同一原子轨道对应的分子轨道相互间的能量差别非常小，所以**一群相邻的分子轨道可以被视为一个连续能谱，也就是一个“能带”**。而能带与能带之间的间隙称为“能隙”，也叫“禁带”，如图2所示。

［图2］能带理论

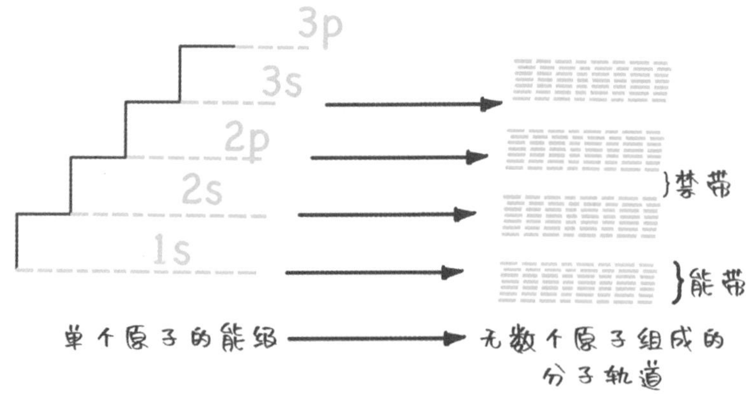

同样，能带也像台阶一样，电子只能从一个能带跃迁到另一个能带上，而不能跃迁到禁带上，电子克服禁带到达下一个能带所需要的能量为E_g。

能带主要包括**满带、空带与导带**。满带中充满了电子，电子是紧密绑定在原子上的；空带中没有电子；而导带中未充满电子，电子能够自由移动。

能带理论能够解释导体、绝缘体与半导体。

导体：以钠为例，钠原子的电子排布为$1s^2 2s^2 2p^6 3s^1$，能够看出钠的1s、2s、2p原子轨道都已填充满电子，3s填充了一半的电子。当无数个钠原子形成“巨大分子”时，相应的1s、2s、2p分子轨道都已填充满电子，3s填充了一半的电子，也就是说1s、2s、2p能带为满带，3s能带为导带。导带上有电子能够自由移动，所以能够导电。

镁的电子排布为$1s^2 2s^2 2p^6 3s^2$，虽然镁的3s能带已经填满了，但是镁的3s与3p空能带重叠，总体来说也是导带。

绝缘体：绝缘体只有满带与空带，并且满带与空带之间的$E_g > 5eV$，一般条件下很难将电子从满带激发到空带形成导带，所以绝缘体不能导电。

半导体：半导体也只有满带与空带，但是满带与空带之间的$E_g < 3eV$，通过光或者热很容易将电子从满带激发到空带形成导带，所以半导体的导电性介于导体与绝缘体之间。导体、绝缘体与半导体的能带示意如图3所示。

［图3］导体、绝缘体与半导体的能带

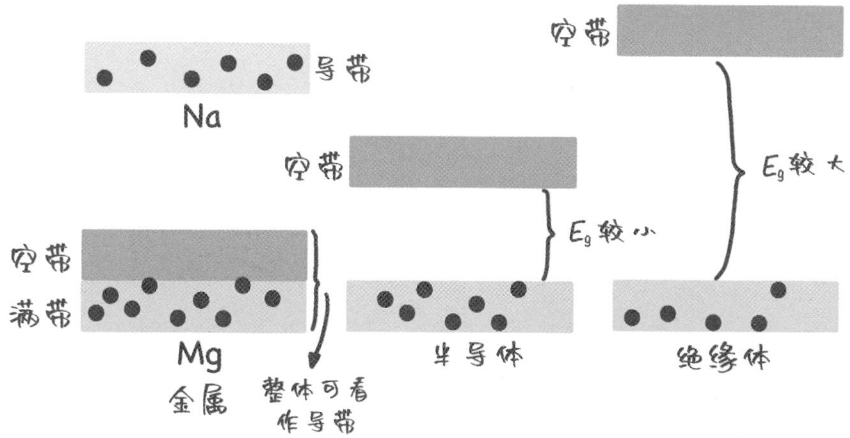

原理应用知多少！

半导体的应用

半导体是一种电导率在绝缘体至导体之间的物质。半导体的电导率容易控制，可作为信息处理的元件材料。半导体的应用广泛，包括电子、通信、计算机、能源、医疗、汽车等领域。常见的半导体材料有硅、锗、砷化镓等，而硅更是各种半导体材料中应用最广泛的一种。

半导体可用来制作LED（发光二极管）、LD（激光二极管）与光电探测器，发光二极管以及激光二极管的基本原理是：当电子从导带回到价带（满带之中能量最高的能带）时，失去的能量会以光的形式释放出来。而光电探测器的基本原理则正好相反：半导体能够吸收光子，通过光电效应激发出位于价带的电子，从而产生电信号。

我们看到的显示屏、照明灯、交通信号灯等，都是LED的最基础的应用；我们常说的光纤通信、激光打印、激光切割等，都是LD的应用；而相机中的CMOS图像传感器、太阳能电池等都用到了光电探测器。如图4所示。

［图4］半导体的应用

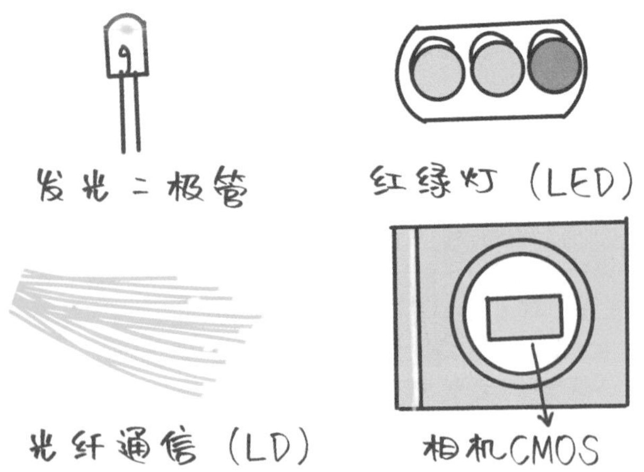

奥运健儿为什么咬金牌

奥运会上，我们能看到奥运健儿在获得金牌时都要咬一下，这是为什么呢?

我们知道黄金是金属晶体，具有延展性，并且纯金很软，莫氏硬度只有2.5到3。而冰块的莫氏硬度为2.5左右，琥珀和指甲的莫氏硬度也是2.5。所以纯金的硬度与冰块相当，我们能咬得动冰块，也能咬得动纯金。也就是说，用牙咬纯金时会出现牙印。

古人鉴别金子是不是纯金最简单的办法就是拿牙咬，如果咬不动就说明不是纯金或者是别的合金仿制的。有一种合金为铜锌合金，俗称“假黄金”，铜锌合金的光泽甚至比一些天然黄金还要好，仅从视觉方面完全可以以假乱真，但铜锌合金很硬，是咬不动的，所以鉴别纯金最简单的方法就是用牙咬。在化学上有很多手段可以鉴别铜锌合金，比如在被鉴别的物质上加一点盐酸，能产生气泡的就是铜锌合金。

那奥运金牌真的是由纯金铸造的吗? 事实上，1912年斯德哥尔摩奥运会之前，金牌确实是用24g纯金打造的，但随着金价的增长，纯金金牌的成本过于昂贵，所以在此以后的奥运金牌就不再由纯金打造，只能算是“镀金牌”，表面仅覆盖着一层薄薄的金衣，内里是金属混合物。而奥运健儿们咬金牌也只是一个流行的拍照姿势，并不是为了鉴别金牌的纯度。

据闻，奥运赛场上第一个咬金牌的人是1984年洛杉矶奥运会上的一名美国游泳运动员。当时，他获得冠军后兴奋地将金牌放在口中，并使劲地咬了一口，这个场景被许多在场的摄影师抓拍到，随即成为该届奥运会上的经典趣闻之一。

范德瓦耳斯力

通过分子间相互吸引或排斥的方式影响物质的性质和行为。

发现契机！

—— 荷兰物理学家约翰尼斯·迪德里克·范·德·瓦耳斯（Johannes Diderik van der Waals，1837年11月23日—1923年3月8日）于1873年首次提出范德瓦耳斯力的概念。

范德瓦耳斯力是一种描述分子间相互作用的力量，包括诱导力、取向力和色散力。当时，我在研究气体和液体的性质时，发现实验数据不能仅通过理想气体定律来解释。为了更好地描述这些物质的行为，我引入了范德华方程，其中考虑了分子间的相互作用。

—— 那时的科学界是怎样看待您的研究的?

当时，我的理论引起了一些争议。许多科学家更习惯于理想气体的简单模型，而我的方程引入了复杂性。然而，随着时间的推移和实验证据的积累，人们逐渐认识到这种额外的分子间相互作用是真实存在的。

—— 范德瓦耳斯力在各个领域都发挥着重要作用。从决定物质的相态，如液体和固体的形成，到影响药物设计和生物分子的折叠结构，范德瓦耳斯力无处不在，甚至水的沸点和凝固点都与分子间作用力密切相关。随着技术的发展，特别是计算机模拟的兴起，科学家们能够更深入地研究分子间作用力的微观机制，这使得我们对范德瓦耳斯力及其在材料科学、药物设计等领域中的应用有了更全面的理解。

原理解读！

- 分子间作用力：分子间作用力包括范德瓦耳斯力、氢键。这些作用力是由分子中的电荷分布和电子云的相互影响产生的，如下图所示。
- 范德瓦耳斯力：是一种能够把分子聚集在一起的力，分为三种类型：诱导力、取向力、色散力。

  诱导力：是由于一个分子的电场诱导另一个分子的电子云而产生的吸引力。

  取向力：是由于两个极性分子中的正极和负极相互吸引产生的。

  色散力：是由于瞬时电荷分布不均匀而导致的吸引力。
- 氢键：氢键是一种特殊的分子间相互作用力，在涉及氢原子的分子中起着重要作用。

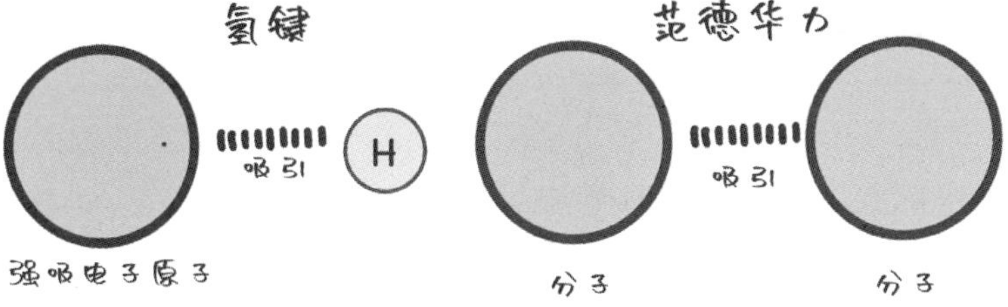

分子间作用力和化学键是两种不同的相互作用，化学键涉及原子内部的电子结合，而分子间作用力涉及不同分子之间的相互作用。

范德瓦耳斯力

分子内相邻原子之间通过化学键连接，除此之外，分子之间还存在着能够把分子能聚在一起的作用力，称为范德瓦耳斯力。这种力量是一种吸引力，是分子或原子之间非定向的、无饱和性的、较弱的一种相互作用力，主要分为三种类型：诱导力、取向力、色散力。

取向力：这种力是由于两个极性分子中的正极和负极相互吸引而产生的。我们都知道在极性分子中，电子对会偏向对电子吸引力强的原子，该原子相对就会带负电，另一个原子带正电。那么当一个分子中的正电端的原子遇上另一个分子的负电端时，它们就会像磁铁一样吸引到一起，这就是所谓的取向力，如图1所示。

［图1］取向力

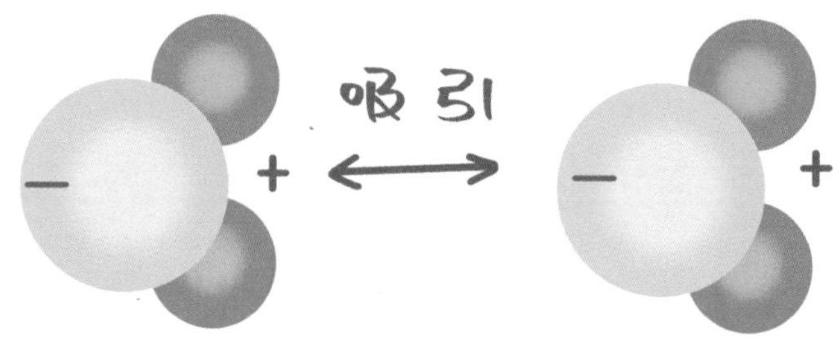

诱导力：这是由于一个分子的电场诱导另一个分子的电子云而产生的吸引力。当一个极性分子遇上另一个非极性分子时，由于非极性分子中的电子并没有偏向某一个原子，原子显电中性。但是极性分子的带正电的原子会吸引非极性分子中的电子，导致电子偏移到某一原子上，该原子就显负电性，于是这两个分子就像磁铁一样吸引到一起，这就是所谓的诱导力，如图2所示。

［图2］诱导力

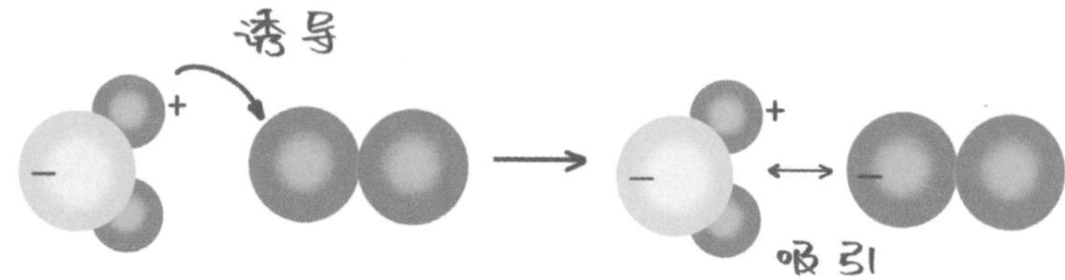

色散力：是由于瞬时电荷分布不均匀而导致的吸引力。由于电子是在不停运动的，当电子运动到某一时刻造成了电子的不均匀分布，导致一种临时的极性，从而引起分子间的吸引，这就是所谓的色散力。

范德瓦耳斯力是气体转变为液体、液体转变为固体时的关键因素。在这些相变过程中，分子之间的范德瓦耳斯力可以促使分子靠近并形成有序结构，导致物质凝固或液化。

除此之外，范德瓦耳斯力直接影响物质的沸点和熔点。分子间的范德瓦耳斯力越强，通常也对应着较高的沸点和熔点，因为更多的能量被需要来克服这些吸引力，使分子脱离固态或液态状态。

氢键

元素周期表第一个元素氢（H）的原子核外仅存在一个电子。当氢原子与氮（N）、氧（O）、氟（F）等强吸电子的非金属原子形成化学键时，由于电子被这些原子强烈吸引，导致氢原子外围几乎失去电子包围。这意味着氢原子核几乎暴露在外，缺乏周围电子的陪伴。在这种情况下，若**周围存在带有孤对电子的原子，氢就会与这些孤对电子发生强烈的静电相互作用，这种相互作用被称为氢键。**

例如在水中，一个水分子有两对孤对电子可以与两个氢连接形成氢键，除此之外，一个水分子还有两个氢可以与两个氧连接形成氢键，如图3所示。

［图3］水中的氢键

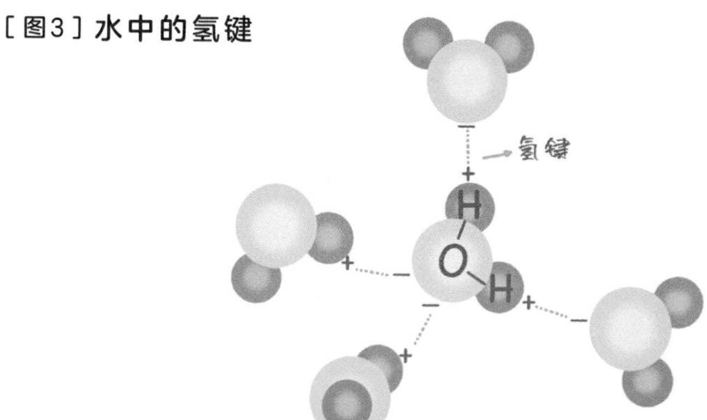

原理应用知多少！

尿布与“尿不湿”

尿布是用来吸收婴儿的小便，防止弄脏婴儿衣物的一种用品。尿布一般都是由纤维素构成的，纤维素中含有大量的羟基（—OH）结构，与水接触时，羟基（—OH）便会与水结合形成氢键，水被纤维素中的羟基（—OH）锁住，这就是尿布能够吸水的原理。

然而，传统尿布的吸水性能并不是很好，于是科学家将纤维素换成超吸水性聚合物，“尿不湿”便诞生了。超吸水性聚合物是一种既不溶于水，也难溶于有机溶剂的高分子聚合物，该分子链上含有羟基（—OH）、酰氨基（$—CONH_2$）、羧基（—COOH）等亲水基团，它们能够与水形成氢键，具有超强的吸附能力，再加上它们的分子量巨大，所以能够吸收比自身重量多几百至上千倍的水。

当尿液接触到尿不湿时，其内置的超吸水性聚合物会立即启动其独特的吸水机制。这些聚合物中的亲水性基团迅速与水分子发生作用，形成稳定的氢键，同时伴随着其他分子间相互作用的协同作用，迅速将水分子吸附并牢牢锁定在聚合物的三维网络结构中，阻止尿液渗透到“尿不湿”的外层。这种高效的吸水性让尿不湿提供了舒适和干燥的使用体验。

另外，我们小时候玩的“海洋宝宝”，买回来时是一颗颗五颜六色的小珠子，将其浸泡在水中一段时间后，小珠子会“长大”十几倍，是因为这种“海洋宝宝”也是用超吸水性聚合物制作的。如下图所示。

“尿不湿”“海洋宝宝”都是利用氢键吸水的

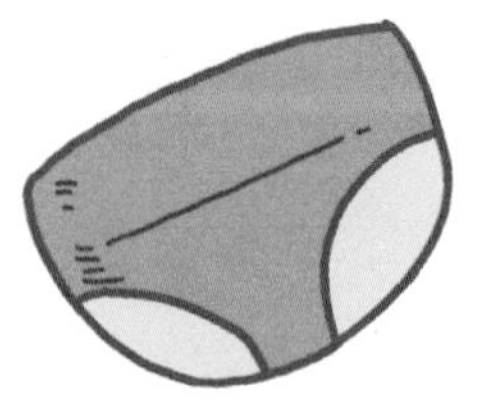

壁虎脚上并没有吸盘

壁虎为什么能在天花板以及垂直的墙壁上运动呢？你可能会认为壁虎的脚上长满了像章鱼一样的吸盘，或者壁虎的脚上可以分泌胶水一样的液体，但其实都不是。壁虎能在墙上自由行走，靠的不是吸盘和胶水，而是范德瓦耳斯力。

科学家将壁虎的脚部结构用电子显微镜放大后，发现壁虎的脚趾上有很多容易弯曲的凸起，这些凸起表面被大量细小的类似毛发的结构（称为刚毛）覆盖着，在这些刚毛上，又被成千上万的小铲子形状的结构（称为匙突）覆盖着，这些铲子结构能够在壁虎的命令下粘牢与释放。当壁虎在墙壁上自由爬行时，它的脚趾在墙壁上展开，匙突与墙壁形成能够产生范德瓦耳斯力的完美角度，匙突伸展，增大与墙壁的接触面积，壁虎便能够牢牢吸在墙上。虽然范德瓦耳斯力作用力并不是很强，但是如果有大量的力聚集起来，积累的量也相当可观。每个匙突只能够产生微乎其微的范德瓦耳斯力，但是每只壁虎大约有20亿个匙突，就能够产生支撑壁虎的作用力了。事实上，壁虎只使用一只脚就能够支持整个身体，如果壁虎同时使用全部刚毛，能够支持125千克的力。而当壁虎试图移动脚掌时，需要付出比吸附时高600倍的力量，并将脚趾伸展到30° 以上才能实现目标。当角度改变，范德瓦耳斯力变小甚至消失，壁虎的爪子便可以抬起，这样，壁虎就能够在墙上一步一步地爬行了。

在壁虎脚趾微结构的启示下，科学家开始研制超级附着技术，但人类目前所研制出的材料的精细程度远远不及壁虎的脚趾。

反应与平衡篇

物 质 的 反 应 规 律 是 什 么 样 的 ?

质量守恒定律

质量守恒定律是自然界中的一项基本定律，将宏观与微观联系了起来。

发现契机！

——18世纪末，法国化学家安托万-洛朗·德·拉瓦锡（Antoine-Laurent de Lavoisier，1743年8月26日—1794年5月8日）通过燃烧实验得出了质量守恒定律。

"燃素说"认为物质在空气中燃烧是物质失去燃素，空气得到燃素的过程。但是我完全不认同这种观点，因为这种假说无法解释物质燃烧后质量增加的这一现象，于是我通过燃烧实验，提出了质量守恒定律。

——能否详细讲述一下您的实验过程？

我首先将一定量的木材放入一个密闭的容器中，确保没有物质进入或离开，然后施加热源，引发木材燃烧。在整个过程中，我严密监测容器内气体的变化和残余物质的质量，尽管木材在燃烧后质量减少了，但容器内的气体质量却增加了。这引发了我的思考，最终促使我提出了质量守恒定律。

——真是一个伟大的发现！

具体可见我在1798年发表的《化学基本论述》，在该书的实验部分，用定量分析验证了质量守恒定律。

——是的，《化学基本论述》与牛顿的《自然哲学之数学原理》、达尔文的《物种起源》并称世界自然科学的"三大名著"。

原理解读！

- 质量守恒定律：物质既不会被创造，也不会被消灭，只会从一种物质转化为另一种物质，并且总量保持不变。一个系统质量的改变总是等于该系统输入和输出质量的差值。
- 化学中的质量守恒定律：参加反应的物质质量等于反应后生成物质的质量。
- 化学反应的“二变”与“六不变”：

  二变：化学反应前后物质种类、分子种类发生了变化

  六不变：化学反应前后元素种类、每种元素的质量、物质总质量、原子种类、原子数量、原子质量不发生变化。

质量守恒定律能够用于计算反应中各物质的质量。例如，通过已知反应物的质量可以计算生成物的质量，反之亦然。

无论是物理变化还是化学变化，物质都不会被消除，而是以另一种形态存在。

质量守恒定律

1774年，拉瓦锡用精确的定量实验研究了氧化汞的分解和合成反应，他用45.0份质量的氧化汞加热分解，正好得到41.5份质量的汞与3.5份质量的氧气，反应前后的总质量不变，精确地验证了质量守恒定律。

质量守恒定律是自然界中一种普遍存在的定律，表示物质既不会被创造，也不会被消灭，而只会从一种物质转化为另一种物质，总量保持不变。在化学反应中则意味着反应前后的质量不发生改变。

可能你会提出疑问，生活中的蜡烛燃烧明明是越烧越少，这是不是违背了质量守恒定律呢？答案是没有，当密闭系统（系统中没有其他物质进入或出去）中发生反应时，反应前后系统的质量不会发生改变。而蜡烛燃烧是在一个敞开系统中发生的，蜡烛的主要成分是石蜡（碳氢化合物），石蜡在空气中燃烧会产生二氧化碳（CO_2）与水（H_2O），蜡烛减少的质量便转移到了空气中。如果将空气与蜡烛看成一个封闭系统，那么反应前蜡烛加空气的质量等于反应后蜡烛加空气的质量，如图1所示。

［图1］密闭体系中蜡烛燃烧前后总质量不变

化学反应的“二变”与“六不变”

一个物质通过化学反应变为另一个物质，例如氢气在氧气中燃烧变成水：

$$2H_2 + O_2 \triangleq 2H_2O$$

从宏观上来看，反应前后物质的种类发生了变化，反应前的物质为氢气与氧气，反应后变成了水。而物质的质量没有发生变化，组成物质的元素也没有发生改变，反应前为氢元素（H）与氧元素（O），反应后依然是氢元素（H）与氧元素（O）；同时每种元素的质量也没有发生改变，反应前为4份氢元素（H）的质量与2份氧元素（O）的质量，反应后依然为4份氢元素（H）的质量与2份氧元素（O）的质量。

从微观上来看，反应前后组成物质的分子发生了变化，反应前为氢气分子（H_2）与氧气分子（O_2），反应后变成了水分子（H_2O）。但是组成分子的原子种类、数目、质量却没有发生改变，反应前为4个氢原子（H）与2个氧原子（O），反应后依然为4个氢原子（H）与2个氧原子（O）。

所以，化学反应的“二变”与“六不变”可以总结为：

二变：化学反应前后物质种类、分子种类发生了变化。

六不变：化学反应前后元素种类、每种元素的质量、物质总质量、原子种类、原子数量、原子质量不发生变化。

原理应用知多少！

水循环

或许你会有这种疑问：自然界中的水会不会有一天被人类喝完?

答案是不会，因为自然界中的水类似于质量守恒定律，水被我们喝下去后，除了小部分会变成其他物质，大部分还是以水的形式排出去了。排出去的这些水经过自然的水循环，最终会变成海水。

水循环是指地球上的水分在不同形态之间不断循环的过程，包括蒸发、凝结、降水、渗透、融化等阶段。以下是关于自然界水循环阶段的主要说明。

蒸发：太阳能使地表水体（如海洋、湖泊、河流、土壤等）中的水分转化为水蒸气。蒸发主要发生在海洋表面，但也发生在陆地上的水体和植被表面。

大气运输：水蒸气随着空气流动，被风带到不同地区。

凝结：在大气中，水蒸气冷却后凝结成水滴或冰晶，形成云，这是水从气态转变为液态或固态的过程。

降水：当云中的水滴或冰晶达到一定大小时，降水就发生了。降水形式包括雨、雪、冰雹等，它们落到地面并补充地表水体。

地表径流和渗透：降水落到地面后，一部分会成为地表径流，流入河流、湖泊和海洋，另一部分则渗透到土壤中，形成地下水。

地下水：渗透到土壤中的水形成地下水。这部分水可能在地下长时间滞留，也可能通过泉水、井水等方式返回地表。

植被蒸腾：植物通过根吸收土壤中的水分，然后通过叶子表面释放水蒸气，这被称为植被蒸腾。植被蒸腾是水从植物体内返回大气的途径之一。

冰雪融化：冰雪融化是水循环的重要组成部分，特别是在高山区域。融化的水会流入河流，最终回到海洋。

这些过程形成了一个相互关联的系统，称为水循环或水文循环。水循环对地球上的气候、生态系统、水资源的分布和可用性有着深远的影响，是地球上至关重要的循环过程之一，如图2所示。

［图2］水循环图

被推上断头台的科学家

安托万-洛朗·德·拉瓦锡被称为“现代化学之父”，但他却在法国大革命时被推上了断头台。拉瓦锡出生在法国巴黎一个律师家庭，在5岁时因母亲过世而继承了一大笔财产，他父亲想要他成为一名律师，但他本人却对自然科学更感兴趣。在拉瓦锡的努力下，他年仅25岁就成为法兰西科学院院士，同一年，拉瓦锡加入法国由国王直接管辖的税务机关，成为税务官。

1777年，拉瓦锡在一系列精确的定量实验的基础上，彻底否定了“燃素说”。“燃素说”是青年科学家马拉在1780年向法兰西科学院提交的一篇关于新燃素理论的论文，而拉瓦锡作为学院里最有影响力的人物之一，却直接否认了这篇论文。也正是由于对燃素学说的否认，将拉瓦锡推上了断头台。

当时法国的法律规定，如果税务官收的税除去交给国王的还有剩余，那么就由他自己支配，因此很多税务官想尽办法多征收老百姓的税，这使人民与税务官产生了许多矛盾。法国大革命爆发后，雅各宾派掌权，而雅各宾派领导人就是被拉瓦锡否定燃素论文的马拉，马拉写小册子抨击税务官，指责拉瓦锡剥削百姓，这也使得民众对税务官的仇恨达到了顶峰。

1794年，拉瓦锡被捕，5月8日他与其他27个税务官一起被推到断头台处死。

拉瓦锡死后，拉格朗日惋惜道：“他们只一瞬间就砍下了这颗头，但再过一百年也找不到像他那样杰出的脑袋了。”

氧化还原反应

氧化还原反应揭示了粒子间电子的转移过程，氧化还原反应无处不在。

发现契机！

—— 中国东晋道教理论家、著名炼丹家和医药学家葛洪（公元283年—363年）提出了丹砂的炼制过程实际上是一种氧化还原反应。

余于《抱朴子·内篇·金丹篇》中有所记："丹砂烧之成水银，积变又还成丹砂。"炼丹之术，丹砂乃我所用之重材也。其炼制之法颇为繁复，其中一要务者，当为烧丹砂而得水银也。水银者，丹药之母也，其性灵可谓炼丹之本。于炼制之过程中，水银经积变之后，又复归于丹砂之形。

—— 这句话的意思是：天然的红色丹砂（HgS）受热就分解出水银(Hg)和硫（S），水银和硫不断加热又变成红色的硫化汞。

吾于炼丹之实践中，亲自验证此理，确信其可行也。然炼丹之术，乃玄妙之技艺，非一朝一夕可臻其境也，须要勤学苦练，方能领悟其中之奥妙。

—— 这是人类最早用化学合成法制成的与天然物质完全相同的人造物质，事实上，"炼丹"在现代科学中称为"化学反应"。

见炼丹之术日臻精进，余甚为欣慰。

原理解读！

- 化合价：元素的化合价等于每个该原子在化合时得失电子（或共用电子）的数量，即该元素能达到稳定结构时得失电子（或共用电子）的数量。

  例如丹砂的分解反应：$HgS \longrightarrow Hg + S$

  红色丹砂（HgS）中汞的化合价为+2价、硫为−2价，受热分解出水银（Hg）为0价和硫磺（S）为0价，这个反应是氧化还原反应，汞下降了2价、硫上升了2价。

- 化合价有正、负之分，失去电子（或共用电子对偏离）的原子带正价，得到电子（或共用电子对偏向）的原子带负价，化合物中正负价的代数和为0。
- 元素化合价取决于原子的最外层电子数，例如，氧的化合价一般为−2，氢的化合价一般为+1。
- 在化学反应中，一种物质被氧化，一定存在另一种物质被还原，即氧化反应与还原反应是同时发生的，这样的反应称为氧化还原反应。
- 氧化还原反应前后元素的化合价发生了变化，氧化还原反应的过程微观上来说是物质之间电子的转移过程。
- 氧化性：指物质在化学反应中能够接受电子的能力。相反，提供电子的能力称为还原性。

生活中，燃料的燃烧反应、植物的光合作用、金属的冶炼等都涉及氧化还原反应。

化合价

化合价是一种元素的原子与其他元素的原子化合（即构成化合物）时表现出来的性质，反映了一个元素在化合物中参与化学反应时与其他原子结合的能力。化合价的价数等于每个该原子在化合时得失电子（或共用电子）的数量，即该元素能达到稳定结构时得失电子（或共用电子）的数量。化合价可以是正的、负的或零，取决于原子失去、获得或共享的电子数，在化合物中，正、负化合价的代数和等于零。

例如，在氯化钠（NaCl）中，氯原子的化合价是-1，钠原子的化合价是+1，因为氯原子获得了一个电子，而钠原子失去了一个电子，形成了离子化合物。

此外，有一些化合物如硫酸（H_2SO_4）、碳酸钙（$CaCO_3$）等，它们中的带电原子团SO_4^{2-}、CO_3^{2-}是作为整体来参与化学反应的，化合价为化学式右上角的电荷数，例如SO_4^{2-}为-2价，CO_3^{2-}为-2价。

值得注意的是，单质（如氧气、氢气）对应元素的化合价为0。

原子最外层电子数是一定的，所以每种原子都有特定的化合价，如氧（O）最外层为6个电子，需要两个电子达到8电子稳定结构，所以氧的化合价一般都为-2价。表1中是常见元素以及原子团的化合价。

[表1] 常见元素和原子团的化合价

名称	符号	常见化合价	名称	符号	常见化合价
氢	H	+1	铝	Al	+3
碳	C	+4、+2	硅	Si	+4
氮	N	-3、+5	磷	P	-3、+5
氧	O	-2	硫	S	-2、+6
氟	F	-1	氯	Cl	-1
钠	Na	+1	钾	K	+1
镁	Mg	+2	钙	Ca	+2
碳酸根	CO_3^{2-}	-2	硫酸根	SO_4^{2-}	-2
氢氧根	OH^-	-1	硝酸根	NO_3^-	-1

氧化还原反应

当物质与氧气反应会发生什么？例如，碳在氧气中充分燃烧：

$$C + O_2 \triangleq CO_2$$

反应物中，碳与氧气都是单质，它们的化合价都为0，而生成物二氧化碳中碳的化合价为+4价，氧为-2价，这是为什么呢？实际上每个氧与碳的2个电子共用形成8电子稳定结构，所以每个氧共用了2个电子，碳共用了4个电子，而氧对电子的吸引能力很强，共用电子对向氧这边偏移，所以氧为-2价，碳为+4价。二氧化碳电子图如图1所示。

[图1] 二氧化碳电子图

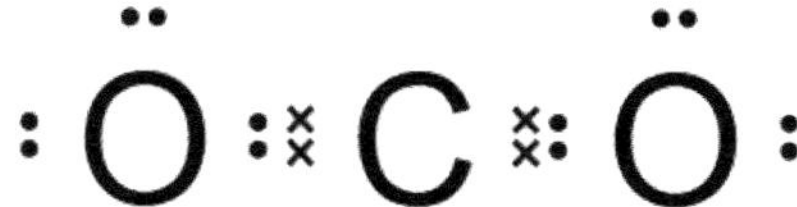

在此反应中，碳元素由0价上升到了+4价，氧元素由0价下降到了-2价，像这样元素化合价上升的物质（如碳）发生的反应称为氧化反应，元素化合价下降的物质（如氧）发生的反应称为还原反应。**而在化学反应中，一种物质被氧化，一定存在另一种物质被还原，即氧化反应与还原反应是同时发生的，这样的反应称为氧化还原反应。**

这也就意味并不是有氧气参加才能发生氧化还原反应，而是化合价发生了升降的反应都为氧化还原反应，例如图2中钠在水中发生的反应。

[图2] 钠在水中的反应化合价变化

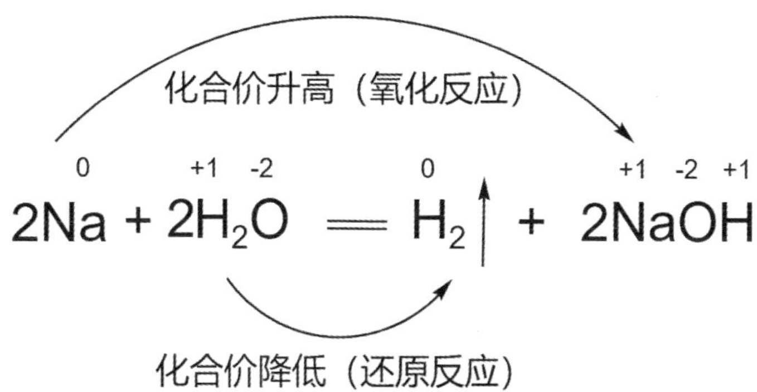

在这个反应中，氧元素并没有参与化合价的变化，钠元素由0价上升到了+1价，发生氧化反应，氢元素由+1价下降至0价，发生还原反应。

氧化还原反应中，被氧化的物质称为还原剂（失去电子或电子对偏离），被还原的物质称为氧化剂（得到电子或电子对偏向），还原剂反应后（被氧化）变为了氧化产物，氧化剂反应后（被还原）变成了还原产物，如图3所示。上述反应中，Na为还原剂，H_2O为氧化剂，H_2为还原产物，NaOH为氧化产物。

［图3］氧化剂、还原剂、氧化产物、还原产物

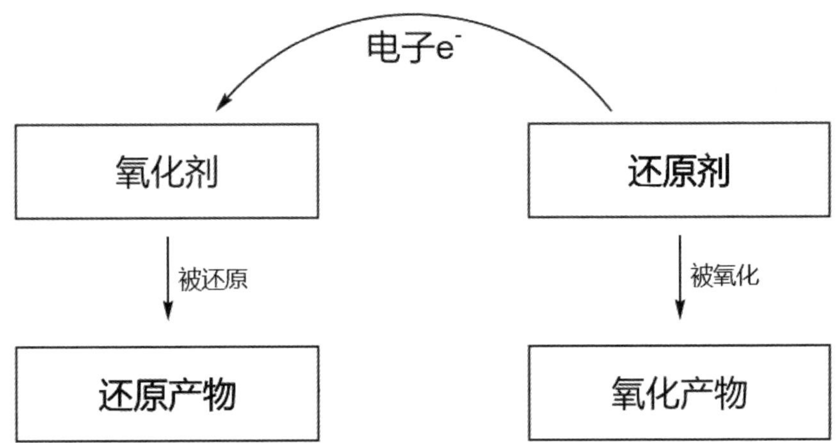

氧化性与还原性

氧化性：指物质在化学反应中能够接受电子的能力。具有较强氧化性的物质通常能够氧化其他物质，将其自身还原。常见的氧化剂包括氧气（O_2）、过氧化氢（H_2O_2）、高价金属离子（如高铁离子）、卤素（如氯）等。

还原性：指物质在化学反应中能够提供电子的能力。具有较强还原性的物质通常能够将其他物质还原，并且自身被氧化为更高的化合价状态。常见的还原剂包括活泼金属（如钠、钾、铁）、非金属（如氢气）、还原型金属离子（如铁离子）等。

原理应用知多少！

“暖宝宝”的发热原理

近年来，“暖宝宝”是许多人在寒冷季节里的必备品。无论是户外运动、冬季旅行，还是室内办公、睡前取暖，“暖宝宝”都以其便捷、舒适的特性受到广泛欢迎。在寒冷的冬天，打开一袋“暖宝宝”，撕开外面的胶膜，贴在身上，就可以给身体带来温暖。那么为什么“暖宝宝”能够自动发热呢？主要归功于其内部的氧化还原反应。

一包“暖宝宝”是由无纺布、明胶层以及原料组成的，其中明胶层可以用来隔绝空气，防止在使用前原料就已经发生反应失活；无纺布是用来填装原料的，并且无纺布表面有许多小孔，能够增大与空气的接触面积，保证反应充分进行。

原料一般是由铁粉（Fe）、盐（NaCl）、活性炭、蛭石等组成的。其中铁粉是主要起作用的成分，铁粉是一种还原剂，能够被空气中的氧气所氧化并生成氧化铁（Fe_2O_3），如图4所示。此外，氧化铁也是铁锈的主要成分。

［图4］铁被氧气氧化反应

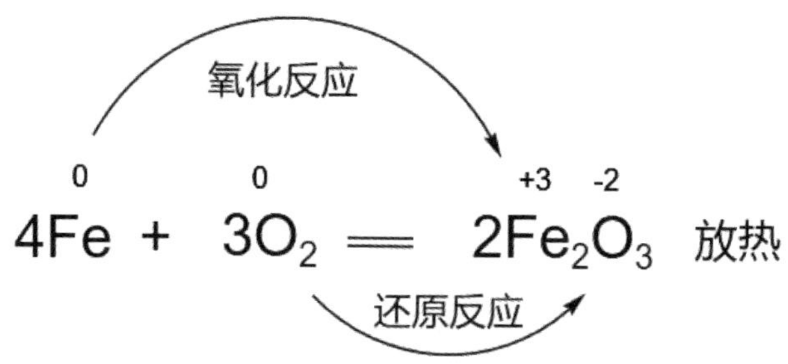

重要的是，该氧化还原反应是一个放热的反应，放出的热量能够达到40℃到65℃，这就是“暖宝宝”发热的核心原理。而“暖宝宝”原料中的其他成分，如盐，能够促进铁粉被氧化；活性炭能够导热，使散热均匀；蛭石是一种防火吸水成分，能降低散发的热量，避免“暖宝宝”灼伤皮肤。

地球上的氧气会被用完吗

在地球上，无论是人类、动物还是植物都会进行呼吸，而呼吸正是氧化还原反应，是一种消耗氧气、生成二氧化碳的过程。除此之外，燃烧反应、金属的生锈等氧化还原反应也会消耗氧气，那么地球上的氧气会被消耗完，从此变成一个充满二氧化碳的世界吗?

事实上，植物能够进行光合作用释放氧气。**光合作用是一种生物化学过程，是植物、藻类和一些细菌利用光能将二氧化碳和水转化成有机物（如葡萄糖）和氧气的过程。**白天在阳光的照射下，植物叶子表面的气孔打开，空气中的二氧化碳被叶子所吸收，此时绿叶中的叶绿素便能够将二氧化碳与水转化成碳水化合物（如葡萄糖、淀粉等），并释放出氧气。据估计，全球的绿色植物每天释放的氧气总量大约在250亿吨至300亿吨之间。

所以地球上的氧气并不会被用完，但光合作用是地球上氧气的主要来源，只有保护好植物的生态环境，保护好我们的绿色家园，才能够保证有充足的氧气供地球上的生灵呼吸。

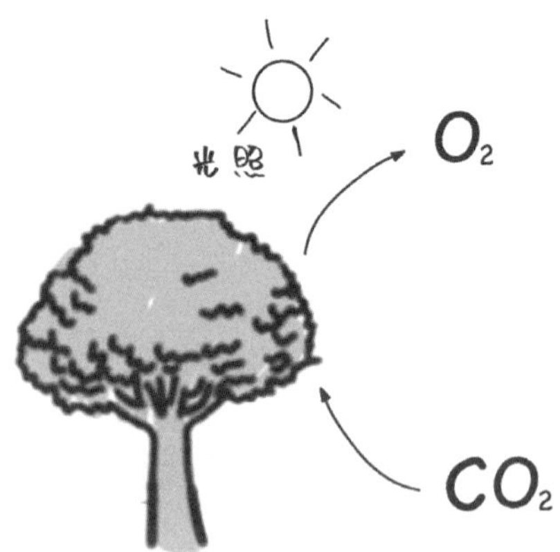

阿伦尼乌斯方程

阿伦尼乌斯方程反映了化学反应的速率常数与温度之间的关系。

发现契机！

——1889年，瑞典化学家斯万特·奥古斯特·阿伦尼乌斯（Svante August Arrhenius，1859年2月19日—1927年10月2日）提出了阿伦尼乌斯方程。

在19世纪末，我对化学反应速率与温度之间的关系产生了兴趣，我开始研究不同温度下化学反应的速率，并发现了一种指数关系。经过实验验证和数学推导，我提出了阿伦尼乌斯方程，描述了反应速率常数与温度之间的指数关系。

——您认为阿伦尼乌斯方程对化学的研究和应用有何重要意义？

阿伦尼乌斯方程的提出为我们理解化学反应速率与温度之间的关系提供了重要工具。通过这个方程，我们可以预测在不同温度下的反应速率，指导实验设计和工艺控制。

——随着科学技术的发展，我们可以更精确地测量和理解化学反应过程，进一步优化阿伦尼乌斯方程的应用。此外，随着对可持续化学过程的需求增加，阿伦尼乌斯方程也将有助于设计更环保和高效的化学工艺。

很高兴看到我提出的理论被大家认可与应用！

原理解读！

- 活化能：是化学反应发生时需要克服的能垒，是指在反应发生之前，反应物必须具有的最小能量。
- 阿伦尼乌斯方程：

$$k = Ae^{-\frac{E_a}{RT}}$$

其中：

k 是化学反应速率常数。

A 是阿伦尼乌斯常数，代表了反应的频率因子。

e 是自然对数的底数（e约等于2.718）

E_a 是活化能，表示在反应发生之前必须克服的能垒。

R 是气体常数。

T 是绝对温度（单位为开尔文）

从方程中我们能够得到温度越高，反应速率越快的结论。随着温度的升高，分子具有更多的能量来克服活化能，因此反应速率会增加。

阿伦尼乌斯方程在化学动力学中具有重要意义，它不仅解释了温度对反应速率的影响，还为确定和预测化学反应的活化能和速率常数提供了工具。

活化能与催化剂

活化能是化学反应发生时需要克服的能垒，是指在反应发生之前，反应物必须具有的最小能量，活化能示意如图1所示。在化学反应中，反应物分子之间必须克服一定的能量障碍，才能转化为产物。这个能量障碍称为活化能，通常用符号E_a表示。

在化学动力学中，活化能的大小直接影响着反应速率。较低的活化能意味着反应更容易发生，因为需要克服的能垒较低，反应速率较快；而较高的活化能则意味着反应相对困难，反应速率较慢。

[图1] 活化能

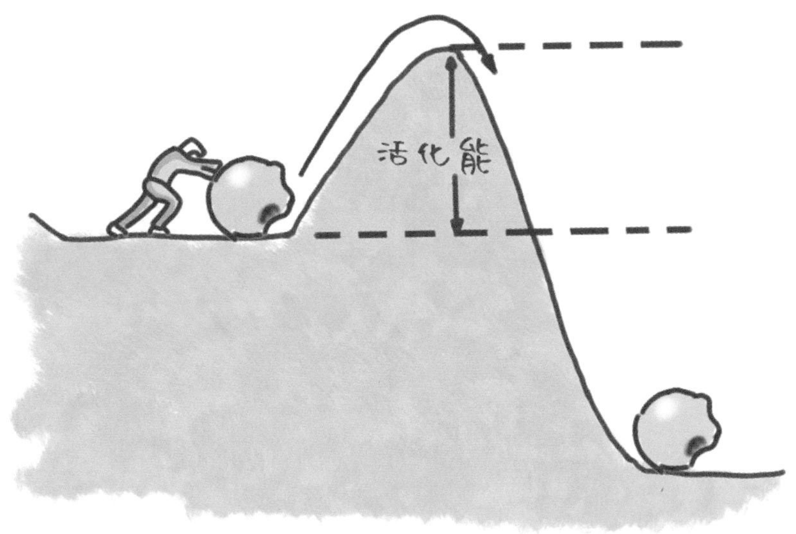

催化剂是一种物质，它可以提高化学反应的速率，而自身在反应前后的化学性质和质量并不发生改变。催化剂通过提供一个不同于未催化反应的反应路径，降低了反应的活化能，从而使反应更容易发生。

催化剂在许多化学反应和工业过程中起着关键作用，可以加快反应速率，减少能量消耗和废物产生，提高化学过程的效率和选择性。此外，催化剂还可以使某些反应在较温和的条件下进行，从而节省能源和资源。

温度与速率的关系

根据阿伦尼乌斯方程$k = Ae^{-\frac{E_a}{RT}}$，将指数项（$-\frac{E_a}{RT}$）视为一个整体作图，如图2所示。

［图2］阿伦尼乌斯方程大致趋势图

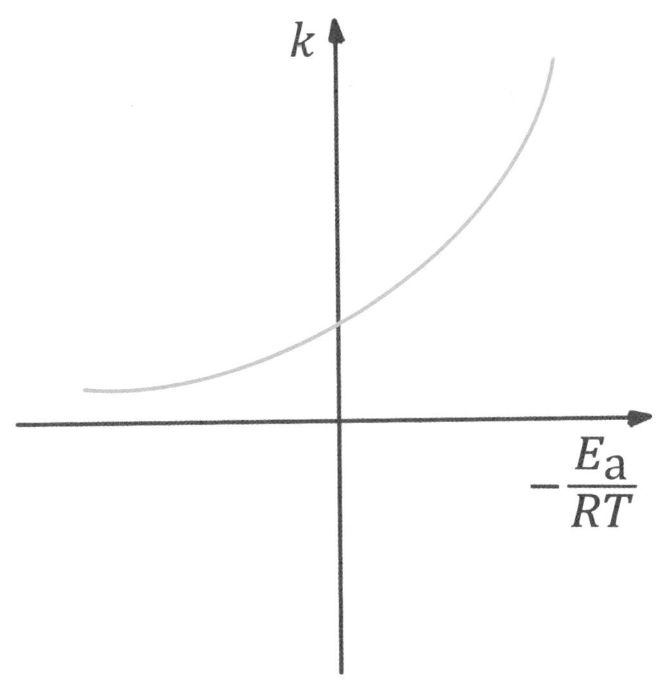

通过图能够看出，在相同温度下，**活化能E_a越小**，其指数项就越大，速率常数k值就越大，**反应速率就越快**；反之，则反应速率就越慢。对同一反应（活化能相同），**温度升高**，其指数项变大，k值变大，**反应速率加快**；反之，则反应速率减慢。

阿伦尼乌斯方程为我们提供了一种基本的数学框架，用于理解化学反应速率与温度之间的关系。通过研究活化能和阿伦尼乌斯常数，我们可以预测化学反应在不同温度下的速率变化，并且可以优化化学过程的设计和条件选择。尽管阿伦尼乌斯方程可能过于简化了实际反应过程的复杂性，但它仍然是有用的工具，可以帮助化学家们更好地理解和控制化学反应的动力学行为。

阿伦尼乌斯与诺贝尔奖

阿伦尼乌斯除了提出阿伦尼乌斯方程外，另一项最重要的发现便是提出电离学说，它在物理和化学两个学科里都具有很重要的作用。但这让诺贝尔奖委员会十分为难，不知道该颁发给他物理奖还是化学奖，甚至有人提出“一半物理奖，一半化学奖”这样的建议。最终阿伦尼乌斯于1903年获得了诺贝尔化学奖。

阿伦尼乌斯提出的电离学说违背了戴维和法拉第当时所建立的经典电化学理论，遭到了很多人的反对，认为他的理论完全是“奇谈怪论”“不值一提”“荒谬绝伦”，甚至“纯粹是空想”等，其中批评者就有门捷列夫。

1906年，诺贝尔化学奖委员会通过了对门捷列夫的提名，这引起了身为物理委员会委员的阿伦尼乌斯的不满，他在瑞典皇家科学院带头批评、贬低门捷列夫的工作。作为一代学阀，阿伦尼乌斯不允许和自己有隔阂的人获奖。门捷列夫因此错失了诺贝尔奖，这位发现元素周期率的科学巨匠，一辈子都没能获得诺贝尔奖。

另一位物理学家能斯特，从1901年起连续被诺贝尔奖委员会提名，却直到1921年才获奖。据说是因为他的一个学生曾质疑过阿伦尼乌斯的理论，阿伦尼乌斯便在评选过程中进行刁难。

当初作为科学天才，从理性的高度大胆挑战权威被人发难；后来成为权威，却从感性的角度为难别人。这构成了阿伦尼乌斯耐人寻味的一生。

勒夏特列原理

勒夏特列原理揭示了反应平衡的变化，体现了系统趋于稳定的一般规律。

发现契机！

——1884年，法国化学家亨利·路易·勒夏特列（Henri Louis Le Châtelier，1850年10月8日—1936年9月17日）提出了平衡移动原理。1888年，他又具体解释了这种原理。为纪念勒夏特列，我们称该原理为勒夏特列原理。

当时，我在国立巴黎高等矿业学校进行对混凝土和砂浆的研究，为研究混凝土发生各种反应时的热效应，我研究了化学热力学，总结出了勒夏特列原理。

——您是怎么解释这种原理的呢?

具体可以解释为：每一种影响因素的变化都会使平衡向减少这种影响的方向移动。

——勒夏特列原理不仅帮助我们更好地理解化学平衡反应，还指导了化学工程和工业生产的优化。通过理解和应用这一原理，我们能够更好地设计和控制化学过程，提高生产效率并降低成本。

原理解读！

- 可逆反应：是指在一定条件下，反应物可以转化为生成物，同时生成物也可以再次转化为反应物的化学反应。当反应条件改变，平衡会移动，最终再次达到平衡。
- 勒夏特列原理：化学平衡是动态平衡，如果改变影响平衡的一个因素，平衡就向能够减弱这种改变的方向移动，以抗衡该改变，但最终改变依然存在，只是减弱了。

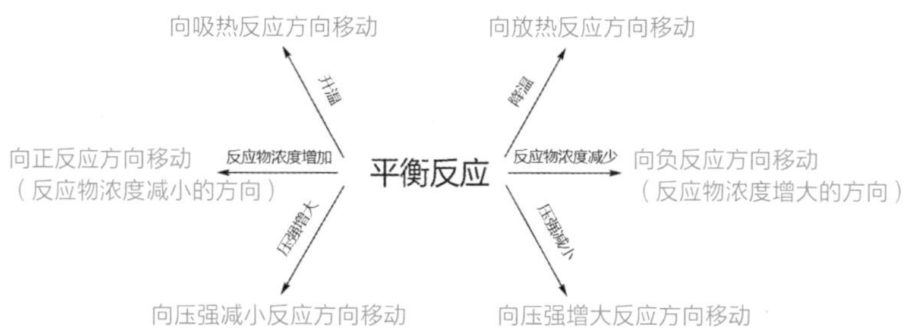

勒夏特列原理的核心就是削弱但不能消除这种改变，这个原理只能用来定性判断反应进行的方向，不能进行定量计算。

可逆反应

可逆反应是指在一定条件下，反应物可以转化为生成物，同时生成物也可以再次转化为反应物的化学反应。可逆反应有以下特点。

平衡状态：在反应进行一段时间后，反应物和生成物达到平衡状态，此时正反应和逆反应的速率相等，但反应物和生成物的浓度不再发生变化。

正反应和逆反应：反应物转化为生成物的过程称为正反应，生成物转化为反应物的过程称为逆反应。

平衡常数：表示反应物和生成物的浓度之比在平衡时的固定值。

影响因素：影响可逆反应平衡的因素，包括温度、压力（对气相反应）、浓度（对溶液中的反应）、催化剂等。

反应方向可变性以及平衡可移动性：可逆反应处于平衡状态时，改变反应条件（如温度、压力等），平衡的条件被破坏，反应方向会发生变化，平衡体系的物质组成就会改变，直至达到新的平衡状态。

可逆反应的反应符号用“$\rightleftharpoons$”表示，例如：

$$N_2 + 3H_2 \rightleftharpoons 2NH_3$$

在这个反应中，氮气（N_2）与氢气（H_2）在一定条件下（通常是高温高压下）反应生成氨气（NH_3）。同时，氨气也可以分解为氮气和氢气。在反应达到平衡后，氮气、氢气和氨气之间的浓度不再发生变化，但反应仍在持续进行，只是反应物和生成物之间的转化速率相等。

勒夏特列原理

由于可逆反应反应方向的可变性，在反应条件如温度、压力等改变的情况下，反应的方向会发生变化。那么具体是如何变化的呢？勒夏特列原理指出：化学平衡是动态平衡，如果改变影响平衡的一个因素，平衡就向能够减弱这种改变的方向移动，以抗衡该改变，但最终改变依然存在，只是减弱了。

就像一个叛逆的小孩，他手中有5个苹果，如果此时非要再给他5个苹果，这个叛逆的小孩就会很愤怒，想要吃掉你多给他的5个苹果，以抵抗你给他带来的改变。但是他的能力不足，一次性吃不下5个苹果，只能吃下3个，最终还剩7个，这就是他最终抵抗改变的结果。相反，当你从他手中的5个苹果中抢走3个苹果，他也会很生气，于是开始从你手中抢夺回苹果，但是他力气很小，只能够抢回1个，最终还剩3个，这就是他抵抗改变的最终结果。勒夏特列原理指出的平衡反应就像这个叛逆的小孩。

以这个反应为例：$2NO_2 \rightleftharpoons N_2O_4$

NO_2（红棕色气体）很容易聚合，通常情况下与其二聚体形式——四氧化二氮（无色气体）混合存在，构成一种平衡态混合物。

该反应的正反应是放热反应，逆反应为吸热反应。当升高温度时，为了抵消升高温度对反应的影响，反应会向吸热反应方向进行，使温度下降，也就是向逆反应进行，然后NO_2浓度升高，体系的红棕色加深。如图1所示。

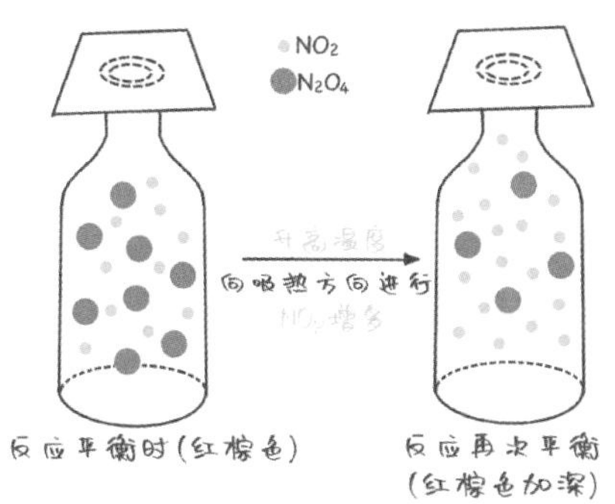

［图1］温度对可逆反应的影响

原理应用知多少！

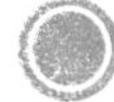

合成氨工业

在合成氨工业中，哈柏法被广泛应用于生产氨气，主要反应为：

$$N_2 + 3H_2 \rightleftharpoons 2NH_3$$（正反应为放热反应）

当反应达到平衡时，为了提高氨气的产率，应该让反应向右移动。根据勒夏特列原理，在合成氨的过程中，降低温度、增大压强、增大氮气浓度、选用合适的催化剂等均可使平衡向右移动。但是，降低温度则反应速度会变慢，同时，过大增加压强则所需要的动力会变大，对设备与材料的要求也会提高。所以综合考虑，反应条件一般为：温度500℃、压强20MPa～50MPa、以铁触媒为催化剂。

勇敢的救火英雄

勒夏特列在科学界以其严谨的实验方法和深入的理论分析而著称。同时，在生活中，他也有着勇敢无畏的一面。

有一次，勒夏特列的实验室发生了火灾。火势迅速蔓延，实验室里的学生们纷纷逃离，勒夏特列却毫不犹豫地冲进了实验室。他知道，如果不及时控制火势，珍贵的实验数据和设备将付之一炬。

他一边指挥学生们用灭火器和水桶灭火，一边亲自操作设备，关闭所有可能引发爆炸的气阀和电源。经过数小时的奋战，火势终于被控制住了。尽管他的衣服被烧焦，脸上和手上也有多处烧伤，但他成功保护了实验室的大部分设备和数据。

事后，学生们对他的英勇行为表示由衷的敬佩，而勒夏特列却轻描淡写地说："科学研究需要勇气，有时候，这种勇气不仅仅体现在实验室里。"

化学热力学篇

反 应 的 热 量 是 如 何 产 生 的 ？

反应的热量是如何产生的？

热力学第一定律

能量在系统内的转化过程中，能量的总量保持不变，即能量守恒。

发现契机！

——英国物理学家詹姆斯·普雷斯科特·焦耳（James Prescott Joule，1818年12月24日—1889年10月11日）在19世纪40年代初提出了热力学第一定律。

从曼彻斯特大学毕业后，我便开始经营自家的啤酒厂。科学在当时是我的一个爱好，我在研究用新发明的电动机来替换啤酒厂的蒸汽机时发现了很多有趣的现象。

——您对热力学和能量的研究作出了重要的贡献，能否向我们简要介绍一下您的热力学第一定律的提议？

在我提出这一定律之前，科学界对于热与机械能之间的关系并不清楚。我通过一系列实验和观察，发现了热和机械能之间存在着定量关系，而这种关系可以表达为能量守恒的定律，即热能可以被转化为机械能，反之亦然，但总能量的数量保持不变。

——热力学第一定律的基本原理告诉我们，能量不会消失，只会转化为其他形式。因此，我们在处理能源和环境问题时，需要考虑能量的转化和利用效率。我们应该致力于开发更高效的能源转换技术，减少能源浪费，同时也要关注能源的可再生性和环境影响，以实现可持续发展。

原理解读！

- 化学体系分为敞开体系、封闭体系、孤立体系。
- 用ΔU表示封闭体系内能的增加量，Q为体系从环境中吸收的热量，W为体系对环境做的功，表达式为：

$$\Delta U = Q - W$$

- 化学反应中，体系对环境所做的功通常为体系气体反抗外压膨胀的体积功，表达式为：

$$W = P\Delta V$$

- 热力学第一定律也是能量守恒定律。在孤立系统中，系统的总能量不变。

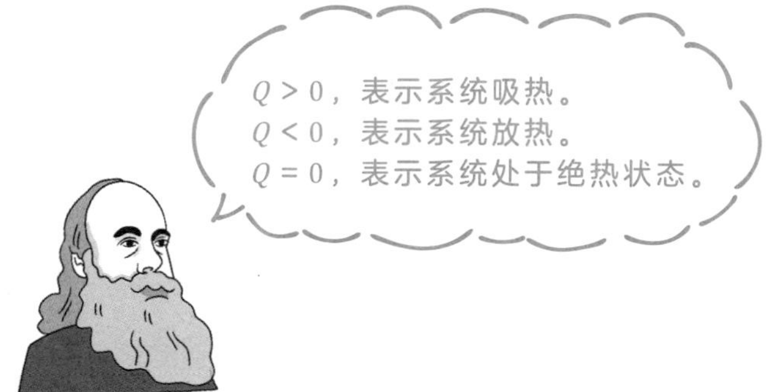

热力学第一定律揭示了能量在物理和化学过程中的转化规律。

体系

被划定的研究对象称为体系，与体系密切相关、有相互作用或影响的部分称为环境。根据体系与环境的关系，可以将体系分为以下三类。

• 敞开体系

敞开体系与环境既有物质交换，也有能量交换。

• 封闭体系

封闭体系与环境只有能量交换，没有物质交换。如图1所示。

［图1］敞开体系与封闭体系

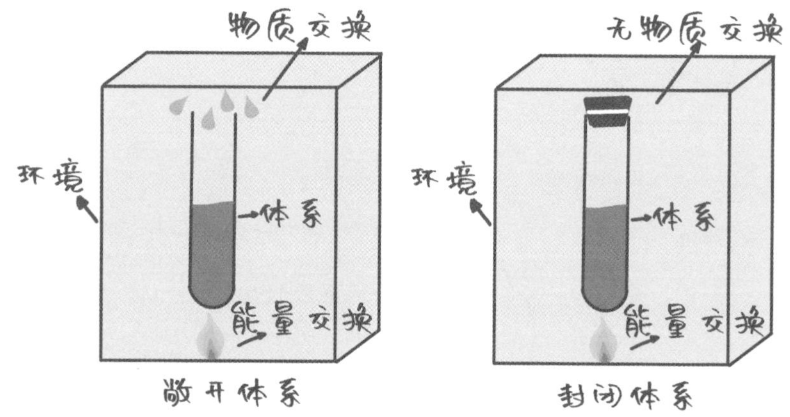

• 孤立体系

孤立体系与环境既没有能量交换，也没有物质交换。

为了方便研究，我们有时候可以将封闭体系或敞开体系与周围的环境看成一个整体，这样的一个整体就是一个大孤立体系。大孤立体系与周围的大环境没有物质与能量交换。

热力学第一定律

热力学第一定律其实也是能量守恒定律，它描述了能量在化学反应中的转化过程，即能量既不会凭空产生，也不会凭空消失，只会从一种形式转化为另一种形式，或者从一个物体转移到其他物体，而能量的总量保持不变。所以在孤立系统中，无论进行怎样的反应，系统的总能量不变。

例如，一个带有活塞的容器可以看作一个封闭体系，其中有一些物质之间会相互反应。吸收环境的热量为Q，生成气体并使活塞向上移动了ΔV的体积，外界大气压为P，那么这些气体所做的功就是克服外界大气压膨胀的体积功$P\Delta V$，反应前的体系能量就是分子的能量总和U，反应后的体系能量为$U+Q-P\Delta V$。如图2所示。

如果将该封闭体系与周围环境看成一个新的大体系，那么该体系为孤立体系，并且体系的能量守恒。

[图2] **热力学第一定律**

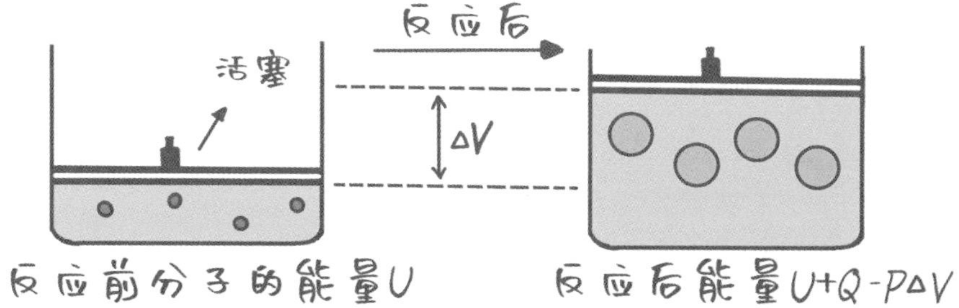

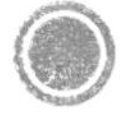

热力学平衡

热力学平衡是指在热力学系统中各种力和热量之间达到一种稳定的状态，使得系统内部各部分之间的能量转移和变化达到平衡。**这种平衡是在系统达到一种状态后，体系中的各种热力学性质不随时间变化的状态，这种状态叫作热力学平衡态。**

当达到热力学平衡时，体系的温度、压力处处相等且与环境相同，体系的反应达到化学平衡状态，体系内的组成不再随时间变化。

无法实现的永动机

如果不用自己动手还不用消耗其他能源就可以源源不断地获取能源该有多好，怀着这样的想法，人们开始研制永动机。

历史上最著名的第一类永动机是法国人亨内考在十三世纪提出的“魔轮”，如图3所示。魔轮通过安放在转轮上的一系列可动的悬臂实现永动：下行方向的悬臂在重力作用下会向下落下，远离转轮中心，使得下行方向力矩加大；上行方向的悬臂在重力作用下靠近转轮中心，力矩减小，力矩的不平衡会驱动魔轮的转动。

这种魔轮最主要的目的就是创造能量，但如果只是能量之间相互转化，那么在某个平衡点，能量肯定会被转化完，力肯定会被互相抵消，机械装置就会停下来。所以这在根本上就已经决定了第一类永动机的失败。

热力学第一定律告诉我们，能量不能凭空产生，所以只要做功就一定会消耗能量，因此永动机（即不消耗能量做功的机械）是不可能实现的。

［图3］第一类永动机模型

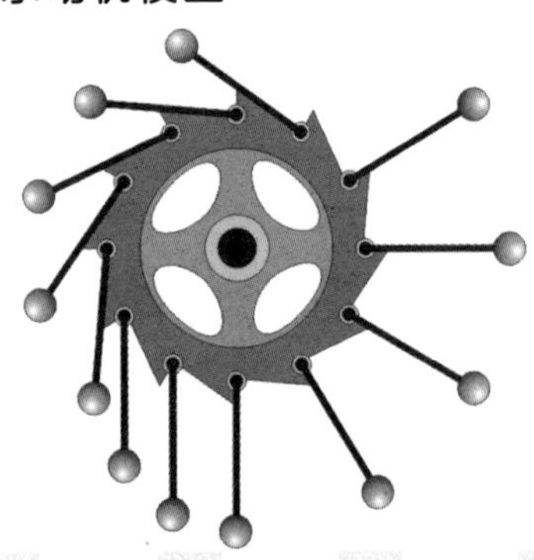

理想气体状态方程

描述了气体压强、体积、物质量和绝对温度之间的定量关系。

发现契机！

——1834年，法国物理学家伯诺瓦·保罗·埃米尔·克拉佩龙（Benoît Paul émile Clapeyron，1799年2月26日—1864年1月28日）提出了理想气体状态方程。

这也不是我一个人的功劳啦，我将波义耳定律和查理-盖吕萨克定律等结合起来，把描述气体状态的三个参数：压强（P）、体积（V）、温度（T）归于了一个方程里。

——这是一个关于理想气体的理论，您是怎么根据实际情况提出的呢？

其实，在标准状况下，大多数实际气体的物理行为近似于理想气体，例如氢气、氧气、氮气、惰性气体等。

——理想气体方程为科学家和工程师提供了一个简单而又实用的工具，不仅在理论研究中起着重要作用，还在工程设计、能源开发、化学反应等领域有着广泛的应用。理解和应用这个方程有助于我们更好地掌握自然规律，推动科学技术的发展。

这真是我的荣幸！

原理解读！

- 理想气体是一种分子被假设为没有体积，并且分子之间没有相互作用的模型。
- 理想气体状态方程描述了理想气体的状态与压强（p）、体积（V）、温度（T）之间的关系。理想气体状态方程通常表示为：

$$pV = nRT$$

其中：

p 是气体的压强（单位为帕斯卡，Pa）；

V 是气体的体积（单位可以是立方米或升，即m^3或L）；

n 是气体的物质量（单位为摩尔，mol）；

R 是气体常数，通常取为8.314 J/（mol·K）；

T 是气体的绝对温度（单位为开尔文，K）。

这个方程表达了在一定温度下的理想气体在体积、压强和物质量之间的关系。在常规情况下，这个方程非常适用于描述稀薄气体的行为，其中分子之间的相互作用可以忽略不计。

理想气体方程是可以由阿伏伽德罗定律推导得到的。

理想气体

理想气体是研究气体性质的一个物理模型。从微观上看，**理想气体的分子被假设为质点，没有体积，且分子之间无相互作用**。每个分子在气体中的运动都是独立的，在碰到容器壁之前做匀速直线运动。从宏观上看，理想气体是一种无限稀薄的气体。

虽然实际气体并不严格遵循理想气体模型，但在**温度较高、压强不太大**的条件下，实际气体的性质也非常接近理想气体。因此，理想气体模型在化学研究中有广泛的应用。

理想气体方程

如果我们将理想气体方程稍微变形（p移到右边），就能够得到：

$$V=\frac{nRT}{p}$$

从上式能够清楚地看出，体积V与微粒数n成正比，微粒数越多，气体体积越大；体积V与温度T同样成正比，温度越高，气体体积越大。相反的是，体积V与压强p成反比，压强越大，气体体积越小，如图1所示。如果想要气体体积变为两倍，可以再充入一倍的气体，或者加热温度为两倍，再或者将压强缩小到原来的一半。

［图1］V与n、T、p关系

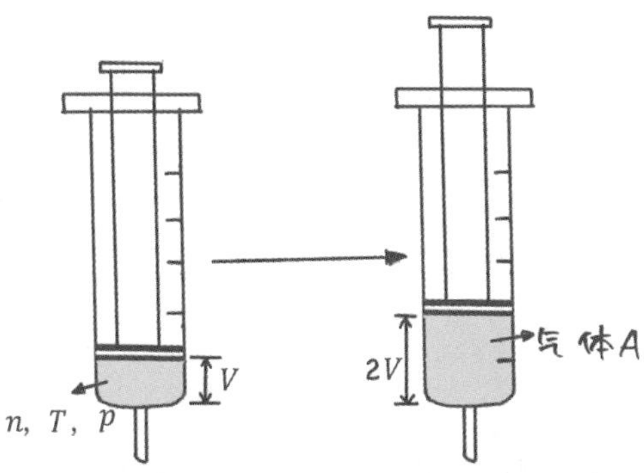

原理应用知多少！

热胀冷缩

热胀冷缩是指物体在受热时膨胀，冷却时收缩的现象。理想气体方程可以用来解释这一现象。

根据理想气体方程$pV = nRT$，在恒定的压力下，气体的体积与气体的温度成正比。这意味着当气体受热时，其温度增加，导致其体积扩大；反之，当气体冷却时，其温度下降，导致其体积收缩。

出现这一现象的原因在于气体分子在受热时具有更高的动能，它们的振动和碰撞频率增加，从而推开彼此，使气体体积扩大。相反，当气体冷却时，气体分子的动能减小，振动和碰撞频率减少，导致气体分子之间的距离缩小，使气体体积收缩。

在生活中，变瘪的乒乓球放入热水中会恢复原状，是因为温度升高使气体膨胀而导致体积增加；汽车爆胎是由于汽车行驶时，轮胎受到摩擦和路面温度的影响变热，导致轮胎内气体的温度升高，气体膨胀，从而增加了轮胎内的气压。

热气球升空也是基于理想气体状态方程和热膨胀的基本原理。当气球内部加热时，其中的空气受热膨胀，使得气球内部的密度降低，从而使得气球比周围的空气更加轻盈，导致气球产生向上的力，从而能够飘浮在空中。如图2所示。

[图2] 生活中的现象

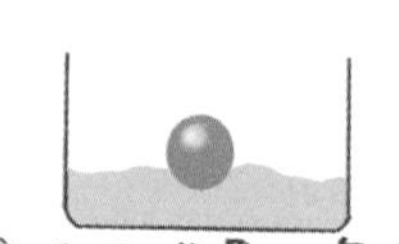

非理想气体

理想气体状态方程假设气体分子体积可以忽略不计，分子之间不存在相互作用。但在实际情况下，这些假设并不总是成立。

现实中的气体都是非理想气体，非理想气体考虑了气体分子之间的相互作用和分子体积，通常需要使用更复杂的方程来描述其行为。

因此，我们引入一个叫作压缩因子Z的概念，这是描述气体行为的一个重要参数，用于衡量实际气体与理想气体之间的偏离程度。

压缩因子是实际气体的压力、体积、温度与理想气体状态下对应量之间的比值，可以用下面的公式表示：

$$Z = \frac{pV}{nRT}$$

理想气体的压缩因子为1，非理想气体的压缩因子不等于1，因此可以用压缩因子来计算实际气体，公式为：

$$pV = ZnRT$$

压缩因子的值可以根据实验测量得到，随着压力和温度的变化，压缩因子也会发生变化。通常情况下，当压力较低、温度较高时，压缩因子偏离1的程度较小；而在压力较高、温度较低时，由于分子间的相互作用增强，压缩因子的偏离会更为显著。

压缩因子对于实际气体的工程和科学计算具有重要意义。

热力学第二定律

热力学第二定律与第一定律一起彻底否定了制造永动机的可能。

发现契机！

——德国物理学家和数学家鲁道夫·克劳修斯（Rudolf Clausius，1822年1月2日—1888年8月24日）是热力学第二定律的奠基人之一，1850年提出了关于热力学第二定律的克劳修斯表述。

我的表述是以热量传递的不可逆性作为出发点的，即热量总是自发地从高温热源流向低温热源。

——开尔文也提出了关于热力学第二定律的表述，你们的表述有什么区别吗?

当时正流行设计一类装置，从海洋、大气乃至宇宙中吸取热能，并将这些热能作为驱动永动机转动和功输出的源头，那就是第二类永动机。开尔文的表述是以第二类永动机不可能实现这一规律作为出发点的。

——热力学第二定律的提出不仅帮助我们理解了自然界中的现象，还促进了工程和技术的发展。在热力学的指导下，我们能够更好地设计和优化各种系统，以提高效率并更好地利用能量资源。

我为自己的这一重要贡献感到满足和骄傲。

原理解读！

- 如果一个过程发生后，无论用任何曲折复杂的方法都不可能把它的后果完全消除，则该过程称为不可逆过程。
- 克劳修斯表述：不可能把热量从低温物体传递到高温物体而不产生其他影响。
- 开尔文表述：不可能从单一热源吸收能量，使之完全变为有用功而不产生其他影响。

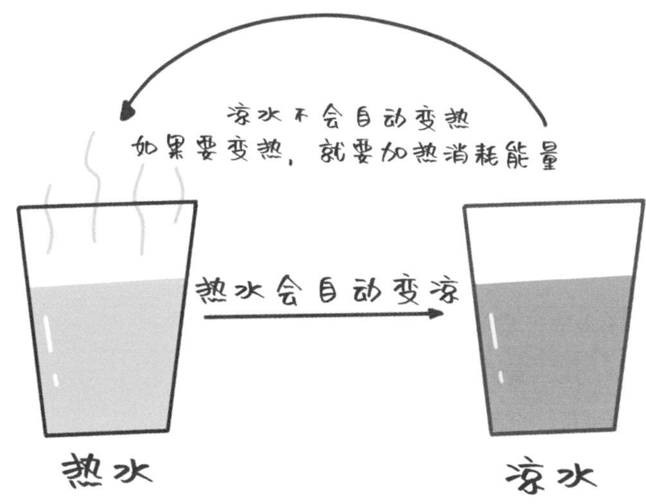

在一个孤立系统中，热量永远不会自发地从低温物体传递到高温物体。

不可逆过程

如果一个过程发生后，无论用任何曲折复杂的方法都不可能把它的后果完全消除，则该过程称为**不可逆过程**。在图1中，瓶子中的隔板隔着两种颜色的气体，把中间的隔板去掉，没过多久两边的气体就开始混合，最终变成一种杂乱无章的状态。那么气体能不能自己慢慢地恢复到原来的状态呢？答案是需要无穷长的时间，也就是不可能，因为该过程是不可逆的。

［图1］不可逆过程

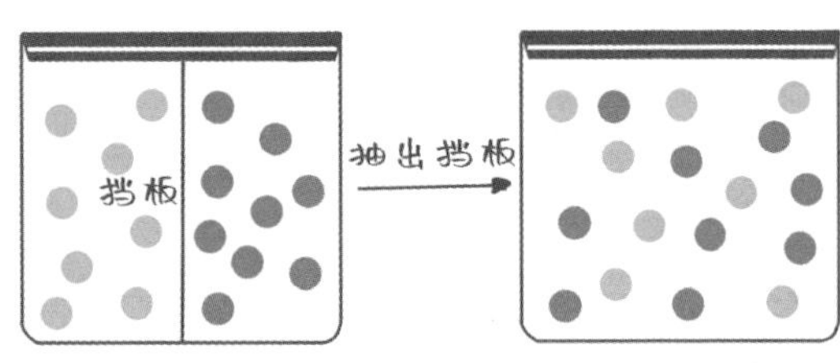

热力学第二定律

把一杯热水放在桌子上，慢慢地，水会自动变凉，最终达到热力学平衡。那么凉水可以自动吸收空气中的热量变为一杯热水吗？答案是不可以。从热水变为凉水是一个不可逆过程，而想要从凉水变为热水，必须依靠外部的能量，比如加热。这也就是克劳修斯的表述：**不可能把热量从低温物体传递到高温物体而不产生其他影响**。也就是说，热不可能自发地、无代价地从低温物体传至高温物体。

那开尔文的表述是什么意思呢？开尔文的表述为：不可能从单一热源吸收能量，使之完全变为有用功而不产生其他影响。

公司老板会想让他的员工每天工作都有100%的效率，制造商想要发动机的热效率达到100%，但事实上，人不能达到100%的效率，发动机也一样。单一热源吸收的能量一部分转化为了能让机器运转的有用功，还有一部分被丢弃到了低温部分。也就是说：**单一热源提取的能量并不能全部转化为功**。

开尔文的表述与克劳修斯的表述通过不同侧面描述了同一事实，它们是等价的，能够互相印证。

原理应用知多少！

卡诺热机

卡诺热机是基于卡诺循环运作的理想热机模型，是热力学第二定律一个很经典的应用。根据热力学第二定律，从高温热源吸收的能量并不能完全转化为功，还有一部分热会被丢弃到低温部分。那么假设有一个可逆热机，热机从高温热源A吸收了一定量的热质Q，将其传递给低温热源B并对外输出了一定量的功W，然后再反过来，外界给这个热机输入同样的功W，这个热机就能原封不动地将热质Q从低温热源B传递给高温热源A。这样就完成了一个循环，称为卡诺循环，如图2所示。

[图2] 卡诺循环

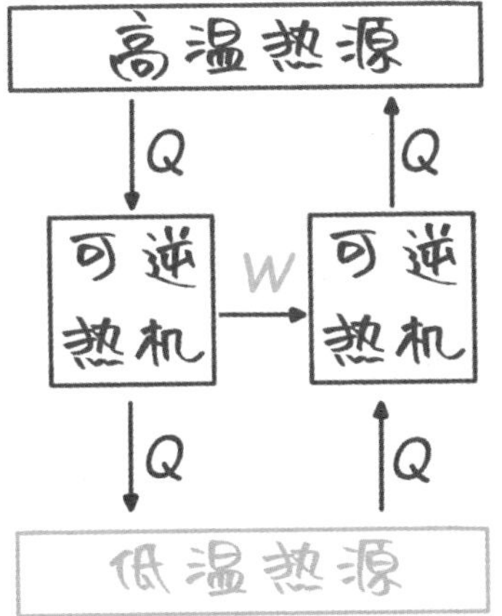

卡诺热机是一种理想热机，对于任何工作在两个给定温度之间的理想热机，其效率都不会超过卡诺热机的效率。

克劳修斯：从科学家到战地医护队长

普法战争期间，克劳修斯的生活发生了一段戏剧性的转变。作为一名科学家，克劳修斯的生活通常围绕着实验室和讲堂，但战争迫使他迈出了这个舒适圈。他不再是一个旁观者，而决定亲自参与战地救护工作。

在战争爆发后，克劳修斯迅速组织了一支由大学生和学者组成的救护队，前往前线提供医疗帮助。这个救护队不仅担任了普通的战地医护人员，更带着学术研究的严谨态度，记录和分析了战场上的伤情和医疗手段，希望能对未来的战地医疗有所贡献。

有一次，克劳修斯和他的救护队在前线遭遇了一次猛烈的炮火袭击，为了保护队员和伤员，他展示了非凡的领导才能和冷静的判断力。他迅速组织大家撤离到一个安全的地方，并亲自照顾那些重伤员。尽管面临生命危险，克劳修斯依然表现出了坚定和勇敢，这种精神感染了他的队员们，他也赢得了他们的深深敬佩。

克劳修斯后来在战斗中受伤，并留下了永久的残疾，因此被授予铁十字勋章。

焓

焓是热力学中用来描述系统总体热量的物理量。

发现契机！

—— 荷兰物理学家海克·卡末林·昂内斯（Heike Kamerlingh Onnes，1853年9月21日—1926年2月21日）将焓命名为“enthalpy”，符号为*H*。

焓的名字“enthalpy”是我起的，而用*H*来表示焓这个符号则因为热含量（heat contents）的首字母是H，同时H也代表了希腊文Enthalpy的首字母E。

—— 原来是这样！那么焓代表了什么？

焓是热力学中非常重要的一个概念，它描述了一个系统的总体热量。在恒定压力下，焓可以定义为系统的内能加上系统的压力乘以体积之和。换句话说，焓代表了系统的内能和对外界做功的能量之和。

—— 那么焓在实际应用中有哪些重要作用呢？

焓在科学和工程中有着广泛的应用。在化学反应中，我们可以利用焓来计算反应的热效应，评估反应的放热或吸热性质。在工程领域，焓常被用来分析和设计各种系统，比如锅炉、汽轮机、制冷系统等。此外，在能量转换过程中，我们也经常使用焓来描述能量的转移和转换过程。

原理解读！

- 焓可以用以下公式表示：

$$H = U + pV$$

其中：

H 是焓。

U 是内能（内部能量）。

p 是压强。

V 是体积。

在这个公式中，pV 项代表了系统的压力与体积的乘积，称为“体积功”。因此，焓可以理解为系统的内能和对外界做功的总和。

焓的变化可以用来描述热过程中的能量变化。特别是在恒压条件下，焓的变化等于系统吸收或释放的热量。

- 体系焓的变化称为焓变，用 ΔH 表示。

当体系吸热时，$\Delta H > 0$；当体系放热时，$\Delta H < 0$。

焓的变化可以用来计算反应的热效应。

反应热与焓变

化学反应一般会放出或者吸收热量，这是因为反应前后体系的内能U（体系内物质的各种能量的总和）发生了变化，在等温条件下，化学反应体系向环境释放或者从环境中吸收的热量称为**反应热**。

通常化学反应在敞口容器中进行，外界大气压一般为恒定的大气压。像这类在恒压过程中完成的化学反应称为恒压反应，其热效应为恒压反应热Q。

由热力学第一定律 $\Delta U=Q-W$，$W=p\Delta V$得：

$$Q=\Delta（U+pV）$$

我们定义一个新的函数“焓H”，令$H=U+pV$，所以$Q=\Delta H$，即等压条件下反应热Q等于焓变ΔH。

ΔH的单位为kJ/mol，当体系吸热时，焓增大，ΔH为正值，$\Delta H>0$；当体系放热时，焓减小，ΔH为负值，$\Delta H<0$，如图1所示。

［图1］放热反应与吸热反应焓变

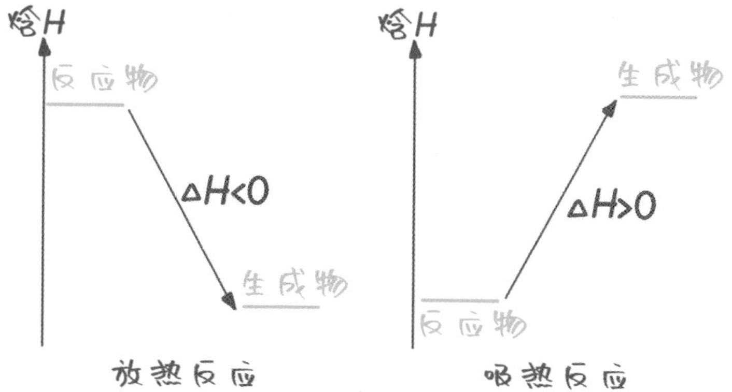

化学键的断裂与生成造成能量的变化

当原子通过化学键形成分子时，通常会**释放能量**，这是因为形成化学键涉及原子之间的互相吸引力，从而使系统的内能降低。相反的，当分子中的化学键断裂时，通常会**吸收能量**，这是因为需要克服分子内部的相互吸引力才能使化学键断裂。

这些能量变化与化学反应的焓变化密切相关。对于在恒压条件下进行的反应，反应的焓变化可以直接与化学键的断裂和生成相关联。

例如，水分解为氧气与氢气的反应方程式为：

$$2H_2O = O_2 + 2H_2$$

2mol水中的4个H—O单键断裂需要吸收463kJ/mol×4mol=1852kJ/mol的能量，2个氧原子形成双键生成1mol氧气需要释放498kJ/mol的能量，4个氢原子形成H—H单键生成2mol氢气需要释放436kJ/mol×2mol=872kJ/mol的能量，这样系统共吸收了1852kJ/mol−498kJ/mol−872kJ/mol=482kJ/mol的能量，也就是说该反应的焓变ΔH=482kJ/mol，如图2所示。

[图2] 水分解为氧气与氢气的焓变

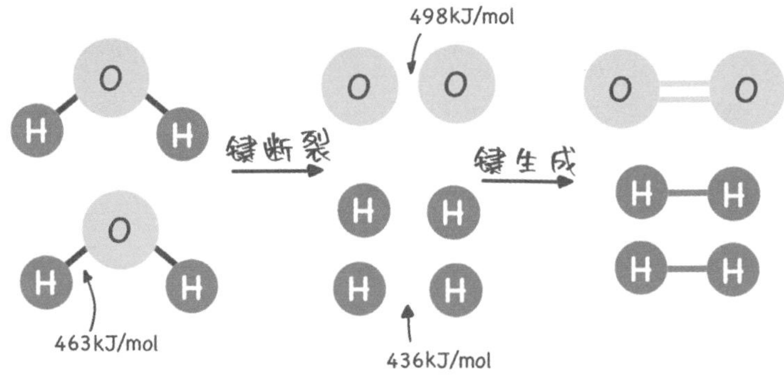

热化学反应方程式

该怎么同时表示化学反应中的物质变化以及释放的热量呢？

$$2H_2O\,(l) = O_2\,(g) + 2H_2\,(g),\ \Delta H=482\text{kJ/mol}$$

上面的方程式表示了2mol液态水分解生成了1mol气态氧气和2mol气态氢气，吸收了482kJ/mol的热量，像这样的方程式就是**热化学反应方程式**。

在写热化学方程式时，一定要标注物质的状态（s为固态，l为液态，g为气态），因为不同状态的物质具有的能量不同，反应的焓变也不相同。

原理应用知多少！

人体的能量供应

碳水化合物是人体最主要的能量来源。被消化吸收后，碳水化合物分解成葡萄糖，然后通过糖酵解和线粒体呼吸过程产生能量。这些反应释放的能量可以被身体各种细胞和组织利用。

脂肪是人体内一种重要的能量储备，存储在皮下脂肪组织和内脏脂肪中。在正常情况下，身体通过食物摄入和能量消耗来维持能量平衡。而当食物摄入量超过能量消耗时，多余的能量会被转化为脂肪并储存起来；相反，当食物摄入量不足时，身体会利用脂肪储备来补充能量，从而维持生命活动的正常运转。

当剧烈运动，体内的糖类不能够供应足够的能量时，体内激素（如肾上腺素和去甲肾上腺素）会促进脂肪燃烧过程的启动，从而加速能量释放。体内的脂肪会分解产生甘油与脂肪酸，脂肪酸氧化分解成二氧化碳与水，并且产生能量。

例如，一种饱和脂肪酸棕榈酸的氧化分解的热化学方程式为：

$$C_{16}H_{32}O_2(s)+23O_2(g) \longrightarrow 16CO_2(g)+16H_2O(g),$$

$$\Delta H=-9977\text{kJ/mol}$$

无论是葡萄糖供能，还是脂肪供能，都是来自放热反应。

通过此类反应，我们可以知道脂肪是如何被消耗的，就能够有效减肥。运动是促进脂肪燃烧的重要途径，有氧运动如慢跑、游泳和骑行等，能够有效提高身体的氧气摄入量，加速脂肪燃烧过程。在有氧运动中，身体会首先利用碳水化合物作为能源，而随着运动时间的延长，逐渐转向脂肪燃烧，从而有助于减少脂肪储备。

第一个液化氦气的科学家

在19世纪末，科学家们对气体液化的研究正在进行。根据经验规律，气体在较低的温度和较高的压力下可以被液化，但对于氦气来说，由于其独特的性质，液化变得非常困难。

昂内斯在莱顿大学建造了一座称为“冷房子”的实验室，这个实验室的温度很低，用于进行低温物理学实验，为他的研究铺平了道路。

1898年，昂内斯开始通过压缩气体和蒸发液体的方法来制冷氦气。他使用了特制的蒸发冷却装置，并在高压下压缩氦气，然后通过释放压力使其蒸发，并借此来降低温度。

1908年7月10日，在不断改进实验条件的过程中，昂内斯将氦气降温到了-269℃，成功将氦气变为了液氦。他发现液态氦具有非常低的沸点和密度，具有独特的性质。

液态氦的发现开辟了低温物理学的新领域，使得科学家们能够在极低温度下观察和研究物质的特殊性质，对于理解物质在极低温度下的行为至关重要，也奠定了低温物理学研究的基础，并且影响了许多其他领域的科学研究。

反应的热量是如何产生的？

盖斯定律

在一定条件下，化学反应的总焓变等于参与反应的各个步骤的焓变之和。

发现契机！

——1840年，俄国化学家、医生杰迈因·亨利·盖斯（Germain Henri Hess，1802年8月7日—1850年11月30日）提出了盖斯定律。

我的研究主要基于热力学的基本原理以及对化学反应的观察和实验。我注意到，在化学反应中焓（或热量）是一种状态函数，它只取决于反应的起始物质和终产物之间的差异，而与反应的路径无关。基于这一观察，我提出了盖斯定律。

——您的发现对化学领域有着重要的意义，您如何看待这一点?

我认为盖斯定律的提出对化学领域产生了深远的影响。盖斯定律使得我们能够根据已知反应的焓变来推断其他反应的焓变，从而使实验测定和计算焓变更加方便。这不仅促进了我们对化学反应的理解，还推动了化学工程和技术的发展。

——盖斯定律的建立使得热化学反应方程式可以像普通代数方程式一样进行计算。非常感谢您，给我们带来了如此深入而生动的讲解，您的发现对科学界的贡献是不可估量的。

谢谢，能够分享我的工作并看到它对科学发展的影响，我感到非常荣幸和自豪。

原理解读！

- 盖斯定律：一个化学反应，无论是一步完成还是分几步完成，其反应热是相同的，如下图所示。

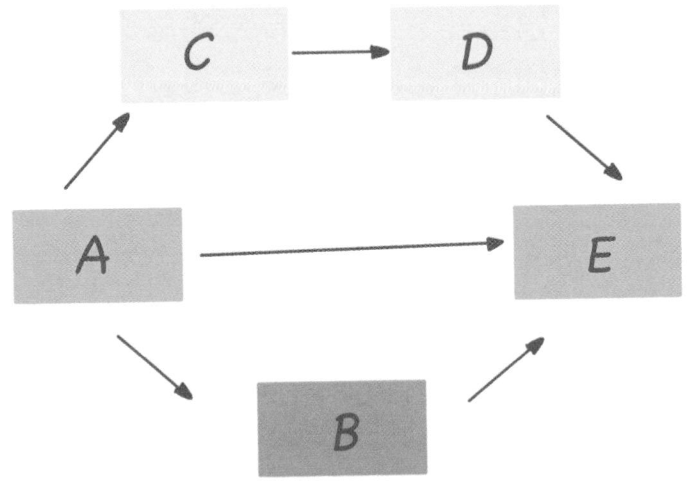

无论是从A直接变成E，还是A→B→E，或者A→C→D→E，总的反应热是相同的。

化学反应的热效应只与起始和终了的状态有关，与变化途径无关。

盖斯定律

在登山时，我们可以选择徒步登顶或者坐缆车登顶，再或者可以乘坐飞机登顶。但无论选择了怎样的登顶方式，我们所在的海拔高度都是从*A*变为了*B*，海拔的改变永远是*B*−*A*，如图1所示。

［图1］登山与盖斯定律类比

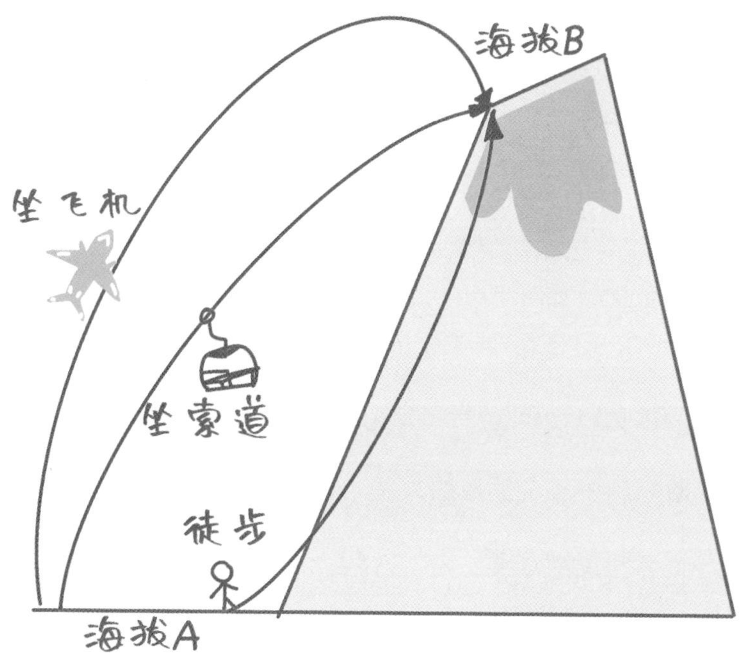

化学反应就像登山，反应热就像我们所在的海拔，无论是通过哪种路径，只要反应物与生成物相同，那么反应热就相同。所以盖斯定律表示：一个化学反应，无论是一步完成还是分几步完成，其反应热是相同的。

有些反应进行得很慢，有些反应不容易直接发生，有些反应的生成物不纯（往往有副反应发生），这些给直接测量反应热造成了困难。但利用盖斯定律可以间接地把它们的反应热计算出来，这就是盖斯定律的重要意义。

原理应用知多少！

利用盖斯定律求反应热

碳在燃烧时，若完全燃烧则会产生二氧化碳，不完全燃烧会产生一氧化碳与二氧化碳的混合物，这时想要测量只生成一氧化碳的反应热就变得很困难。但是有了盖斯定律的帮助，解决这一问题会变得十分简单。

我们来看生成一氧化碳的反应：

$$C(s)+\frac{1}{2}O_2(g)=CO(g)$$

该反应热没有办法直接测量，但是如果我们把它看成是碳完全燃烧生成二氧化碳的中间过程，如图2所示，这个问题便迎刃而解了，即：

$$C(s)+O_2(g)=CO_2(g)，\Delta H_1=-393.5kJ/mol$$

$$CO(g)+\frac{1}{2}O_2(g)=CO_2(g)，\Delta H_2=-283.0kJ/mol$$

[图2] C的燃烧中三个反应的关系

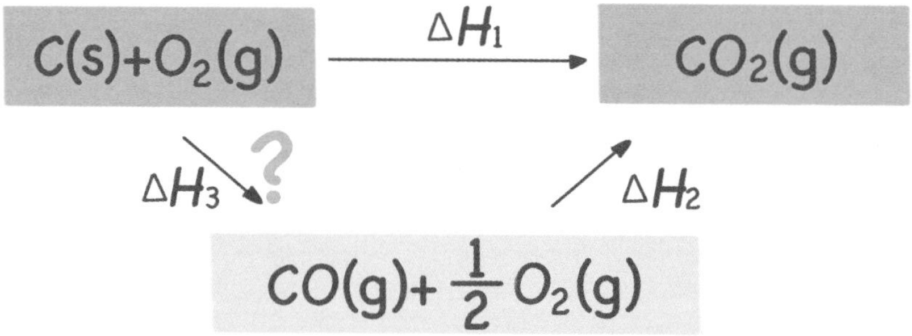

$C(s)+O_2(g)$ —ΔH_1→ $CO_2(g)$

ΔH_3 ?

ΔH_2

$CO(g)+\frac{1}{2}O_2(g)$

根据盖斯定律可以知道$\Delta H_1=\Delta H_3+\Delta H_2$，$\Delta H_3$可以算出为$-110.5\ kJ/mol$。

盖斯定律是化学中一个重要的原理，为我们提供了一种便捷的方法来理解和计算化学反应的焓变，对于化学研究、工程应用以及能源领域都具有重要意义。

科学家与医生的双重身份

盖斯曾在瑞士苏黎世大学攻读医学，并于1830年获得医学博士学位。他曾在苏黎世和柏林等地从事医学实践，并在一家医院担任外科医生。尽管他是一名医生，但他对化学有着浓厚的兴趣。

对化学的热爱使盖斯无法抵御这个领域的诱惑，所以他在医学之余，积极投身化学研究，并开始了他杰出的科学生涯。他在医学和化学两个领域之间保持了平衡，既从事医学实践，又致力于化学研究。这种平衡使他成为一个既有临床经验又有科学见解的学者。

虽然他的医学生涯很成功，但盖斯最终以他在化学领域的贡献而闻名。他提出了盖斯定律，对热化学的发展产生了深远影响。尽管盖斯的贡献对于化学的发展具有重要意义，但他的成就在他的时代并没有得到足够的认可。直到后来，人们才逐渐意识到他在热化学领域的贡献。

盖斯的双重生涯使他成为一位独特而富有成就的学者，他在医学和化学领域的贡献，使他成为19世纪的杰出学者之一。

熵

提供关于反应方向、自发性、平衡状态以及反应速率等方面的重要信息。

发现契机！

——德国物理学家和数学家鲁道夫·克劳修斯（Rudolf Clausius，1822年1月2日—1888年8月24日）于1865年提出了“熵”的概念。

在提出热力学第二定律时，我同样也提出了“熵”的概念，熵代表了系统的混乱程度，并且系统总是向着熵增加的方向发展，我称之为“熵增加原理”。

——可以举个例子说明吗?

就像抛硬币一样，最有规律的结果就是全部为正面或者全部为反面，相反，最混乱的结果是一半正面，一半反面。在抛硬币次数很少的情况下可能出现全是正面或者全是反面的情况，但当次数趋于无限时，最终结果是一半正面，一半反面，这就是我所说的“熵增”。

——熵的引入对热力学领域产生了深远影响，您对这一概念的贡献将永远被铭记在历史中！

谢谢你的夸奖！我也很高兴看到我提出的概念被人们认同。

原理解读！

- 熵代表着系统的无序程度或混乱程度。水从固态到液态再到气态，熵在不断增加，如下图所示。

- 自然界中，系统总是向着熵增加的方向发展，称为“熵增加原理”。

熵增加原理揭示了自然过程的方向性和不可逆性，理解熵增加原理有助于我们更好地认识自然界的规律和限制。

熵增加原理是热力学第二定律的延伸。

熵增加原理

在化学领域，熵是一个核心概念，它不仅在热力学中扮演着重要角色，而且在解释化学反应、相变和化学平衡等方面都具有深远的影响。**熵代表着系统的无序程度或混乱程度**，理解熵的概念有助于我们更好地理解化学过程中发生的现象。

在热力学中，熵是描述系统热力学状态的函数之一，通常用符号S表示。熵的概念最初是由热力学第二定律引入的，它表明在一个孤立系统中，任何自发过程都会导致系统的总熵增加。这意味着系统的自然趋势是朝着更高的熵方向发展的，即系统朝着更加无序的状态演化，这就是**熵增加原理**。例如，当固体融化成液体，或者气体扩散到更大的体积中，系统的熵会增加，因为系统的微观排列变得更加无序。

在化学反应中，熵变的概念非常重要。化学反应通常伴随着熵的变化，这与反应物和产物之间的微观排列有关，如水的分解反应，由液态的水变为气态的氧气与氢气，无序程度增加，反应前后的熵增加，$\Delta S>0$，如图1所示。

[图1] 化学反应的熵增

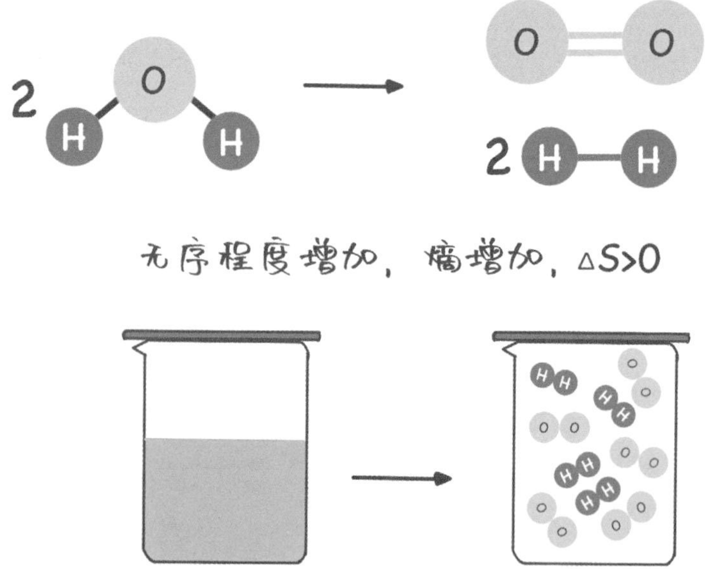

原理应用知多少！

生活中的熵增

在日常生活中，熵增是一个普遍存在的现象，涉及许多方面，从房间的清洁度到交通堵塞，都可以看到熵增的影响。

房间的清洁度：如果一个房间不经常清扫或整理，物品就会逐渐散乱，增加了系统的无序程度。书籍、衣物、文件等可能会散落到不同的地方，这导致了熵的增加。因此，为了保持房间的整洁，需要不断地进行清理和整理工作，以抵消熵的增加。

混合物的分离：假设我们在调料盒里混合了几种不同的颗粒，比如砂糖和盐。随着时间的推移，由于颗粒之间的碰撞和运动，它们会逐渐混合在一起，增加了系统的无序程度，即熵的增加。如果要将这些颗粒分开，需要进行额外的工作，以逆转熵的增加。

交通堵塞：在城市交通中，当车辆数量增加时，道路上的交通可能会变得拥堵，这增加了交通系统的无序程度，即熵的增加，如图2所示。为了减少拥堵，就需要采取措施，如改善道路基础设施或提供更多的公共交通工具。

[图2] 交通堵塞带来的熵增

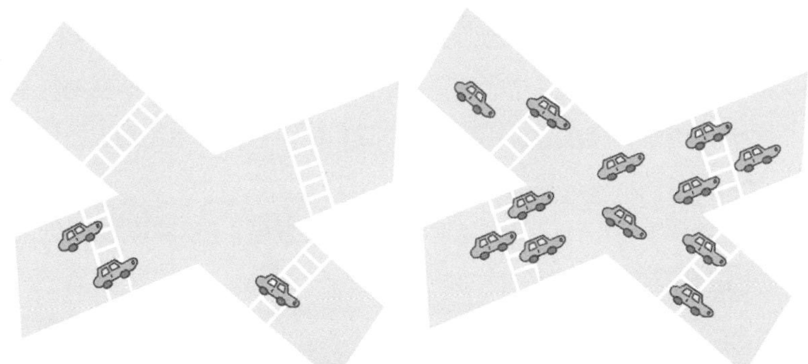

汽车变多后熵增

热力学第三定律

揭示在绝对零度下物质的热力学行为。

发现契机！

德国化学家、物理学家瓦尔特·赫尔曼·能斯特（Walther Hermann Nernst，1864年6月25日—1941年11月18日）于1906年提出了热力学第三定律。

我的研究主要集中在热力学和物理化学领域。通过对热力学极限条件下系统行为的深入研究，我发现在绝对零度时晶体的熵应该为0这一规律，然后提出了热力学第三定律。

与热力学第一、第二定律适用于普遍的情况不同，热力学第三定律只针对一个特别的领域——绝对零度。

是的，热力学第三定律的提出，解决了在热力学的极限条件下的一些问题，为研究物质在极低温度下的行为提供了重要的理论基础。

在实际意义上，第三定律并不像第一、第二定律那样，明白地告诫人们放弃制造第一类永动机和第二类永动机的意图，而是鼓励人们想方设法尽可能地接近绝对零度。

第三定律不仅推动了低温物理学和化学的发展，还为超导材料的研究提供了理论基础。

原理解读！

- 绝对零度是自然界的最低温度，等于-273.15℃。
- 在热力学温度零度（即T=0）时，一切完美晶体的熵值都等于零。

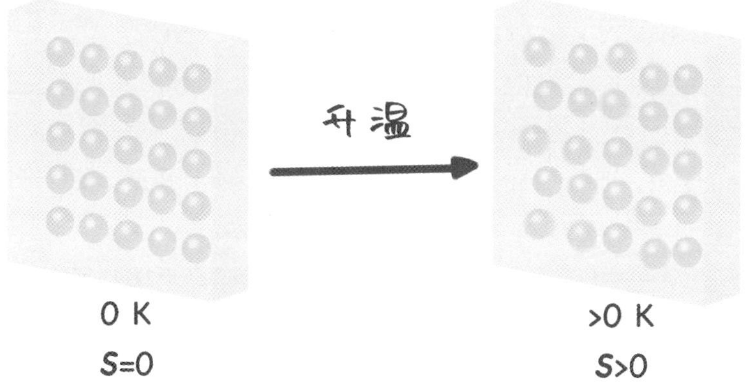

- 处于绝对零度附近的物质具有超流性以及超导性。
- 绝对零度是无法达到的，只能无限接近。

在绝对零度，粒子将停止运动，系统的微观排列将会达到其最低可能的状态，也就是系统的状态将变得非常有序。

绝对零度

中国最冷的城市之一漠河，极端气温曾达到-53℃；地球上最冷的地方在南极洲，在南极大陆的东南极高原曾探测到的最冷温度为-93.2℃。那么温度存在底线吗，最低温度是多少度?

温度是有下限的，称为绝对零度，单位为开尔文（K）。开尔文与摄氏度的关系为：0℃ = 273.15K，所以绝对零度等于-273.15℃。

绝对零度并不是测量出来的，而是推导出来的。科学家盖-吕萨克根据理想气体状态方程发现了一个有趣的现象：当气体保持恒定压强时，如果不断降低气体的温度，那么气体的体积也会不断缩小。因此他推测：在某一个温度时，气体的体积将变为零，而这个温度就是绝对零度。

盖-吕萨克提出了绝对零度的概念，而威廉·汤姆孙于1848年计算出了绝对零度的数值。图1为各种温度对应的事件。

［图1］各种温度对应的事件

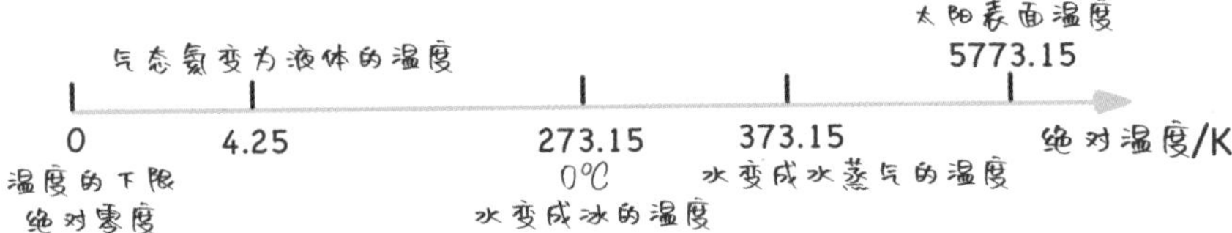

在绝对零度下，理论上所有的分子和原子都将停止运动，物质的熵将达到最低值，这也是热力学第三定律的内容。

处于绝对零度的物质会呈现出许多奇妙的性质，如超导和超流现象。

超流体：是一种在极低温下表现出特殊流动性质的物质。超流体的黏度为0，能够自由地通过微小孔隙，不受惯性或黏性的阻碍，形成无摩擦的流动。

液氦在处于超流体状态时，会从碗体内部向上缓慢爬行，穿过碗口，然后从碗体外部向下缓慢滑落，聚集成液氦珠，最后滴下。通过这种方式，液氦会一滴一滴地落下，直到碗里完全流空，如图2所示。

[图2] 液氦的超流现象

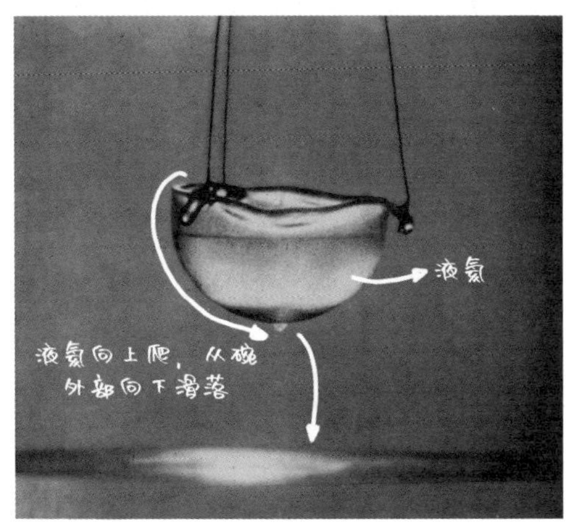

超导体：是一种在低温下表现出完全零电阻和磁场排斥的物质。当物质被冷却到一定温度，其电阻会突然减至零，电流可以在其中无阻碍地流动。这种突然的电阻为零的现象称为超导态。

超导体的研究始于1911年，当时荷兰物理学家海克·卡末林·昂内斯（Heike Kamerlingh Onnes）首次发现汞（Hg）在液氦温度下变成了超导态。自那时以来，人们也发现了许多其他具有超导性的材料，包括铅、铋、锡、锗、镁钛酸盐、铜氧化物等。

绝对零度无法达到

目前在实验室中，人类取得最接近绝对零度的成果是将一个铑原子冷却到0.0000000001开尔文，也就是比绝对零度高0.0000000001开尔文。

然而，当前的研究情况表明，绝对零度仍然只是存在于理论上，实际世界中还没有任何物质能够真正达到绝对零度。这就像光速的性质一样，虽然可以无限接近但永远无法真正达到。

这也是热力学第三定律的一种表述。1912年，能斯特将这一规律表述为绝对零度不可能达到原理，即：不可能使一个物体冷却到绝对温度的零度。也就是说，绝对零度不可能达到。

 宇宙“最冷之地”

距离地球5000光年，在半人马座的方向上有一个原行星云，称为回力棒星云。这个星云的最低温度经测量为1K（-272.15℃），是宇宙中已知的温度最低之处。

回力棒星云最早是在1980年由澳大利亚天文学家小组使用英澳望远镜发现的，因它和澳大利亚的土著人所使用的回力棒相似，所以被命名为回力棒星云。1998年，哈勃太空望远镜的观测结果对回力棒星云的形状进行了修正——看起来更像一个蝶形的领结，所以也称为领结星云，如下图所示。

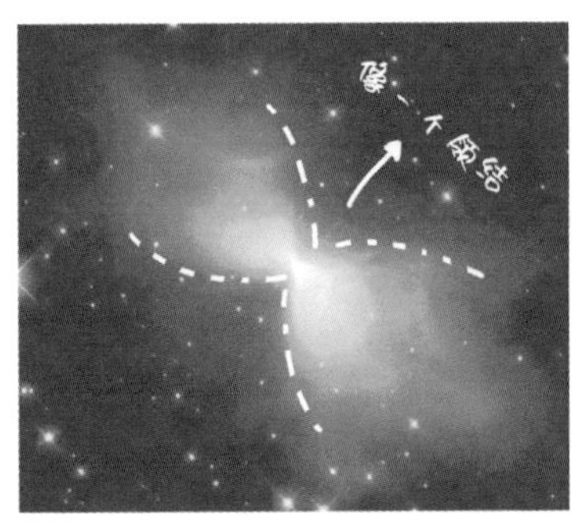

回力棒星云是相对年轻的行星状星云，正迅速膨胀，并在这个过程中耗尽能量，产生冷却效果，从而使自身温度保持比周围温度还低的水平。

2013年，通过ALMA望远镜的观察，人们发现所谓的双叶形结构或许只是光在可见波长下向人类展示的把戏。蝴蝶结结构只是可见光的失真，从地球看过去，有大量的灰尘小块围绕该恒星，从而形成一种环，掩盖了部分光线从星云到达地球。

不管回力棒星云到底是什么形状，科学家研究它是为了更多地了解恒星是怎么走向死亡的。因为数十亿年后，我们的太阳有可能成为下一个寒冷的气体云。

吉布斯自由能

描述了焓、熵与温度之间的关系，是判断反应能否自发进行的依据。

发现契机！

—— 1876年，美国科学家约西亚·威拉德·吉布斯（Josiah Willard Gibbs，1839年2月11日—1903年4月28日）提出了吉布斯自由能这一概念。

我在我的著作《统计力学原理》中首次引入了自由能的概念。在这本书中，我详细地阐述了自由能作为系统的状态函数的性质，并将其应用于描述并预测化学和物理系统的平衡条件。

—— 吉布斯自由能现在被广泛用于研究恒温、恒容条件下的系统平衡以及化学反应的方向性。

我所做的研究工作对于我的学生和同行而言并不易于理解，所以在当时我提出的理念并不被科学家们所接受，直到麦克斯韦认可了我。他还在自己的书里专门用一章来介绍我的工作，我才逐渐被大众所理解。

—— 国际化学联会将您提出的概念以您的名字命名为吉布斯自由能，并且符号也是您名字首字母的“G”。

谢谢，被人们认可的感觉真的很不错！

原理解读！

- 吉布斯自由能是化学系统中的一个重要概念，通常用符号G表示，公式为：

$$G = H - TS$$

其中：

H 是系统的焓。

T 是温度。

S 是系统的熵。

- 吉布斯自由能的变化可以用来判定反应能否自发进行：

$$\Delta G = \Delta H - T\Delta S$$

$\Delta G < 0$时，反应是自发进行的。

$\Delta G = 0$时，系统处于平衡状态。

$\Delta G > 0$时，反应不会自发进行。

ΔH与ΔS和反应能否自发进行的关系如下图所示。

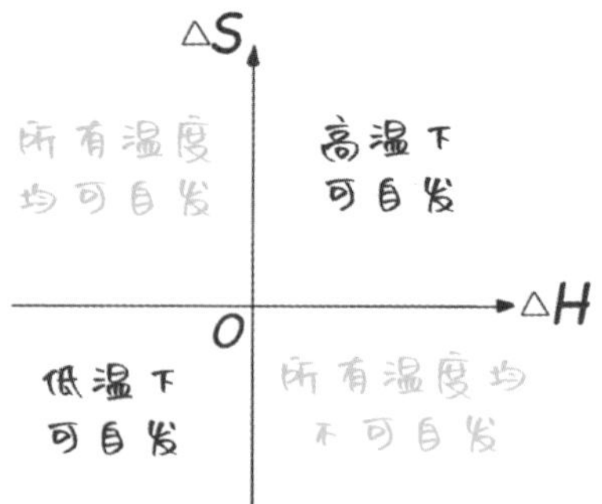

吉布斯自由能可以用来判断一个化学反应能否自发进行，以及在给定条件下反应的方向。

自发反应的判据

在给定的条件下，一经引发即能自动进行的反应称为自发反应。

不能自发地进行，必须借助某种外力才能进行的反应称为非自发反应。

水总是自发地从高处流向低处；热量总是自发地从高温传到低温；电势总是从高电势的地方向低电势的方向流动，这些都是能够自发进行的，并且具有一定的方向性。很多化学反应也是一样，能够自发地进行，并且具有方向性。

大多的放热反应都能够自发进行，例如燃烧反应、酸碱中和反应、溶解反应、酸与金属反应等。但是这不代表吸热反应就不能自发进行，碳酸铵$(NH_4)_2CO_3$的分解虽然是吸热反应，但可以自发进行。由此可见，反应焓变是与反应进行的方向有关的因素之一，但不是决定反应能否自发进行的唯一因素，称为焓判据。

大多的熵增反应都能够自发进行，例如能够生成气体的反应、分解反应等，大都可以自发进行。但是这不代表所有熵增反应都能够自发进行，并且有些吸热反应也是能够自发进行的，反应熵变也是与反应进行的方向有关的因素之一，称为熵判据。

焓变(ΔH)和熵变(ΔS)都与反应的自发性有关，却又都不能独立地作为反应自发性的判据。要判断反应进行的方向，必须综合考虑体系的焓变和熵变。

体系的自由能变化(ΔG，单位为kJ/mol)是由焓判据和熵判据组合成的复合判据，它不仅与ΔH、ΔS有关，还与温度T有关。其表达式为$\Delta G = \Delta H - T\Delta S$，当$\Delta G < 0$时，反应便可以自发进行。

例如，碳酸钙分解的反应：

$$CaCO_3(s) = CaO(s) + CO_2(g), \Delta H < 0$$

由于这是一个生成气体的反应，那么反应后的熵会增加，即$\Delta S > 0$，又因为反应放热，$\Delta H < 0$，带入自由能的公式，就得到ΔG一定是小于0的，所以该反应能够自发进行。

相反，如果一个反应$\Delta S < 0$，$\Delta H > 0$，则ΔG一定是大于0的，所以不能自发进行。而$\Delta S < 0$、$\Delta H < 0$的情况下，反应在较低温度能够自发进行；$\Delta S > 0$、$\Delta H > 0$的情况下，反应在较高温度能够自发进行。

最简单的问题

吉布斯教授站在数学物理教室里，对在座的耶鲁大学高才生说道："不知道你们有没有想过这个问题。"

学生拿出纸笔，准备全力应付这门号称是"耶鲁大学最深奥"的一门课。吉布斯缓缓说道："你们都知道热水吧？"

学生点点头，有一点莫名其妙。

吉布斯又问道："那冷水呢？"学生也知道。

"如果把一杯热水靠近一杯冷水，会怎么样？"

学生忍不住笑出来："变温水啊！"

吉布斯把头转过来："为什么？"

学生答道："热量由热水传到冷水啊！简单！"

"是吗？冷水为什么不把热量传给热水呢？"

"日常生活经验不是这样啊！"

吉布斯扬一扬眉毛："不要跟我谈经验，要谈道理。为什么热量就必须依循这个'固定方向'由热水传到冷水呢？"

"方向？"

"是！我再问，为什么热水与冷水相遇会成为两杯温水，而两杯温水不会自己成为一杯热水、一杯冷水？"学生一脸迷惘。

吉布斯在黑板上写下"熵"，说道："我想这个宇宙中事物发生的方向，除了基本的能量、温度、压力、体积以外，还涉及混乱程度——熵，是解释反应进行方向由低乱度往高乱度方向进行的必要因子。"

吉布斯在最深奥的一门课上问了白痴般的问题，但也正是这样的追问和思考，促进了科学的发展。

溶液与胶体篇

溶 液 中 的 反 应 都 是 什 么 样 的 ？

溶液中的反应都是什么样的？

电离理论

电离并不需要电，电解质溶于水就能够发生电离并产生离子。

发现契机！

——1884年，瑞典化学家斯万特·奥古斯特·阿伦尼乌斯（Svante August Arrhenius，1859年2月19日—1927年10月2日）提出了电离理论。

在我提出电离理论之前，科学家都赞同法拉第提出的“离子是在电流的作用下产生的”，而我提出的是电解质只要溶解在水中就能够产生离子，与法拉第的理论相比，我的理论显得格格不入。

——您是怎么发现这一现象的呢?

与不导电的有机物相比，电解质溶液具有更高的凝固点降低值、沸点升高值及渗透压，这说明了电解质溶于水中产生了离子。可以参考我发表的两篇论文《电解质的导电性研究》和《关于溶质在水中的离解》。

——当时您的理论遭到了大部分科学家的反对，历经十余年才被化学界广泛接受。

这一新的理论是在困难中成长起来的。那时，化学家不认为它是化学理论，物理学家也不认为它是物理理论，但这种理论却在化学与物理之间架起了一座桥梁。

——该理论的提出对于解释电解质溶液的电导性、电解反应以及溶解度等现象都具有重要意义，为后来电化学的发展奠定了基础。

原理解读！

- 电解质：溶于水溶液中或在熔融状态下自身能够导电的化合物。
- 电离：电解质在水溶液中或熔融状态下产生正、负自由离子的一种过程。例如，氢氧化钠溶于水的电离如下图所示。

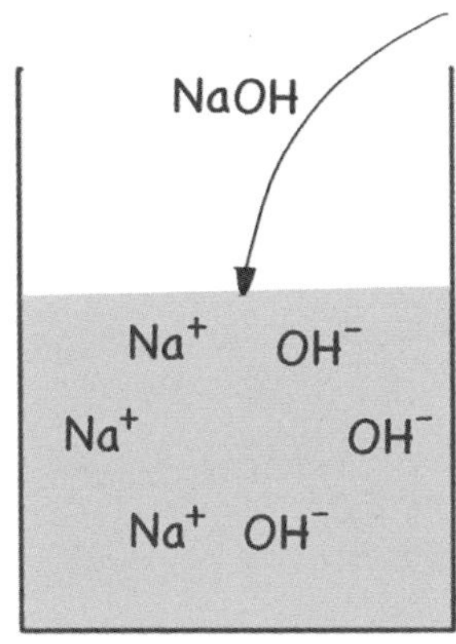

氢氧化钠溶于水中电离出了钠离子与氢氧根离子

- 根据电离程度可将电解质分为强电解质和弱电解质，强电解质几乎能够全部发生电离，弱电解质只能够电离一部分。
- 电解质一般分为4类：酸、碱、盐、金属氧化物。

电离是电解质在水中能够导电的基础，因为带电的离子能够在溶液中移动并携带电荷。

物质的电离

当电解质溶解在水中时，其中的离子会与水分子发生相互作用，导致电解质分子中的离子在水分子的作用下被分离出来。这个过程可以分为以下两步。

• **溶解过程：** 电解质的晶体结构在水中解离形成水合离子。在这个过程中，水分子会与电解质分子发生作用，将电解质分子包围并使其解离成离子。

• **电离过程：** 解离后的电解质分子会分解成带电荷的离子，这些离子可以是正离子（阳离子）或负离子（阴离子），取决于原始电解质的性质。例如，NaCl（氯化钠）在水中电离会产生Na^{+}（钠离子）和Cl^{-}（氯离子），如图1所示。

［图1］氯化钠在水中的电离过程

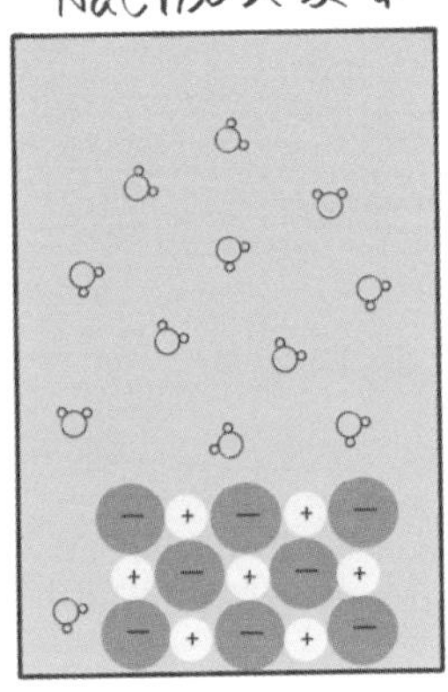

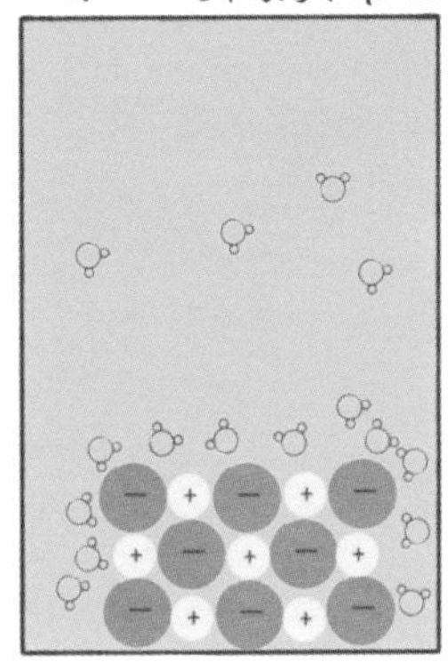

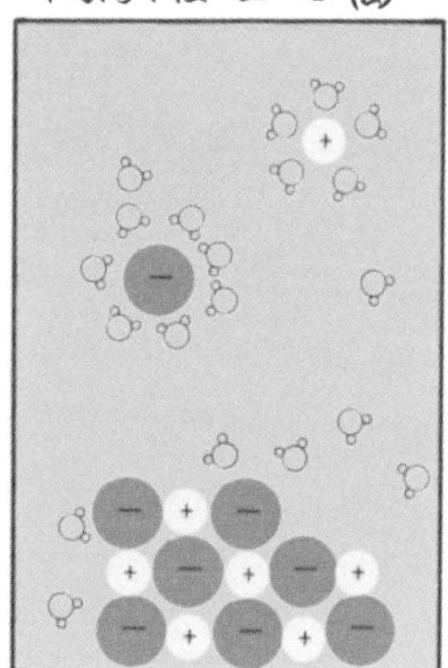

完全电离与部分电离

在溶液中，电解质可以发生两种类型的电离：**完全电离和部分电离**。

• **完全电离：** 指的是电解质在水中溶解后，其所有分子都会完全解离成离子。这意味着溶液中几乎所有的电解质分子都会转化为离子，从而产生相应数量的正离子和负离子。能够完全电离的电解质称为**强电解质**。

例如，1mol盐酸（HCl）在水中完全电离会产生1mol H^+（氢离子）和1mol Cl^-（氯离子），而1mol硫酸（H_2SO_4）在水中完全电离会产生2mol H^+（氢离子）和1mol SO_4^{2-}（硫酸根离子）。

• 部分电离：指的是电解质在水中溶解后，只有一部分分子会解离成离子，而另一部分则保持分子状态。只能够部分电离的电解质称为弱电解质。

例如，醋酸（CH_3COOH）在水中部分电离会产生一小部分的CH_3COO^-（乙酸根离子）和H^+（氢离子），而CH_3COOH分子的大部分仍保持分子状态。

酸、碱、盐

酸、碱和盐是化学中常见的三种基本类型的电解质，它们在化学反应中扮演着重要的角色。

酸是一类能够释放出氢离子（H^+）的化合物。根据电离程度，分为强酸（强电解质）与弱酸（弱电解质）。

碱是一类能够接受氢离子（H^+）或者释放出氢氧根离子（OH^-）的化合物。根据电离程度，分为强碱（强电解质）与弱碱（弱电解质）。

盐是酸和碱反应生成的化合物，通常由金属阳离子和非金属阴离子组成。大部分盐都是强电解质，只有少部分盐为弱电解质。表1中列出了常见的酸、碱、盐。

［表1］常见的酸、碱、盐

	强电解质	弱电解质
酸	盐酸（HCl）	醋酸（CH_3COOH）
	硫酸（H_2SO_4）	碳酸（H_2CO_3）
	硝酸（HNO_3）	柠檬酸（$C_6H_8O_7$）
碱	氢氧化钠（NaOH）	氨水（$NH_3 \cdot H_2O$）
	氢氧化钾（KOH）	氢氧化铜[$Cu(OH)_2$]
盐	氯化钠（NaCl）	氯化汞（$HgCl_2$）
	碳酸钠（Na_2CO_3）	醋酸铅[$Pb(CH_3COO)_2$]

原理应用知多少！

电解质水与矿物质水

进入商场的饮品专区，能够看到琳琅满目的饮品，其中就有电解质水和含矿物质的水。

矿物质也就是无机盐，是生物体维持正常生理功能和生化代谢等生命活动所必需的化学元素，可依生物体所需求的量分为常量元素（不包括碳、氧、氢、氮）和微量元素。人体内主要的常量元素包括钙、磷、钾、钠、镁、氯和硫等，人体必需的微量元素共有8种，包括碘、锌、硒、铜、钼、铬、钴、铁。

由于矿物质是元素，不能由生物体以生物化学的方式合成，因此要从环境中摄取。植物主要从土壤中获取矿物质。

矿物质水就是含有以上几种矿物质的水，除了含有钠、镁等常量元素外，还含有一些人体所需的微量元素；而电解质水，也就是运动饮料，不仅能够提供因出汗所流失的矿物质，还含有碳水化合物，可以补充运动所消耗的能量。

运动后会出汗，钠是汗液中主要的电解质，除此之外，还有氯、镁、钙等，如右图所示。在运动后大量出汗，可以选择用电解质水来补充电解质以及能量。

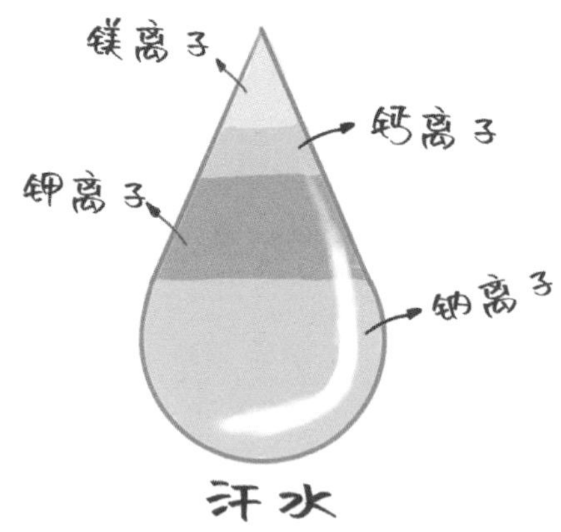

只是正常的运动出汗，或者正常的发烧出汗，多吃蔬菜、水果、奶制品这类本身就富含电解质的食物，就可以把丢失的电解质给补回来，或者在炒菜中加盐，也是补充电解质的一种方法。

我们也可以自制电解质水，准备柠檬、食盐、白糖、温水，再根据自己的喜好添加一些水果或蜂蜜，电解质水就制作完成啦！

酸雨

19世纪末20世纪初，人们开始观察到一些异常的天气现象，如腐蚀性降水、强寒潮、黑风暴等。这些异常现象引起了科学家们的注意。

20世纪初，一些科学家开始对降水进行化学分析，并发现了其中的酸性物质。最早的化学分析表明，降水中含有硫酸和硝酸等酸性物质。

随着电离理论的提出，人们逐渐认识到，酸雨主要是由二氧化硫和氮氧化物在大气中与水汽、氧气等反应形成硫酸和硝酸，然后随着降水降落到地面而形成的。

酸雨不只以雨的形式存在，还包括雪、雾、雹等形式。空气中的二氧化硫、氮氧化物浓度高，形成酸雨的可能性就大。酸雨强弱是空气质量好坏的证明。

酸雨形成的自然因素包括火山爆发、微生物作用等。火山爆发时会喷出二氧化硫，动植物死后会分解出硫化物质，进而产生二氧化硫等。

而人工因素主要是指人类通过各种行为向大气中排放硫氧化物和氮氧化物，例如煤、石油、天然气等石化燃料的燃烧，工业生产中的废气排放，汽车尾气的排放等。

因此，合理布局工业、减少大气污染物排放、开发新能源等措施能够有效减轻酸雨的影响。多年来，我国坚持不懈地治理酸雨，并取得了显著成效。

酸碱中和

涉及酸性物质和碱性物质之间的相互作用，是一类很常见的反应。

发现契机！

—— 17世纪，英国科学家罗伯特·波义耳（Robert Boyle，1627年1月25日—1691年12月31日）发明了能够检验酸碱的石蕊试纸，那么这种试纸是如何检验酸碱性的呢？

强酸遇到石蕊试纸会呈现红色，而强碱遇到石蕊试纸会呈现蓝色。如果将等量的强酸和强碱放在一起，再用石蕊试纸检验，就能够发现石蕊仍然保持原来的紫色，这说明酸和碱发生了反应。

—— 原来是这样！听说您是第一个把化学确立为科学的人。

化学在当时被认为只在制造医药和工业品方面具有价值。但是，我们所学的化学，绝不是医学或药学的婢女，也不应甘当工艺和冶金的奴仆，化学本身作为自然科学的一部分，是探索宇宙奥秘的一个方面。化学，必须是为真理而追求真理的化学。

—— 讲得太好了！大家可以去看波义耳的著作《怀疑派化学家》，里面就讲述了化学为什么应该是科学而不是别的学科的附庸。

是的！看到化学发展成为一门专注于探索自然界本质的独立科学，我感到非常高兴！

原理解读！

- 中和反应：酸与碱作用生成盐与水的反应称为中和反应。如下图所示。

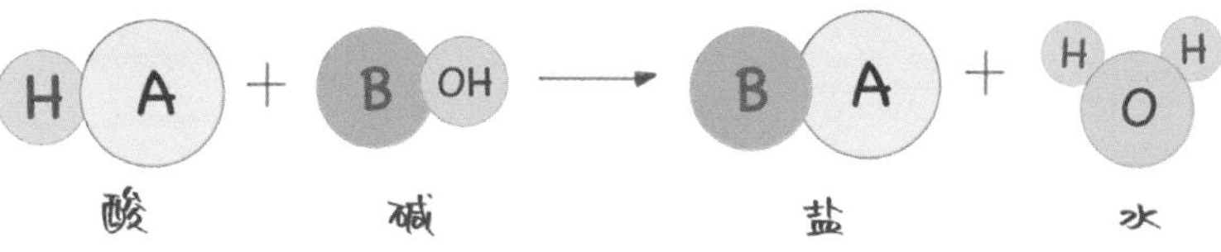

- 酸碱中和反应会放出热量。
- 酸碱中和反应的实质就是氢离子与氢氧根结合生成水的反应。
- 当有氧化性的酸与有还原性的碱相遇时，也能够发生氧化还原反应。
- 中和反应的本质还是离子之间的反应，如上述反应可以简化为下图所示。

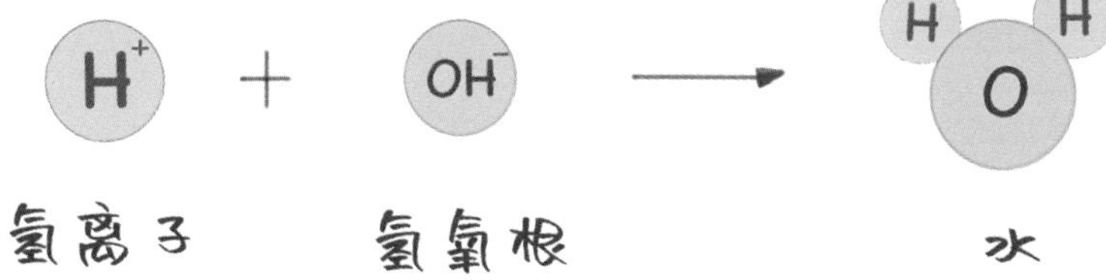

酸碱中和反应

酸在水中能够解离出氢离子（H^+）和酸根离子，用电离方程式可以表示为：

$$酸 \longrightarrow H^+ + 酸根离子$$

碱在水中能够解离出氢氧根离子（OH^-）和金属离子，用电离方程式可以表示为：

$$碱 \longrightarrow OH^- + 金属离子$$

酸电离出的氢离子（H^+）能够与碱电离出的氢氧根离子（OH^-）结合生成水，方程式为：

$$H^+ + OH^- = H_2O$$

同时，酸根离子与金属离子结合生成盐，即：

$$酸根阴离子 + 金属阳离子 = 盐$$

例如，将盐酸（HCl）溶液滴入氢氧化钠（NaOH）溶液中：

盐酸中的氢离子（H^+）与氢氧化钠中的氢氧根离子（OH^-）结合生成水，氯离子（Cl^-）与钠离子（Na^+）结合生成氯化钠，并放出热量，用方程式可以表示为：

$$HCl + NaOH = NaCl + H_2O$$

虽然方程式中表示生成了氯化钠（NaCl）分子，但事实上氯化钠在水中是以离子形式存在的，反应前后水中的氯离子与钠离子是不变的，如图1所示。

[图1] 盐酸与氢氧化钠反应实质

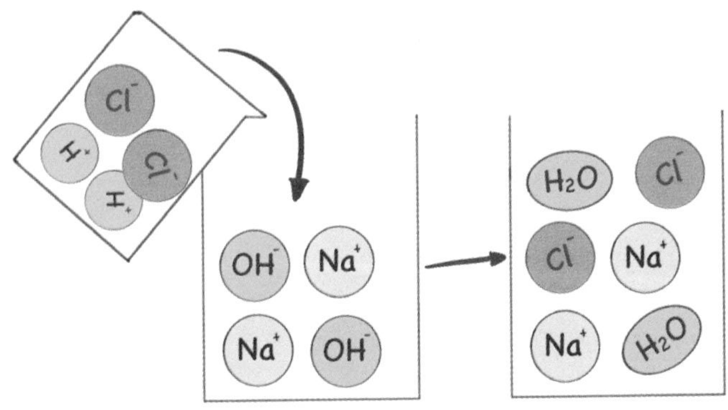

所以用离子方程式表示该反应的实质，即：

$$H^+ + OH^- = H_2O$$

只有氢离子（H^+）与氢氧根离子（OH^-）参与了反应，氯离子（Cl^-）与钠离子（Na^+）实质上并没有参与反应。

因为氯化钠（NaCl）是易溶于水的盐。当能够生成难溶于水的盐时，酸根阴离子与金属阳离子能够参加反应生成沉淀。

例如，将硫酸（H_2SO_4）溶液滴入氢氧化钡[$Ba(OH)_2$]溶液中：

硫酸中的氢离子（H^+）与氢氧化钡中的氢氧根离子（OH^-）结合生成水，剩余的硫酸根离子（SO_4^{2-}）与钡离子（Ba^{2+}）结合生成硫酸钡沉淀，用方程式可以表示为：

$$H_2SO_4 + Ba(OH)_2 = BaSO_4\downarrow + 2H_2O$$

“↓”表示反应生成了沉淀。反应的过程如图2所示。

［图2］硫酸与氢氧化钡反应

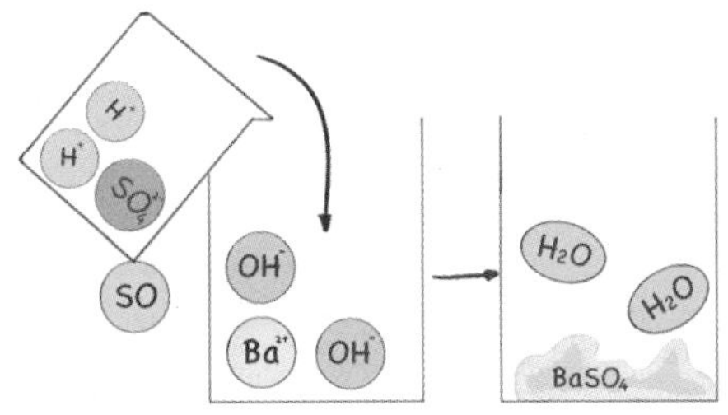

用离子反应方程式可以表示为：

$$Ba^{2+} + SO_4^{2-} + 2H^+ + 2OH^- = 2H_2O + BaSO_4\downarrow$$

酸与碱的氧化还原反应

当足量氧化性的酸与还原性的碱相遇时，不仅会发生中和反应，还会发生氧化还原反应。例如，大量硝酸（HNO_3）与氢氧化亚铁[$Fe(OH)_2$]的反应中，硝酸将氢氧化亚铁氧化生成二氧化氮（NO_2）与硝酸铁[$Fe(NO_3)_3$]，同时氢离子与氢氧根结合生成水，方程式如下：

$$4HNO_3 + Fe(OH)_2 = 3H_2O + NO_2 + Fe(NO_3)_3$$

原理应用知多少！

生活中的酸碱中和反应

中和反应在生活中的许多地方都有着广泛的应用。

人的皮肤被蚂蚁叮咬过后，产生的蚁酸（HCOOH）会令皮肤瘙痒，涂上适量的稀氨水或肥皂水（含有微碱）可中和蚁酸，从而对皮肤瘙痒起到缓和作用，方程式如下：

$$HCOOH + NH_3 \cdot H_2O = HCOONH_4 + H_2O$$

人体胃液中含有胃酸（主要是HCl），用来消化食物。但是当摄入过多食物时，胃酸就会分泌过多，此时可以用抗酸药，如氢氧化铝[$Al(OH)_3$]、碳酸氢钠（$NaHCO_3$）等来中和造成胃部和下食道不适的过多胃酸，方程式如下：

$$3HCl + Al(OH)_3 = AlCl_3 + 3H_2O$$

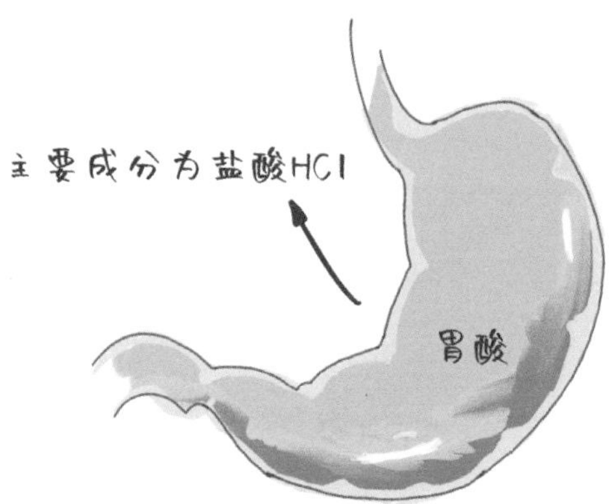

环境污染形成的酸雨会导致土壤中的酸性过强，不利于植物生长。农夫常常会在泥土中加入熟石灰（氢氧化钙）和石灰石（碳酸钙），以中和因呈酸性而难以让植物生长的土壤。

工业生产中，产生的污水含有许多酸或碱，如果不加以处理就排出会对环境造成伤害。酸性过强的污水可以加熟石灰进行处理，碱性过强的污水可以用硫酸进行处理。

石蕊试纸

17世纪的某年夏天，英国著名化学家罗伯特·波义耳的实验室里放着几朵因思念去世女友而随身携带的紫罗兰。

有一天，波义耳在进行实验时，因操作不当，一滴浓盐酸溅到了紫罗兰上。爱花的波义耳赶忙去冲洗，结果这朵花奇迹般地由紫色变成了红色。紫罗兰为什么会变红？这个奇怪的现象勾起了他的探索欲，于是他进行了一系列花草与酸碱相互作用的实验。

波义耳又用醋酸（CH_3COOH）、硝酸（HNO_3）、硫酸（H_2SO_4）做实验，结果完全相同，花瓣全部变成了红色。经过反复实验，波义耳确定紫罗兰花的浸出液能够用于检验溶液是否呈酸性。

波义耳试图再找出能够用来检验碱性的物质。他把能找到的花卉、药草、树皮、块茎、块根、苔藓、地衣等制成浸出液，逐一试验它们在碱性溶液中的变色反应，终于发现碱性溶液能使从石蕊地衣中提取出的紫色液体变蓝。

接着，他试着把石蕊浸出液滴入盐酸溶液中，结果出现了与用紫罗兰检验酸性一样的现象：石蕊浸出液也变成了红色。石蕊试剂遇碱变蓝，逢酸变红，这正是波义耳苦苦找寻的双向指示剂。从此，石蕊试剂便广泛应用于检验溶液的酸碱性。

波义耳利用这种特性，用石蕊提取液浸湿纸张，烤干之后就制成了石蕊试纸。

石蕊中有一种物质（$C_{12}H_7NO_3$），在遇到酸碱溶液时，结构发生了改变，其吸收、反射的光的波长发生了改变，因此呈现出不同的颜色。这就是石蕊试纸变色的原理。

pH值

pH值是酸碱度的表示方法，能够直观地看出酸碱性的强弱。

发现契机！

—— 1909年，丹麦科学家瑟伦·索伦森（Soren Sorensen，1868年1月9日—1939年2月12日）提出了表示酸碱度的方法——pH值。可以给我们讲讲您是怎么想到引入这个概念的吗？

当然！当时我在哥本哈根的嘉士伯研究实验室用啤酒做实验，在研究氢离子浓度对酶活性的影响时，为了更方便地描述溶液的酸碱性，就引入了pH值这一概念。

—— 那么，pH值是怎么表示酸碱度的？

在进行实验和观察的过程中，我发现了氢离子浓度的负对数与溶液的酸碱性之间存在着明显的关系。于是我便提出了pH这一概念，定义为负对数的氢离子浓度。通过这种方式，我希望能够将复杂的化学概念简化为一个更直观和易于理解的指标。

—— 这个过程的关键点在于将氢离子浓度的描述从常规的科学记号转化为一个更直观且易于使用的概念，使得科学家们能够更容易地理解和应用酸碱化学的相关原理，促进了化学领域的发展。

我相信，随着科学技术的不断发展，我们对于pH的理解将会越来越深入，而且将会有更多的应用领域涌现出来，为人类的健康和生活贡献更多的力量。

原理解读！

- pH值是用来表示溶液酸碱性强弱的一种指标。
- pH值的取值范围是0～14。
- 如下图所示。pH值小于7表示溶液呈酸性；

  pH值大于7表示溶液呈碱性；

  pH值等于7表示溶液为中性。

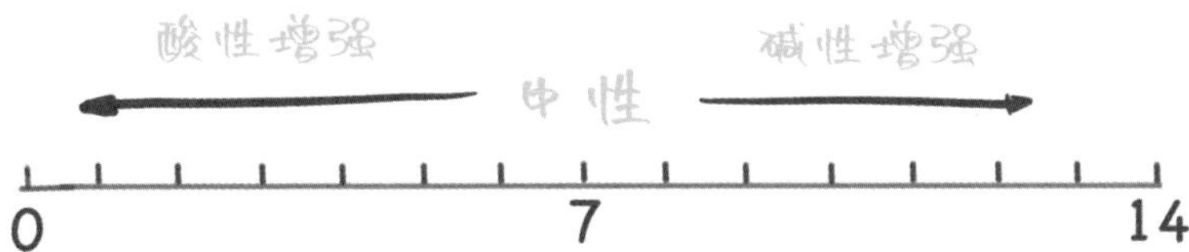

- pH的计算方法为：$pH=-\log[H^+]$

酸的强度和浓度共同决定了氢离子的浓度和pH值。

与pH相反，pOH表示氢氧根离子的浓度，在室温下(约25℃)，pH + pOH = 14

溶液酸碱度的表示方法

酸碱指示剂能够粗略地指出物质是酸还是碱，但如果想知道物质具体的酸碱度就需要pH值了。

“pH”的“H”代表氢离子（H^+），所以说pH其实是表示氢离子浓度的一个数值，计算方法为：

$$pH = -\log[H^+]$$

pH的取值范围为0～14。pH是一个对数单位，每个单位的变化意味着溶液中的氢离子浓度增加10倍或减少到十分之一。因此，pH值为3的溶液比pH值为4的溶液酸性更强，氢离子浓度增加了10倍。

例如，氢离子浓度为10^{-7}mol/L，则$pH = -\log[10^{-7}] = 7$。

要想测量出溶液的pH值，可以使用pH试纸或者pH计。如图1所示。

［图1］pH试纸和pH计

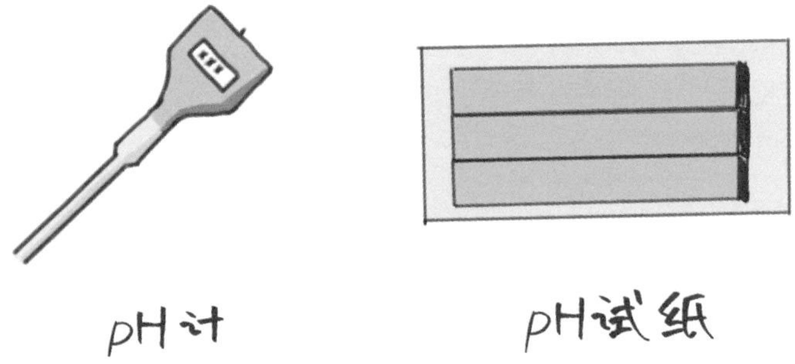

pH试纸是一种简单易用的工具，用于测试溶液的酸碱性。它通常是由特殊的纸条或条带制成，这些纸条上涂有一种可以变色的指示剂，其颜色会随着溶液的pH值变化而改变。

在玻璃片上放上一小片pH试纸，用玻璃棒蘸取溶液滴到pH试纸上，把试纸显示的颜色与标准色卡比较，便能读出该溶液的pH值。

pH计具有高精度、高灵敏度和快速测量的优点，因此在实验室研究、工业生产、环境监测等领域都得到了广泛的应用。将pH计的电极完全浸入待测溶液中，一段时间后便能读出溶液的精确pH值。

原理应用知多少！

生活中的pH值

生活中不同的物质有不同的pH值，了解它们的酸碱性对生活有很大帮助。生活中部分物质的pH值如图2所示。

[图2] **生活中物质的pH**

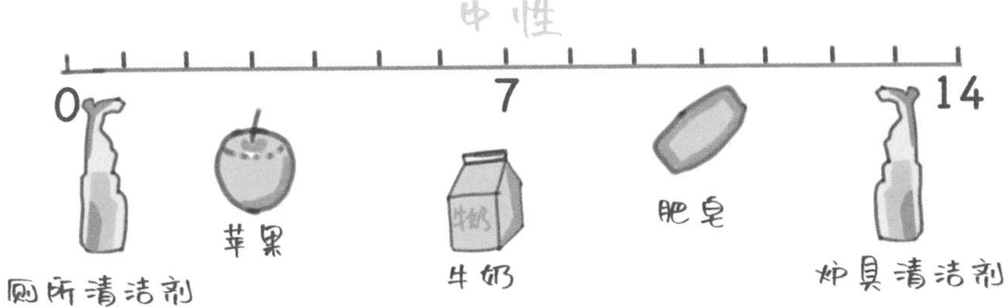

人体生理液体的pH值：人体的生理液体如血液、胃液等都具有不同的pH值。例如，血液的pH值约为7.35～7.45，保持在这一范围内是维持人体正常生理功能的关键之一。胃液的pH值约为0.9～1.5，呈强酸性，有助于消化食物，如果偏高或者偏低，可能引起胃部疾病。

食品的pH值：食品的pH值直接影响其口感、保存时间和营养特性。例如，柠檬、酸奶等食物具有酸性，牛奶、鸡蛋等食物呈中性左右，碱性食品则包括苦瓜、芹菜等。

清洁用品的pH值：清洁剂的pH值影响其清洁效果和安全性。例如，厨具洗涤剂通常是碱性的，用于清洁油脂等污垢；而厕所清洁剂是强酸性的，用于清洁碱性的人体排泄物以及杀菌。

土壤的pH值：土壤的pH值影响着植物的生长和发育。一般来说，大多数植物偏好pH值在中性或接近中性的土壤，$pH<4$的酸性土壤或$pH>8$的碱性土壤中不适宜植物生存，这时就需要调节土壤的pH值来改善植物的生存环境。

紫甘蓝实验

紫甘蓝实验是一项简单而有趣的科学实验，通过这个实验，我们可以看到紫甘蓝汁在不同酸碱性溶液中能变幻出不同的颜色，接下来让我们一起来探索这个实验的步骤和科学原理。

材料准备：紫甘蓝一颗、刀、砧板、锅、水、玻璃杯或透明容器若干、家庭常见的酸性和碱性物质（如白醋、柠檬汁、小苏打、肥皂水等）、过滤器或咖啡滤纸。

实验步骤：

①制备紫甘蓝汁：将紫甘蓝切成小块并放入锅中，加入足够的水，覆盖紫甘蓝块。将水加热至沸腾，煮10～15分钟，水变成深紫色后关火。待水稍凉，用过滤器或咖啡滤纸过滤出紫甘蓝汁，倒入玻璃杯中备用。

②准备测试溶液：准备若干个玻璃杯，每个玻璃杯中放入不同的测试溶液，如白醋、柠檬汁、小苏打溶液、肥皂水等。在每个玻璃杯中都加入适量的紫甘蓝汁，观察颜色变化。

③记录颜色变化：观察并记录每个玻璃杯中紫甘蓝汁的颜色变化。酸性溶液会使紫甘蓝汁变红，碱性溶液会使其变绿或蓝，中性溶液则使紫甘蓝汁保持紫色。

紫甘蓝中含有一种天然色素，称为花青素。这种色素对溶液的pH值非常敏感，在不同的pH环境中会呈现出不同的颜色，这使得它成为一种有效的pH指示剂。

在实验中能够观察到：在酸性溶液中花青素会变成红色；在中性溶液中花青素保持紫色；在碱性溶液中花青素会变成蓝色或绿色。

溶液中的反应都是什么样的？

酸碱理论

酸碱理论扩大了酸与碱的范围，能够解释更多的反应。

发现契机！

—— 1923年，瑞典化学家布朗斯特（Bronsted，1879年—1947年）和英国化学家劳里（Lowry，1874年—1936年）提出了酸碱质子理论。下面请布朗斯特为我们讲解一下酸碱质子理论。

我们注意到在酸碱反应中，质子的转移是至关重要的。基于这一观察，我们定义酸为能够给出质子的化合物，碱为能够接受质子的化合物。这一理论的提出，使我们能够更广泛地解释酸碱反应，并将其应用于不同的化学体系中。

—— 在您提出这一理论时，是否遇到挑战或争议？

当然，像大部分新理论一样，酸碱质子理论也引起了一些争议和质疑。部分化学界的同行对于我们将酸碱性质纳入质子转移的框架中提出了疑问，但是随着时间的推移和更多实验证据的出现，这一理论逐渐被接受和认可。

—— 在酸碱质子理论之后，路易斯又提出了路易斯酸碱理论；接着，皮尔逊又提出了软硬酸碱理论。

是的，化学就是一门在不断发展的科学，只有不断提出新理论，科学才能不断进步。

原理解读！

- 酸碱质子理论指出：能够给出质子（H^+）的物质称为酸，能够接受质子的物质称为碱，如下图所示。

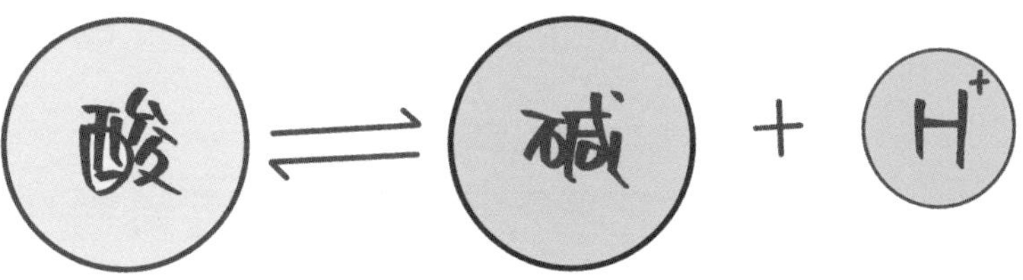

- 酸 ⇌ 碱 + 质子
- 酸给出质子后就会变成碱，碱接受质子后就会变成酸。酸和碱为共轭酸碱对。
- 酸碱的区别仅仅在于对质子的亲和力不同。
- 路易斯酸碱理论扩大了酸碱的范围，该理论认为：凡是能够给出电子对的都是酸，凡是能够接受电子对的都是碱。

酸碱的性质是相对的，一个物质在不同的体系中表现为酸或碱，取决于其所处的环境和与之反应的其他物质。

酸碱不是严格对立的，而是酸中有碱，碱中有酸。

酸碱质子理论

电离理论定义了什么是酸、什么是碱，但是它将酸碱这两种密切相关的物质完全割裂了开来，不仅将碱限制为了氢氧化物，还将酸、碱限制在了水溶液中。

在非水溶剂中的反应，也能表现出酸碱中和的性质。例如在苯中，HCl与NH_3反应生成NH_4Cl，就表现出了酸碱中和的性质。

随着科学的发展，产生了酸碱质子理论，将酸、碱从水溶液中脱离了出来。

酸碱质子理论认为：凡是能够给出质子的物质是酸，凡是能够接受质子的物质是碱。酸（HA）给出质子（H^+）后变为它的共轭碱（A^-），碱（A^-）接受质子后变成它的共轭酸（HA），它们可以相互转化。这种酸碱之间相互联系的关系称为共轭关系，称HA与A^-为共轭酸碱对。

例如，氨气接受质子变为铵根离子的方程式为：

$$NH_3 + H^+ \rightleftharpoons NH_4^+$$

氨气接受质子，那么氨气就是碱，铵根离子就是它的共轭酸。表1列举了一些共轭酸碱对。

［表1］共轭酸碱对

酸	碱	酸	碱
HCl	Cl^-	HAc	Ac^-
NH_4^+	NH_3	H_3O^+	H_2O
H_2CO_3	HCO_3^-	HSO_4^-	SO_4^{2-}
HCO_3^-	CO_3^{2-}		

通过酸碱质子理论可以知道，酸和碱可以是中性分子，也可以是阳离子或者阴离子。在酸碱质子理论中并没有盐的概念，例如$(NH_4)_2SO_4$中，NH_4^+为酸，SO_4^{2-}为碱。

酸和碱不是决然对立的两种物质，而是有内在联系的。

路易斯酸碱理论

酸碱质子理论虽然脱离了水溶液与氢氧根，但是没有脱离氢，无法解释不含氢一类化合物的反应。

路易斯提出了路易斯酸碱理论，他指出：凡是能够给出电子对的都是酸，凡是能够接受电子对的都是碱。

例如：BF_3能够接受电子对，为酸；NH_3能够给出电子对，为碱。BF_3与NH_3的反应如图1所示。

［图1］BF_3与NH_3的反应

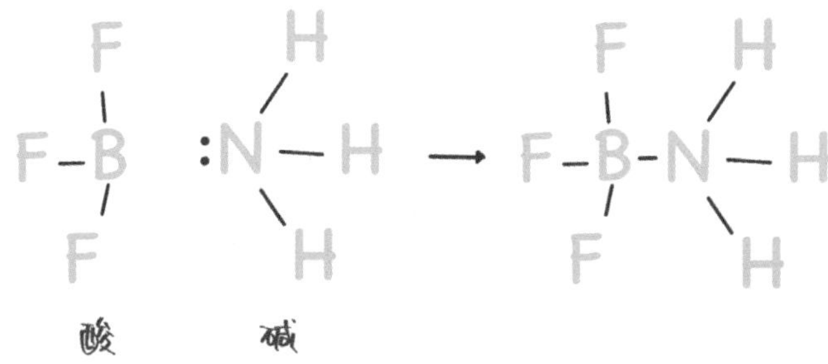

原理应用知多少！

利用酸碱理论解释反应

酸碱质子理论认为，酸碱反应就是酸碱相互作用并发生质子转移，然后分别转化为各自的共轭酸与共轭碱的反应，也就是两个共轭酸碱对之间转移质子的反应。一个酸碱反应包含两个酸碱半反应。

于是我们便可以解释以及预测酸碱反应的生成物。

例如，HCl与NH_3之间的酸碱反应：

半反应1：HCl（酸1）$\rightleftharpoons$ Cl^-（碱1）$+ H^+$

半反应2：NH_3（碱2）$+ H^+$ $\rightleftharpoons$ NH_4^+（酸2）

总反应：HCl（酸1）$+ NH_3$（碱2）$=$ Cl^-（碱1）$+ NH_4^+$（酸2）

酸碱也分“软”和“硬”

路易斯酸碱理论扩大了酸碱的范围，但是仍然不能准确描述酸碱的强弱，并且难以判断酸碱反应的方向。

美国科学家皮尔逊于1963年提出了软硬酸碱理论。

在软硬酸碱理论中，酸、碱被分别归为“硬”和“软”两种。“硬酸”是指那些具有较高电荷密度、较小半径，且不易变形或不易失去电子的粒子（离子、原子、分子）。“软酸”是指那些具有较低电荷密度和较大半径，且易变形或易失去电子的粒子。

而电负性高（吸引电子能力强）、难变形、不易被氧化的粒子称为“硬碱”，反之则为“软碱”。

简单来说，粒子半径越小，电荷密度越高，粒子越“硬”；粒子半径越大，电荷密度越低，粒子越“软”，具体如下：

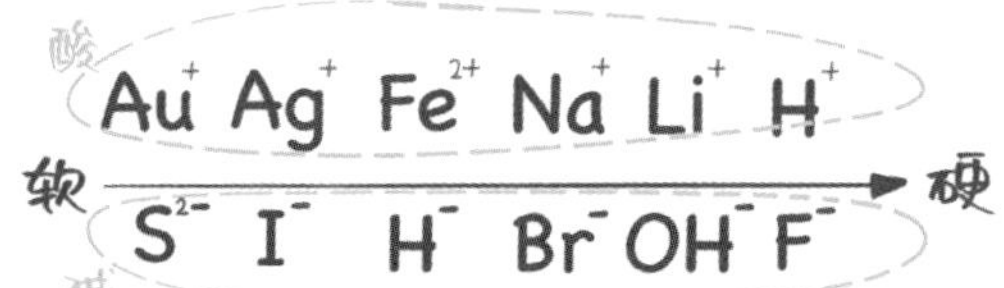

硬粒子与硬粒子、软粒子与软粒子生成的分子更加稳定，粒子更倾向于生成硬-硬化合物与软-软化合物。

例如$LiI + CsF = LiF + CsI$反应中：Li^+与F^-半径小，分别为硬酸与硬碱，Cs^+与I^-半径大，分别为软碱与软碱。所以它们硬硬结合、软软结合，生成了硬-硬化合物LiF与软-软化合物CsI。

软-硬化合物不稳定，很容易分解，利用这一原理，我们可以判断出哪些化合物容易分解。

盐的水解

有些盐会发生水解现象，这就是一部分盐的水溶液呈酸性或碱性的原因。

发现契机！

——盐的水解反应理论不是由某个科学家提出的，而是科学发展过程中逐渐得出的理论。我们请来了在这方面研究颇深的科学家斯万特·奥古斯特·阿伦尼乌斯（Svante August Arrhenius，1859年2月19日—1927年10月2日）为我们讲解盐是如何水解的。

盐的水解，顾名思义，就是盐类在水中发生化学反应并产生酸性或碱性物质的过程。

——这个反应跟水有关系吗？水有参与这个反应吗？

当然！水其实会电离出氢离子与氢氧根离子，一些盐溶于水中电离出的离子能够与水电解出的离子结合，自然就发生了反应。

——是所有的盐都可以进行类似的反应吗？

不是的，只有一部分盐可以发生水解反应，请看我接下来的讲解吧！

原理解读！

- 水中存在的电离平衡：$H_2O \rightleftharpoons H^+ + OH^-$。
- 盐的水解反应：在水溶液中，盐电离出的离子与水电离出的H^+或OH^-结合生成弱电解质的反应，如下图所示。

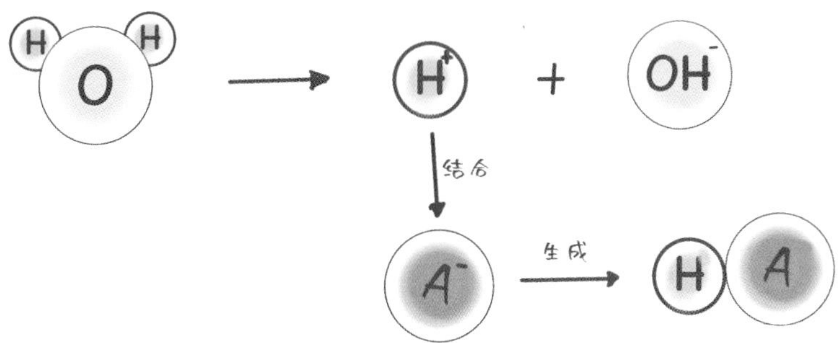

- 由于盐的水解反应，能够发生水解反应的盐溶液会呈酸性或者碱性。

不同的盐具有不同的水解性质，一些盐的水解程度较大，而另一些盐的水解程度较小。一般情况下，溶液温度越高，水解反应速率越快。

盐类水解反应可以说是酸碱中和反应的逆反应，水解反应的程度一般比较小。

水的质子自递反应

水作为很重要的溶剂，既可以作为酸给出质子，也可以作为碱接受质子，也就是说，水是两性物质。

作为酸时：$H_2O \rightleftharpoons H^+ + OH^-$

作为碱时：$H_2O + H^+ \rightleftharpoons H_3O^+$

所以两个水分子便可以发生酸碱反应，方程式为：

$$H_2O + H_2O \rightleftharpoons OH^- + H_3O^+$$

这个反应称为水的质子自递反应，也叫水的解离反应。为了简便书写，H_3O^+简化为H^+，所以这个反应也可以简化为：$H_2O \rightleftharpoons H^+ + OH^-$，代表了一个完整的酸碱反应。

盐类的水解

在洗涤剂的配方中经常会出现“纯碱”这个物质，它其实就是碳酸钠（Na_2CO_3），但Na_2CO_3明明是盐，为什么要称为“纯碱”呢?

使用pH计测量碳酸钠溶液，可以发现Na_2CO_3溶液呈碱性。

水中有着这样的电解平衡：$H_2O \rightleftharpoons H^+ + OH^-$，当$Na_2CO_3$溶于水中时就电离成了$Na^+$与$CO_3^{2-}$，$CO_3^{2-}$是碱，它可以接受水中的质子$H^+$，形成$HCO_3^-$。由于$CO_3^{2-}$的出现抢走了$H^+$，水的电离平衡受到了破坏，由勒夏特列原理可知，平衡会继续向正方向移动，当达到新的平衡时，溶液中H^+的浓度小于OH^-的浓度，于是溶液便呈碱性。

用方程式可以表示为：

$$CO_3^{2-} + H_2O \rightleftharpoons HCO_3^- + OH^-$$

当然，HCO_3^-还会继续与质子结合生成碳酸（H_2CO_3），方程式为：

$$HCO_3^- + H_2O \rightleftharpoons H_2CO_3 + OH^-$$

也就是说，CO_3^{2-}的水解是分步进行的，但是它的第二步水解程度非常小，水解平衡后H_2CO_3的含量很少。

像这样在水溶液中，盐电离出的离子与水电离出的H^+或OH^-结合生成弱电解质的反应称为盐的水解。

需要注意的是，一定是能够生成弱电解质的盐才可以发生水解反应，例如NaCl就不能发生水解反应，因为Na^+与OH^-结合生成的氢氧化钠（NaOH）是强电解质。同理，Cl^-与H^+生成的盐酸（HCl）也是强电解质，NaCl的水溶液呈中性。

原理应用知多少！

用热水洗碗更干净

在洗碗过程中，碰到难以清洗的油污时，我们常常会选择加一些热水。这一简单的步骤背后，其实利用了化学原理——盐类的水解平衡。

洗洁精的主要成分是纯碱（Na_2CO_3），加热时会改变Na_2CO_3的水解平衡，由于水解反应为吸热反应，平衡向吸热反应方向（生成OH^-的方向）移动，OH^-的浓度增大，所以清洁效果变强了。

明矾为什么能净水

生活中用到的明矾能够净水。明矾的化学式为$KAl(SO_4)_2 \cdot 12H_2O$，是一种复盐，当明矾溶于水时会解离出Al^{3+}离子，Al^{3+}会发生水解并与3个OH^-结合生成氢氧化铝[$Al(OH)_3$]，方程式为：

$$Al^{3+} + 3H_2O = Al(OH)_3 + 3H^+$$

$Al(OH)_3$的表面积较大，在水中能形成胶体。这些胶体具有较强的吸附性能，能吸附水中悬浮的杂质，如非常细小的泥沙颗粒，从而将浑浊的水中的杂质沉降到底部，起到了良好的净水作用。

沉淀溶解平衡

难溶物也是可以溶解一小部分的，并且存在沉淀溶解平衡。

发现契机！

——沉淀溶解平衡是由科学家共同探索所得到的一个理论，我们请来了对化学平衡领域有着巨大贡献的亨利·路易·勒夏特列（Henri Louis Le Châtelier，1850年10月8日—1936年9月17日）先生，为我们讲解沉淀溶解平衡。

将难溶物放入水中，经检测，水中出现了该物质电离出的离子，这说明了难溶物也是可以溶解一小部分的。

——那么这个平衡是怎么回事呢？

事实上，沉淀一边将自己的一部分在水中进行电离，同时电离出的一部分离子又在沉淀表面的吸引下重新沉淀，这就是所谓的沉淀溶解平衡。

——这个理论对后来的化学研究和应用有何影响？

沉淀溶解平衡理论为化学家们提供了一种新的视角，用于解释和预测溶液中盐类的行为。沉淀溶解平衡理论不仅在理论上对化学性质的理解提供了新的突破点，而且为许多应用领域，如工业生产、环境保护和药物制备等提供了重要的指导和支持。

原理解读！

- 固体的溶解度表示为在100g的溶剂里达到饱和状态时所能够溶解的量，受温度影响。
- 在一定的温度下，向一定量的溶剂中加入某种溶质，当溶质不能够溶解时，此时得到的溶液称为饱和溶液。
- 难溶物质虽然溶解度极小，但还是可以溶解的。
- 难溶电解质在水中存在“沉淀溶解平衡”，此时溶解与沉淀的速率相等。

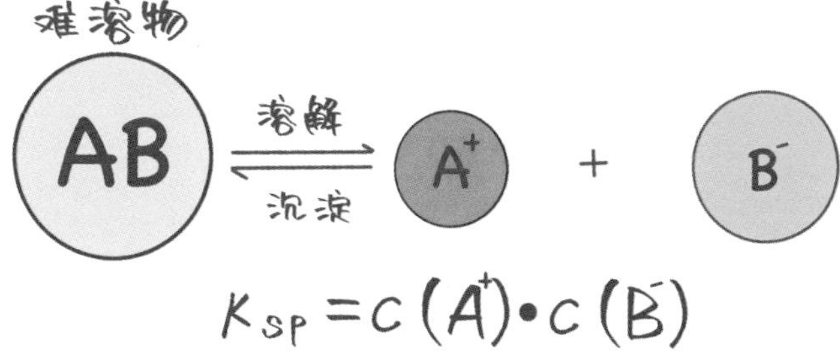

$$K_{sp}=c(A^+)\cdot c(B^-)$$

- 达到溶解平衡时，用浓度积K_{sp}表示难溶物质的溶解能力，K_{sp}越小越难以溶解。

沉淀存在沉淀溶解平衡，这意味着沉淀反应是反应不完全的，但是当溶液中的浓度小于1×10^{-5}mol/L时，可以认为沉淀已经沉淀完全。

物质的溶解度

往水里加一点盐，搅拌后盐溶解在了水中，继续添加，盐继续溶解。那么盐能够无限溶解在水中吗？如果不能，极限是多少呢？

在一定的温度下，向一定量的溶剂中加入某种溶质，当溶质不能够溶解时，此时得到的溶液称为**饱和溶液**。

固体的溶解度表示为在100g的溶剂里达到饱和状态时所能够溶解的量。例如，90℃时，100g水里最多溶解39.0g的氯化钠；20℃时，100g水里最多溶解36.0g的氯化钠。

溶解度与温度息息相关，大部分物质的溶解度随着温度的升高而升高，如氯化钠（NaCl，受温度影响较小）、硝酸钾（KNO_3）、氯化铵（NH_4Cl）等；少数物质的溶解度随温度的升高而降低，如氢氧化钙[$Ca(OH)_2$]。

根据溶解度的大小，可以将物质分为可溶、微溶、难溶3个溶解程度。一些物质的溶解程度如表1所示。

［表1］一些物质的溶解程度

	可溶	微溶	难溶
20℃溶解度	大于1	0.01-1.00	0.01
代表物质	NaCl	$Ca(OH)_2$	$BaSO_4$
	KCl	$CaSO_4$	$BaCO_3$
	KNO_3	Ag_2SO_4	$Al(OH)_3$
	Na_2SO_4	$MgCO_3$	AgCl

沉淀溶解平衡

当溶液中反应生成了难溶物，这些难溶物就会以沉淀的形式出现。

例如，当1mol的Ba^{2+}（钡离子）与1mol的SO_4^{2-}（硫酸根离子）相遇，它们结合产生沉淀的方程式为：

$$Ba^{2+} + SO_4^{2-} = BaSO_4\downarrow$$

那么此时生成的$BaSO_4$有1mol吗？或者说水里还存在Ba^{2+}和SO_4^{2-}吗？

“难溶”并不代表不溶，20℃时$BaSO_4$的溶解度为3.1×10^{-4}g，虽然很小，但是水中还是会有Ba^{2+}和SO_4^{2-}的。

也就是说水中会出现以下的溶解平衡：

$$Ba^{2+}(aq) + SO_4^{2-}(aq) \rightleftharpoons BaSO_4(s)$$

其中，aq代表了物质是在溶液中的，s代表了物质以固体形式存在。

一方面，在水分子作用下，Ba^{2+}和SO_4^{2-}脱离$BaSO_4$进入水中，这一过程称为溶解；另一方面，溶液中的Ba^{2+}和SO_4^{2-}受到$BaSO_4$的吸引，回到$BaSO_4$表面析出，这一过程称为沉淀。当沉淀速率与溶解速率相等时达到动态平衡，此时的溶液即为$BaSO_4$的饱和溶液，如图1所示。

［图1］$BaSO_4$的沉淀溶解平衡

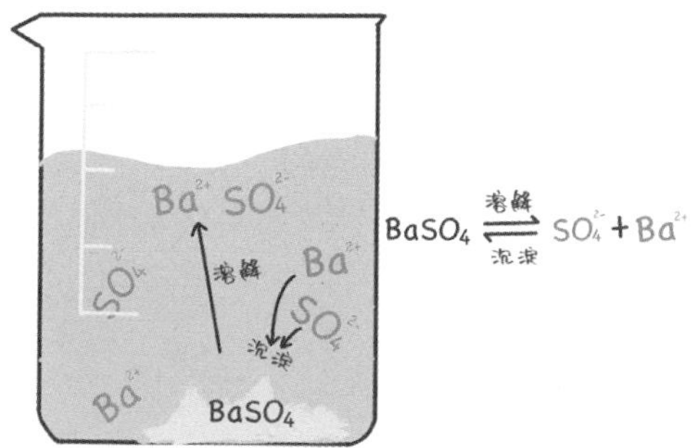

当沉淀溶解平衡时，我们用溶液中Ba^{2+}和SO_4^{2-}的浓度相乘，称为浓度积常数，记为K_{sp}。

例如，$K_{sp}(BaSO_4) = c(Ba^{2+}) \times c(SO_4^{2-})$

对于系数不为1的平衡，K_{sp}等于浓度的系数次方相乘。

例如，$Al(OH)_3(s) \rightleftharpoons Al^{3+}(aq) + 3OH^-(aq)$ 的反应中：

$$K_{sp}(Al(OH)_3) = c(Al^{3+}) \times c^3(OH^-)$$

K_{sp}反映了难溶电解质在水中的溶解能力，并且与温度有关，温度改变，相应的K_{sp}也会发生改变。K_{sp}在确定的温度下为常数，K_{sp}越小就代表越难溶。

利用K_{sp}，我们可以判断溶液中的难溶物质是否析出。用Q代表溶液中某一时刻的离子积，例如$Q(BaSO_4) = c(Ba^{2+}) \times c(SO_4^{2-})$，则规律如下：

$Q < K_{sp}$时，溶液中无沉淀析出，此时为不饱和溶液。

$Q=K_{sp}$时，溶液处于沉淀与溶解的平衡状态，此时为饱和溶液。

$Q>K_{sp}$时，溶液中有沉淀析出，此时为过饱和溶液。

原理应用知多少！

沉淀的转化

在盛有白色沉淀$PbSO_4$的试管中加入足量的Na_2S溶液，搅拌后，观察到沉淀从白色转变为了黑色。

这是因为物质更倾向于生成更难溶解的PbS（黑色沉淀），降低了溶液中Pb^{2+}的浓度，破坏了$PbSO_4$的沉淀溶解平衡，促使了$PbSO_4$溶解，反应如下：

$$PbSO_4(s) \rightleftharpoons Pb^{2+}(aq) + SO_4^{2-}(aq)$$

$$Pb^{2+}(aq) + S^{2-}(aq) \rightleftharpoons PbS(s)$$

像这样，在含有沉淀的溶液中加入适当的试剂，使沉淀转化为另一种更难溶（K_{sp}更小）的电解质的过程叫作沉淀的转化。

利用好沉淀转化，可以解决许多生产问题。

例如，锅炉中锅垢的主要成分是$CaSO_4$，它既不溶于水，也不溶于酸，很难用直接溶解的方法除去。但巧妙利用沉淀的转化，可以找到一种方法来有效去除这些顽固的锅垢。先用Na_2CO_3溶液处理，使$CaSO_4$转化为更加难溶的$CaCO_3$，再用酸处理能溶解于酸中的$CaCO_3$，这样就能将锅垢消除干净了。

含氟牙膏的秘密

走进商场的牙膏专区，能够看到许多牙膏盒子上面标注有“含氟”字样。

“含氟”指的不是含有氟分子（F_2），而是含氟化合物，因为它们可以释放氟离子（F^-），从而保护牙齿。

20世纪初，美国牙科医生发现美国某个地方居民们的牙齿普遍都有白斑或着色的现象，当时医生认为这是一种牙病，称为“斑状齿”。但经过广泛调查后发现，有斑状齿的人群都使用同一特定的水源，并且斑状齿流行地区的人很少患龋齿。

对该地区的饮用水进行检测之后发现，这种症状是水中存在的氟化物引起的。就这样，人们发现了氟化物能够预防龋齿（也叫蛀牙）。

牙齿表面有一层薄釉质保护，主要成分为难溶的羟基磷灰石$[Ca_5(PO_4)_3OH]$，进食后，口腔中的细菌分解食物残渣产生酸，使羟基磷灰石溶解，从而造成蛀牙。

当牙齿接触氟化物离子，氟离子（F^-）作用于牙齿，与牙齿表面的羟基磷灰石进行反应，生成了更难溶解的氟磷灰石$[Ca_5(PO_4)_3F]$。氟离子（F^-）的加入改变了牙齿的釉质层，使它更耐酸的侵蚀。

另外，氟离子（F^-）还作用于口腔中的细菌，能够抑制牙菌斑中细菌在糖酵解系统中的酶作用和从菌体内排出的氢离子（H^+）。这些作用抑制了细菌产酸，减弱了龋齿的致病性。

氟离子（F^-）加固牙齿的同时削弱了细菌的致病性，这就是含氟牙膏预防蛀牙的原理。

溶液中的反应都是什么样的？

丁达尔效应

丁达尔效应是胶体的特征现象，能够用来区分胶体与溶液。

发现契机！

——19世纪，英国物理学家约翰·丁达尔（John Tyndall，1820年8月2日—1893年12月4日）提出了胶体溶液能够发生丁达尔效应。能给我们讲讲您是怎么发现的吗？

我一直对光和物质之间的相互作用非常感兴趣。我认为通过实验研究光在不同物质中的传播方式，可以更好地理解自然界中的现象。因此，我决定通过实验探索光在悬浊介质中的行为。

——您的实验过程是什么呢？发现了什么现象？

我使用了一个实验装置，在一个密闭的容器中放置了悬浊的液体或气体，并且通过这些液体或气体射入光线。我发现尽管这些液体或气体本身是透明的，但当光线穿过它们，能够清楚地看到光线被散射出去，使得这些微小的颗粒在光线中可见。于是我提出了“丁达尔效应”。

——非常感谢您与我们分享这些见解，丁达尔先生。您的工作对于我们理解光学现象的原理起到了重要作用，为了纪念您的贡献，许多物理学和光学领域的奖项以您的名字命名。

谢谢，这是我的荣幸，在自己热爱的领域获得成就是一件非常有意义的事情。

原理解读！

- 一种物质（分散质）以粒子形式分散到另一种物质（分散剂）中所形成的混合物称为分散系。
- 如果分散介质是液态的，则称为液态分散体系。在化学反应中此类分散体系最为常见。

  根据分散质粒子的大小可以将分散系分为下图中的几种。

- 丁达尔现象：是一束光透过胶体时可以观察到胶体里出现一条明亮的“通路”的现象。

胶体与丁达尔现象

胶体是一种介于溶液和浊液之间的混合物，是分散质粒子直径为1nm～100nm的分散系。

胶体有许多种，按照分散剂的不同，可以分为气溶胶、固溶胶和液溶胶。分散剂为气体的称为气溶胶，如烟、雾、云等；分散剂为固体的称为固溶胶，如有色玻璃、烟水晶；分散剂为液体的称为液溶胶，如$Fe(OH)_3$胶体。

有些胶体为透明的液体，很难看出其与溶液的区别，那么丁达尔现象就是区分溶液与胶体的一个现象。

把氯化钠（NaCl）溶液与氢氧化铁[$Fe(OH)_3$]胶体放置于暗处，分别用有色激光笔照射烧杯中的液体，在光束垂直的地方进行观察，如图1所示。

［图1］光束通过溶液与胶体

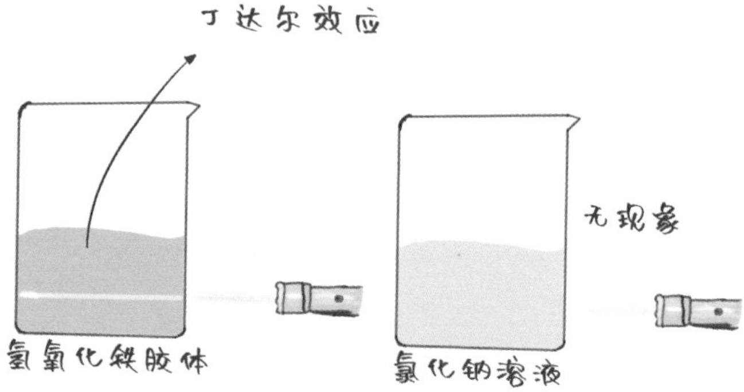

实验现象表示：当光束通过$Fe(OH)_3$胶体时，能够看到一条光亮的“通路”，而光束通过NaCl溶液时，看不到这种现象。

这种一束光透过胶体时可以观察到胶体里出现一条明亮的“通路”的现象称为丁达尔效应。

这种现象是因为光束穿过胶体时，由于可见光束的波长为400nm～700nm，胶体粒子直径为1nm～100nm，胶体粒子直径略小于可见光的波长，所以能够使可见光发生散射，形成一条光的“通路”。而溶液粒子的直径小于1nm，散射极其微弱，所以看不到这种现象。

原理应用知多少！

生活中的丁达尔效应

丁达尔效应在生活中随处可见。

大气中的光束：当阳光穿过大气中的尘埃、烟雾或水蒸气时，会发生丁达尔散射，形成明亮的光束，在清晨或傍晚的日出或日落时尤为明显。如下图所示。

牛奶或奶制品中的丁达尔效应：牛奶或奶制品是典型的胶体溶液，其中的乳脂微粒被分散在水相中。当阳光照射到牛奶或奶制品中，光会散射在乳脂微粒上，形成明亮的光束，产生典型的蓝色光线，这就是我们常见的“乳蓝”现象。

云彩中的丁达尔效应：云彩中的水滴或冰晶是典型的散射体，当阳光穿过云彩时，光线会在水滴或冰晶上发生散射，形成彩虹或类似的光学现象。

在医学领域，丁达尔效应被用于研究血液、尿液等生物样本中的胶体粒子，帮助医生诊断疾病。在环境科学中，丁达尔效应可以用于监测大气中的污染物和悬浮颗粒物。此外，丁达尔效应还被应用于光学、材料科学等领域，为这些领域的研究提供了有力的支持。

约翰·丁达尔的传奇一生

出生于爱尔兰的科学家丁达尔，不仅发现了丁达尔效应，在气象学、气候科学、声学、光学等领域均有建树。

丁达尔是著名科学家法拉第的学生，但是他钟爱光学。

丁达尔最早解释了天空为什么是蓝色的，主要是太阳光线射入大气层后，遇到大气分子和悬浮在大气中的微粒发生散射的原因。太阳光在进入大气层传播时，大气分子和悬浮的微粒能把太阳光向四面八方散射出去，所以它们就成了散射光的光源。蓝光和紫光被散射的概率更高，而其他颜色的光被散射的概率更低，更容易直接穿过大气层，同时我们的眼睛对紫色光线并不敏感，因此我们看到的天空会呈现蓝色。

丁达尔发现地球的大气有保温作用，即我们今天所说的温室效应。他用实验证明了含有二氧化碳和水蒸气的气体可以吸收红外辐射，由此发现并解释了“温室效应”的机制：大气层接纳太阳的热量进入，却会把守住它的出口，造成的结果就是在这颗星球表面形成了积聚热量的趋势。

丁达尔的发现奠定了气候变化研究的基础，他也因此被视作现代气候科学的先驱。

除此之外，丁达尔还是登山运动的先驱者之一，他是最早翻越阿尔卑斯山脉马特洪峰的人，也是最早登上阿尔卑斯山脉魏斯峰的人。

丁达尔在他有限的生命中留下了宝贵的科学遗产，他不仅推动了光学理论的发展，也激励着无数科学家和研究者不断追求知识的真理。他的一生就是一场关于光的奇妙之旅，熠熠生辉。

溶液中的反应都是什么样的？

布朗运动

布朗

从花粉中得出来的结论，一切悬浮的微小粒子都在做无规则运动。

发现契机！

——1827年，英国植物学家罗伯特·布朗（Robert Brown，1773年12月21日—1858年6月10日）观察到微小粒子不断地做着不规则的运动，后人称这种现象为“布朗运动”。

我是在进行植物学研究时注意到这一现象的。我在显微镜下观察到水中悬浮的花粉颗粒不断地做着不规则的运动，这让我很惊讶。

——这听起来非常有趣。您是如何解释布朗运动的呢?

我认为它可能与液体或气体分子的碰撞和不规则运动有关。这种运动可能受到外部环境的影响，但它本身是一种纯粹的随机现象。

——您的发现对于物理学和化学学科的发展有着重要意义。您对此有何感想?

能有这一发现并为科学研究贡献自己的力量，我感到非常荣幸。布朗运动的发现为人们对微观世界的理解提供了新的视角，也为后来的科学家们提供了重要的实验依据。

原理解读！

- 布朗运动：悬浮在液体或气体中的粒子不停地做无规则的杂乱运动。如下图所示。

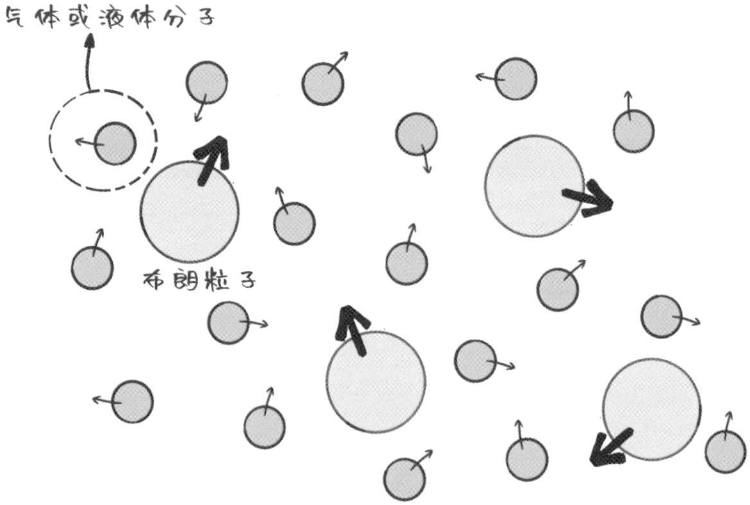

气体或液体分子

布朗粒子

- 布朗运动是无规则的，并且布朗运动是永不停止的。
- 温度越高，布朗运动越剧烈。
- 一切微观粒子（包括分子、离子、原子等）都在永不停止地做无规则的运动。

微粒越小，布朗运动越明显。布朗运动是分子热运动的一个体现。

布朗运动

在日常生活中，我们往往习惯于关注物体的宏观运动，比如车辆的行驶、风吹树叶的摇曳等。然而，在微观世界中，一种神秘而精彩的现象也时刻在发生着，那就是布朗运动。

布朗运动是悬浮在液体或气体中的粒子不停地进行无规则的杂乱运动。

布朗运动的产生是液体或气体分子与微粒之间的碰撞引起的。这些微粒的大小在微米尺度，因为足够小，所以受到了周围流体分子的不断碰撞推动。这些碰撞是随机的，因此微粒呈现出无规律的、不受控制的运动。

[图1] 每隔30秒布朗粒子所处的平面位置

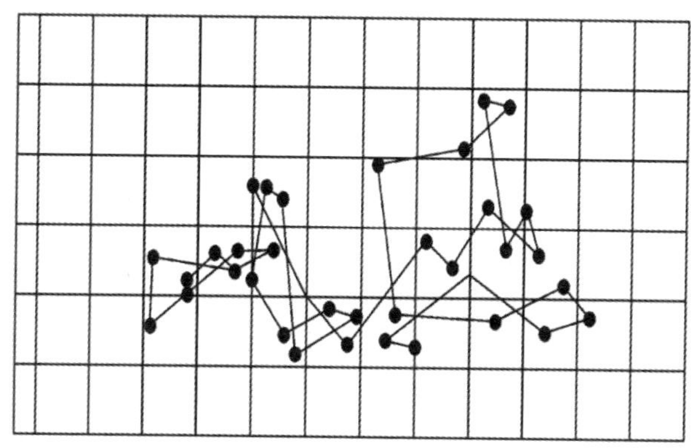

从图1中能够看出，粒子的运动是无规则的，没有规律可循。

分子的运动永不停息

一切微观粒子（包括分子、离子、原子等）都在永不停止地进行无规则的运动。

液体分子永不停息的无规则运动是产生布朗运动的基本原因，液体分子不停地无规则运动，不断地碰撞悬浮在液体上的粒子，使粒子永不停息地进行布朗运动。反过来说，布朗运动证实了分子的运动。

分子的运动是一种热运动，温度越高，分子的热运动越剧烈。

原理应用知多少！

扩散现象

扩散现象是不同的物质在相互接触时，彼此进入对方的现象。

例如，我们吃的咸蛋、咸菜等，都是因为氯离子和钠离子不断运动而进入蛋或菜中，使其变咸。另外，咸蛋腌久了蛋清会变成棕色，是因为腌料中酱油的色素分子扩散进入了蛋清中。

又如形容酒香醇程度的“酒香不怕巷子深”这句话，间接地证明了此酒为佳酿，再深的巷子也挡不住酒的香气飘出巷外。这也是因为酒会挥发，分子在空气中不断运动，使离藏酒处较远的人也可嗅到。如下图所示。

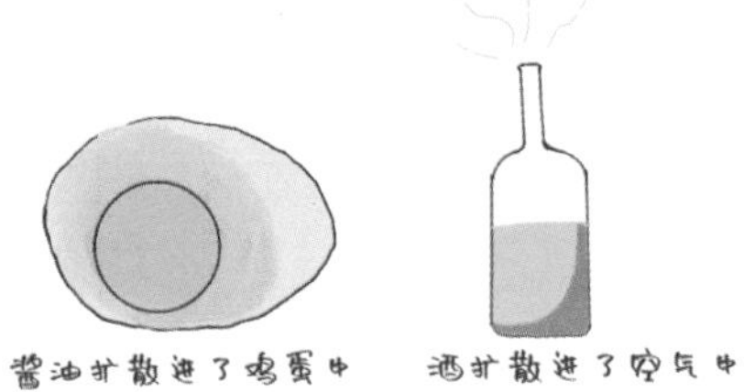

分子间碰撞发生反应

发生化学反应的先决条件是反应物分子的碰撞接触。由于分子不停地无规则运动，反应物分子间的碰撞次数很多，但并不是每一次碰撞均可发生化学反应。反应物分子必须满足两个条件，反应才能发生：一是能量因素，即反应物分子的能量必须达到某一临界值。二是空间因素，活化分子必须按照一定的方向相互碰撞。

就像打篮球一样，篮球入筐有两个条件，一是力量要合适，二是角度要对，只有同时满足这两个条件，球才能够入筐。化学反应也是一样，只有同时满足能量与方向要求的碰撞，才能够发生化学反应，这种碰撞称为**有效碰撞**。

布朗运动证明了原子的存在

布朗运动的理论，起初只是描述水中微小颗粒随机运动的现象，后来却发展成为数学领域中关于随机过程的一个重要分支。

布朗运动的观察为爱因斯坦提供了突破性的思想，帮助他间接证明了原子的存在。1905年，爱因斯坦发表了一篇关于布朗运动的论文，他利用统计力学和对布朗运动的观察，首次提出了关于分子和原子存在的精确数学模型，被称为爱因斯坦的布朗运动理论。

爱因斯坦的理论依赖于对布朗运动背后的微观过程的深入理解。布朗运动是由于液体或气体中的微观粒子（比如水分子）不断受到周围分子的碰撞而产生的不规则运动。爱因斯坦认识到，如果布朗运动是由于原子或分子的存在和运动引起的，那么这种运动应该遵循布朗运动的统计特性。

在他的论文中，爱因斯坦推导出了布朗运动的数学方程，并通过分析粒子受到的随机力的作用，提出了一个与实验观察相符合的模型。他的理论成功地解释了布朗运动的根本原因，并证明了这种现象与液体或气体中存在的微观粒子的运动有关。爱因斯坦利用布朗运动为原子存在的假设提供了关键证据，在科学上进一步强化了原子理论的基础。

利用布朗运动这样一个晦涩的现象，微小的微观原子的存在终于得到证明，解决了一个长达一世纪的争论。

DLVO理论

范德瓦耳斯力作用及静电斥力作用下，胶体粒子出现聚集分离现象的理论。

发现契机！

——20世纪20年代，鲍里斯·德贾金（Boris Derjaguin，1902年—1994 年）、列夫·朗道（Lev Landau，1908年—1968年）、埃弗特·维韦（Evert Verwey，1905年—1981年）和西奥多·奥弗比克（Theodoor Overbeek，1911年—2007年）共同提出了DLVO理论。我们请鲍里斯·德贾金先生作为代表为我们讲解。

我和我的同事对胶体颗粒之间的相互作用和稳定性产生了兴趣，并尝试建立一个理论框架来解释这些现象。我们注意到，范德瓦耳斯力和双电层斥力在胶体颗粒之间起着重要作用，因此我们提出了DLVO理论。

——您认为DLVO理论对胶体科学领域的发展有何重要影响？

DLVO理论为人们提供了一种全面的理论框架，用以解释胶体颗粒之间的相互作用和稳定性。该理论不仅帮助我们理解了胶体分散体系的行为，还为设计新型材料和应用提供了指导。此外，DLVO理论的发展也推动了人们对于表面科学和胶体化学的研究。

——在您的职业生涯中，DLVO理论是您最引以为傲的成就吗？

是的，DLVO理论的提出无疑是我科学生涯中的一大成就。但我也要感谢我的合作者和同事们，没有他们的支持和协作，DLVO理论可能无法如此成功地发展。

原理解读！

- 带电胶粒中存在两种力：范德瓦耳斯力和双电层的静电斥力。如下图所示。

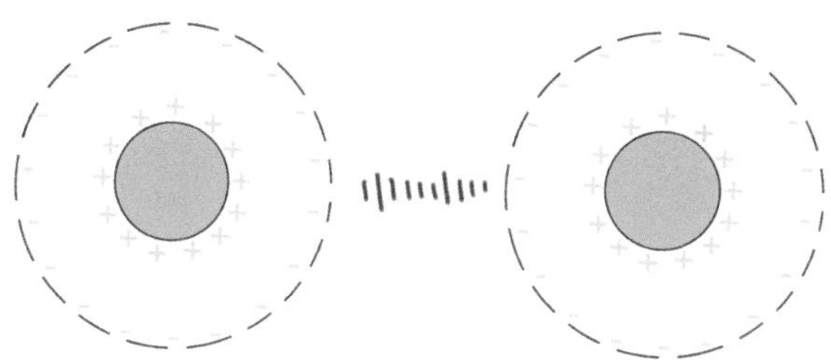

未重叠时，粒子之间只有范德瓦耳斯力

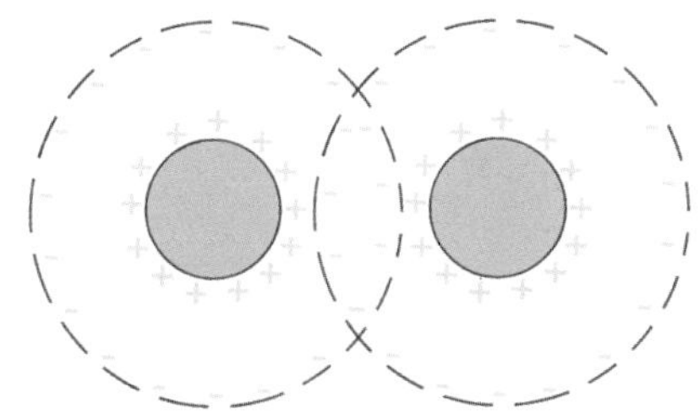

粒子层重叠时，粒子之间开始产生斥力

- 胶体能够稳定存在而不发生聚沉是因为存在双电层斥力，这种斥力会阻止胶体颗粒之间过于靠近，从而稳定悬浮系统。
- 斥力势能占优：胶体稳定。
- 引力势能占优：胶体聚沉。

胶体能否稳定存在，主要取决于粒子之间引力与斥力的相对大小。

胶体粒子之间存在的力

溶胶是热力学不稳定系统，但是有些溶胶却能够在很长时间内稳定存在，例如法拉第制成的红色金溶胶，静置数十年后才发生了聚沉。

是什么原因使胶体稳定存在呢? DLVO理论可以很好地解释这一现象。

DLVO理论认为：胶粒之间存在两种力，即范德瓦耳斯力和双电层的静电斥力。

范德瓦耳斯力：范德瓦耳斯力主要负责胶体颗粒之间的吸引作用，使它们趋向于靠近。

双电层斥力：当胶体颗粒悬浮于电解质溶液中时，其表面会吸附带电离子，形成双电层。当胶粒相互靠近，双电子层发生重叠时，会产生斥力，这种斥力会阻止胶体颗粒之间过于靠近，从而稳定悬浮系统。

范德瓦耳斯力与双电层斥力的相对大小决定了胶体是稳定存在还是发生聚沉。

在胶粒相互接近的过程中，如果在某一距离上胶粒间的排斥能大于吸引能，胶体将具有一定的稳定性；若在所有距离上吸引能皆大于排斥能，则胶粒间的接近必导致聚结，胶体发生聚沉。

DLVO势能曲线

斥力势能、引力势能均随粒子间的距离变化而变化，但因两者与距离的函数关系的不同，会出现在某一距离范围内引力势能占优势，而在另一范围内斥力势能占优势的现象。引力与斥力随着粒子距离的变化如图1所示。

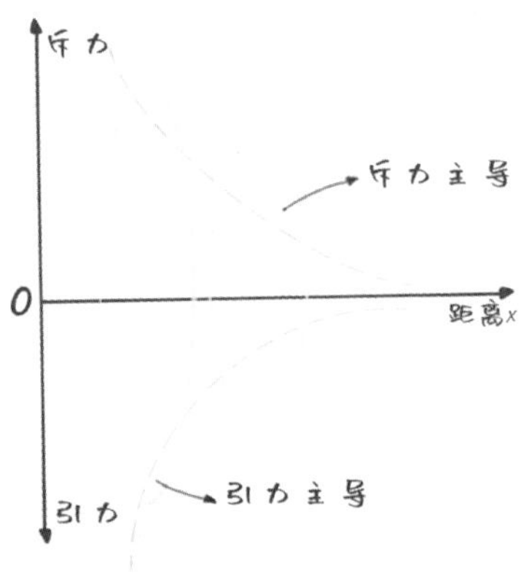

［图1］粒子相互作用的势能曲线

可以看出，在粒子距离过远时，粒子之间的引力与斥力都趋近于0，而当它们开始互相靠拢时，斥力势能的变化更加明显，这意味着在这一段斥力势能占优；当它们继续靠近时，引力势能曲线变得十分陡峭，这意味着在这一段引力势能占优。

因此我们可以将引力与斥力加和，绘制出一条粒子相互作用的总势能曲线，如图2所示。

［图2］粒子相互作用的总势能曲线

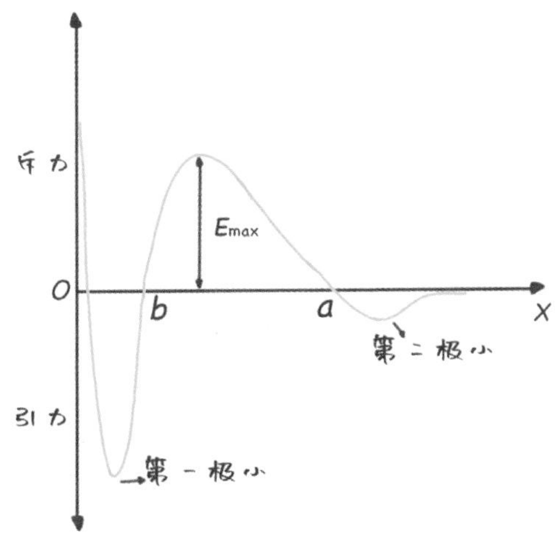

粒子从很远的距离逐渐靠近到a点之前为引力势能占优，当它们落在第二引力极小值所在的距离时，会形成较为疏松的沉积物。由于第二极小值较小，当外界条件稍微变化，它们就能重新分离形成溶胶，是一种可逆聚沉。

从a到b点开始为斥力势能占优，但是中间存在一个像大山一样的“能垒”，只有粒子有足够的能量翻过能垒，才能到达第一极小值，如果翻不过去，那么这些粒子就不能形成稳定的聚沉物。这就是有些胶体能够稳定存在而不发成聚沉的原因。

过了b点，引力势能开始占优，当到达第一极小值时，会形成结构紧密而稳定的聚沉物。由于第一极小值这个“陷阱”过深，形成的聚沉物不能够重新分开，是一种不可逆聚沉。

所以当粒子的平动能小于E_{max}时，胶体是稳定的；当平动能大于E_{max}时，胶体不稳定，发生聚沉。

原理应用知多少！

蛋白质的盐析

在鸡蛋清中滴加饱和$(NH_4)_2SO_4$溶液，能够看到在滴加过程中，试管里出现了白色沉淀，这种沉淀就是蛋白质。这种在蛋白质溶液中加入电解质使蛋白质分子沉淀析出的现象就称为**蛋白质的盐析**。

如果取适量盐析后的蛋白质浊液放入试管中，加入蒸馏水并搅拌，就能够看到蛋白质溶解。蛋白质的盐析是一种可逆变化，盐析不影响蛋白质的活性。如图3所示。

［图3］蛋白质盐析实验

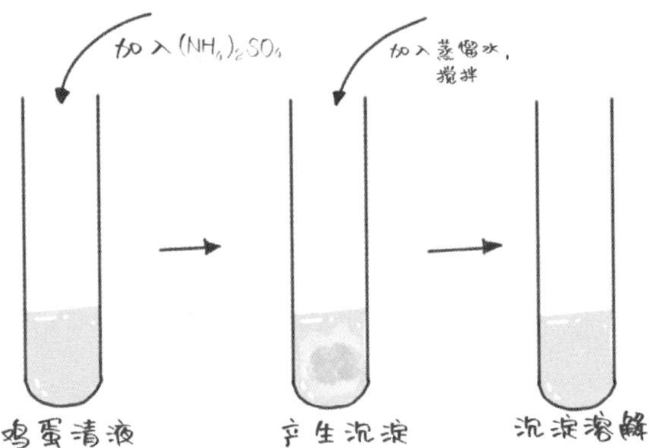

往蛋白质溶液中加入电解质会压缩蛋白质分子表面的扩散双电层，使蛋白质分子在范德瓦耳斯力作用下产生聚集，这时产生的聚集是在总势能曲线第二极小值形成的聚集，是一种不稳定并疏松的聚集。再次加入水溶剂，会起到稀释电解质的作用，蛋白质分子间的斥力作用逐渐增大，最终蛋白质分子互相分离，分散在溶液中。

但是如果加入高价高浓度的电解质，会极大地降低势垒，使蛋白质分子的平动能超越势垒E_{max}，然后落入第一极小值的势能阱，形成稳定的不可逆转的聚集。

卤水“点”豆腐

豆腐是一种营养丰富又历史悠久的食材，豆腐制作的过程主要分为两步：一是制浆，二是凝固。

制浆：先把黄豆在水里泡胀变软，用石磨磨成豆浆，滤去豆渣，然后煮开，这一步骤得到的液体叫豆浆。豆浆就是蛋白质的胶体溶液。

凝固：在研磨好的豆浆中加入卤水，豆浆就会凝固形成豆腐，这一步就称为卤水“点”豆腐。

卤水是指含有卤离子（如氯离子）的溶液，可以由氯化镁、硫酸钙、氯化钠等电解质溶解于水后形成。

豆腐有南北豆腐之分，主要区别在于“点”豆腐的材料不同。北豆腐用卤水点制，用卤水凝固的豆花水含量在85%左右，豆腐味更浓，质地更韧。南豆腐用石膏点制，石膏主要成分是硫酸钙，还有少量硅酸、氢氧化铝等，用石膏凝固的豆花水含量在90%左右，质地细嫩。

所谓“点”豆腐，就是在蛋白质胶体中加入足够的电解质，降低了蛋白质分子间的静电斥力。分散的蛋白质胶粒就聚集沉降下来，成为豆花，这一步也就是“胶体聚沉”的过程。

最后，将豆花挤出水分，将凝固后的豆腐倒入模具中，经过冷却使其成型，豆腐就做好了。

电化学篇

电 能 与 化 学 能 是 什 么 关 系 ?

原电池

原电池将电学现象与化学反应联系了起来，形成了电化学。

发现契机！

——1800年，意大利物理学家亚历山德罗·伏特（Alessandro Volta，1745年2月18日—1827年3月5日）把一块锌板和一块银板浸在盐水里，发现有电流通过金属板间的导线。据此他制成了世界上第一个电池——伏特电堆。

在这之前，路易吉·伽伐尼（Luigi Galvani）发现蛙腿肌肉接触金属刀片时会发生痉挛，他认为这是一种“动物电”。一开始我赞同他的观点，但在我进行了多次实验后，我认为这可能不是“动物电”。

——是什么原因导致蛙腿肌肉发生痉挛的呢？

我发现是金属的接触作用所产生的电流刺激了青蛙的神经，从而引起肌肉的收缩。经过研究，我发明了伏特电堆。

——您的发现开辟了电学研究的新领域。1881年在巴黎召开的第一届国际电学会议决定用您的名字伏特（Volt）作为电动势的单位。

我真的感到十分荣幸！

原理解读！

- 能够将化学能转化为电能的装置叫作原电池。
- 原电池利用了自发的氧化还原反应来产生电流。
- 在原电池中，发生氧化反应的一极称为负极，发生还原反应的一极称为正极。如下图所示。

  正负极所浸入的溶液称为电解液。

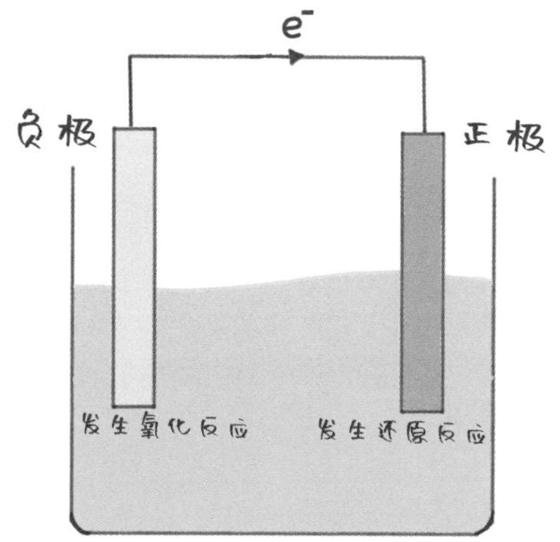

理论上来说，任何一个自发的氧化还原反应都可以设计在原电池中进行。

电流的产生

我们知道氧化还原反应会产生电子的转移，因为物质之间是通过热运动发生有效碰撞实现电子转移的。**电流是由于电子的定向运动产生的**，而分子之间的热运动是不定向的运动，电子的转移不会形成电流，化学能以热能的形式与环境发生交换。

火力发电通过化石燃料的燃烧（氧化还原反应），使化学能逐步转变为电能。但是这种转变并不是一步就位的，首先燃料燃烧时物质的化学能转变为了热能，然后热能通过蒸汽轮机转变为了机械能，最后机械能通过发电机转变为了电能。

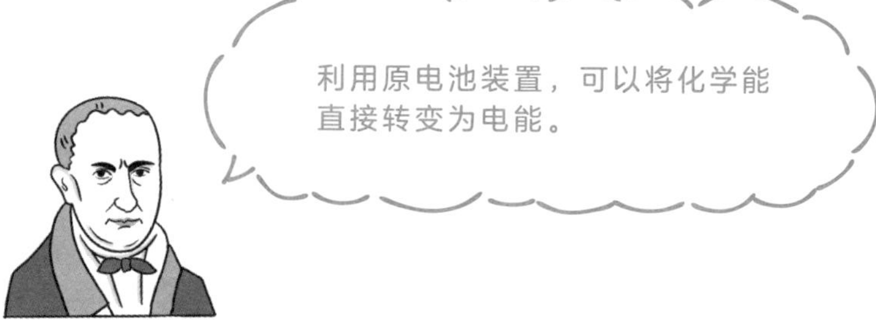

原电池的原理

把锌片放入稀硫酸中，会发生以下反应：

$$Zn + 2H^+ = Zn^{2+} + H_2\uparrow$$

锌与稀硫酸电离的氢离子（H^+）发生反应，锌片溶解并产生氢气，这是一个氧化还原反应。

把铜片放入稀硫酸中，也会发生以下反应：

$$Cu + 2H^+ = Cu^{2+} + H_2\uparrow$$

铜与稀硫酸电离的氢离子（H^+）发生反应，铜片溶解并产生氢气，这也是一个氧化还原反应。

单独将锌片或铜片插入稀硫酸中不会产生电流，但是如果将它们同时插入稀硫酸中呢?

当锌片与铜片同时插入稀硫酸中，锌片上有气泡（生成的氢气）产生，而铜片上没有气泡产生。这是因为锌的活泼性比铜要强，锌优先与稀硫酸反应产生氢气。

此时用导线将锌片与铜片相连，再串联上一个电流表，就可以发现只有铜片上能够产生气泡，并且电流表的指针发生了偏转，说明有电流产生。

这是因为当插入稀硫酸的锌片与铜片用导线连接时，由于锌的活泼性比铜要强，与稀硫酸作用容易失去电子，此时锌被氧化成了锌离子进入了溶液中，方程式为：

$$Zn - 2e^{-}\text{(电子)} = Zn^{2+}\text{(氧化反应)}$$

导线就是电子的“通道”，锌失去的电子通过导线流向了铜片，溶液中的氢离子从铜片中获得了电子，氢离子被还原成了氢原子，氢原子结合生成氢气并从铜片上溢出，方程式为：

$$H^{+} + 2e^{-} = H_2\uparrow \text{(还原反应)}$$

也就是说，锌与氢离子的反应被分成了两部分并在两个不同的区域进行，这样就能够使氧化还原反应的电子通过导体发生定向移动，形成电流，从而把化学能转化为电能，这就是原电池的原理，如图1所示。

[图1] 原电池的原理

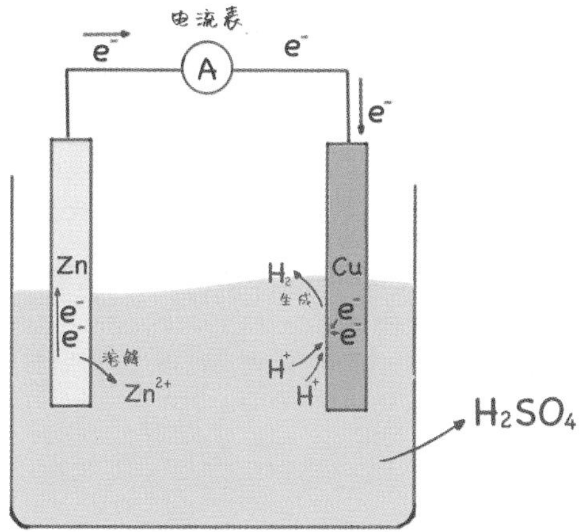

在图1的原电池中，锌极发生氧化反应提供了电子，为负极；铜极发生还原反应接受了电子，为正极。

盐桥

将放在稀硫酸中的锌片与铜片用导线连接能够产生电流，但是这个装置的氧化反应与还原反应并没有完全隔开，锌与稀硫酸发生反应，导致锌越来越少，电流会逐渐衰减。

设计这样一个装置，便能够很好地解决这个问题：将锌片插入含有$ZnSO_4$溶液的烧杯中，将铜片插入含有$CuSO_4$溶液的烧杯中，通过**盐桥**连接两个烧杯中的溶液，再将铜片、锌片用导线与电流表相连，形成外电路。此时，便会观察到有电流通过的现象。

盐桥是一种充满饱和KCl或KNO_3溶液的琼脂胶冻U形玻璃管。在外电场的作用下，离子可以在其中迁移。盐桥的作用是连接电路并且维持两性溶液的电中性，保证反应能够持续进行。装置如图2所示。

[图2] 铜-锌原电池

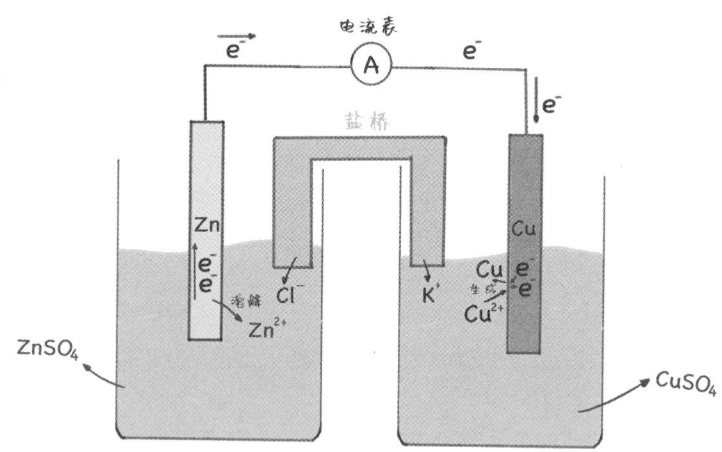

电子从锌片经过导线转移到了铜片上，溶液中的铜离子得到电子变成铜原子，在铜电极析出，反应方程式如下：

锌片：$Zn - 2e^-$ (电子) $= Zn^{2+}$ (氧化反应)

铜片：$Cu^{2+} + 2e^- = Cu$ (还原反应)

总电池反应为两个半反应相加：$Zn + Cu^{2+} = Zn^{2+} + Cu$

原理应用知多少！

一次电池

一次电池是一种放电之后就不能再充电的电池。日常生活中许多小型电子设备都会用到一次电池，如闹钟、遥控器、手电筒等。

碱性锌锰干电池是一种常见的一次电池，它的电池性能较好，电荷容量高、稳定性好，同时价格低廉，对环境和人体较为友好。

在电池工作时，锌极上的锌颗粒会与氢氧化锰的颗粒反应，产生电子和锌离子。电子会在外部电路中流动，从而提供电能，而锌离子则会与电解质中的氢氧根结合形成氢氧化锌。这种反应会持续释放能量，直到锌极完全耗尽，电池便无法再提供电能。

水果电池

连接锌片与铜丝，再将它们分别插入到水果（柠檬、苹果等含酸水果）中，再串联一个小灯泡，水果电池就做好了，如图3所示。

以柠檬为例，柠檬中含有的柠檬酸可以作为电池的电解质。锌发生氧化反应失去电子，电子通过能够导电的铜丝从锌转移到铜电极，柠檬酸电离出的氢离子聚集到铜电极接受电子发生还原反应，产生氢气。

电子定向移动形成了电流，使得小灯泡亮起。

[图3] 柠檬水果电池

不要随意丢弃电池

在当今的数字化时代，电池是我们生活中不可或缺的一部分。小到手机，大到家用电器，电池都是支撑这些设备正常运转的核心组件。然而，随着电子设备的普及和电动汽车的兴起，废弃电池的处理问题也逐渐受到人们的关注。不能随意丢弃电池这个问题涉及环境、健康和资源管理等多个方面。

首先，废弃电池对环境造成的污染是一个严重的问题。许多电池含有有毒的重金属和化学物质，例如镉、铅、汞等，如果随意丢弃这些电池，其中的有毒物质可能会渗入土壤和地下水中，对生态系统造成严重破坏，甚至影响到人类的健康。此外，一些电池还可能在处理过程中产生危险的化学反应，释放出有害气体，进一步加剧环境污染。

其次，废弃电池对人类健康构成潜在威胁。有毒金属和化学物质的释放可能会污染饮用水和农作物，进而进入人体，引发各种健康问题，如镉能够引发“骨痛病”，汞会使人中毒，引发口腔炎、精神失常等疾病。特别是对于儿童和孕妇来说，由于他们的身体尚未完全发育或者处于特殊的生理状态，更容易受到废弃电池造成的污染影响。

此外，废弃电池的处理也涉及资源的再利用。电池中包含的金属和化学物质是宝贵的资源，如果能够正确回收和再利用，不仅可以减少对自然资源的开采，还可以节约能源和降低生产成本。因此，合理有效地处理废弃电池，对可持续发展至关重要。

政府、企业和个人应该共同努力，采取相关措施，加强废弃电池的回收和再利用，共同保护我们的地球家园。

电解

通过电流使物质在电解质溶液中发生化学反应的技术。

发现契机！

——1806年，英国化学家汉弗里·戴维（Humphry Davy，1778年12月17日—1829年5月29日）进行了电解水实验，发现正负极分别产生了酸性与碱性物质。

1800年就有人进行过电解水的实验。我重新进行的电解水实验，发现在电解以后，正极的水可以使石蕊试纸变红，说明产生了酸性物质，而负极可以使石蕊试纸变蓝，说明产生了碱性物质。

——听说您之后在短短两年内通过电解发现了7种元素。

是的，我用电解氢氧化钾和氢氧化钠的方法得到了钾和钠金属单质。紧接着，我又制出了钙、钡、镁、锶等金属物质。

——太厉害了！电解水是电化学史上一个重要的里程碑，为后来的电解质和电解作用的研究奠定了基础。

谢谢！在自己热爱的领域深耕是一件很有成就感的事情。

原理解读！

- 电解池一般由电解液和两个电极组成，电解液可以是盐类的水溶液，也可以是熔融的盐类。当在电极上加上外加电场时，电解液中的离子会发生定向移动。
- 电解池的电极分为阳极与阴极。阳极与直流电源的正极相连，阴极与直流电源的负极相连。
- 通电时，阳离子向阴极移动，发生还原反应；阴离子向阳极移动，发生氧化反应。如下图所示。

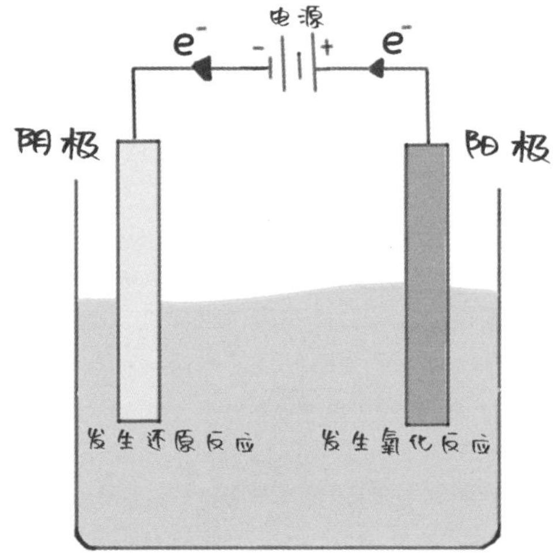

与原电池相反，电解池是将电能转换为化学能的装置。

电解的原理

原电池能够将化学能转变为电能，而以下装置则能够将电能转化为化学能：

在电解槽中装入$CuCl_2$溶液，插入两根石墨棒作为电极，接通直流电源，观察电解槽内的现象，如图1所示。

[图1] **电解装置**

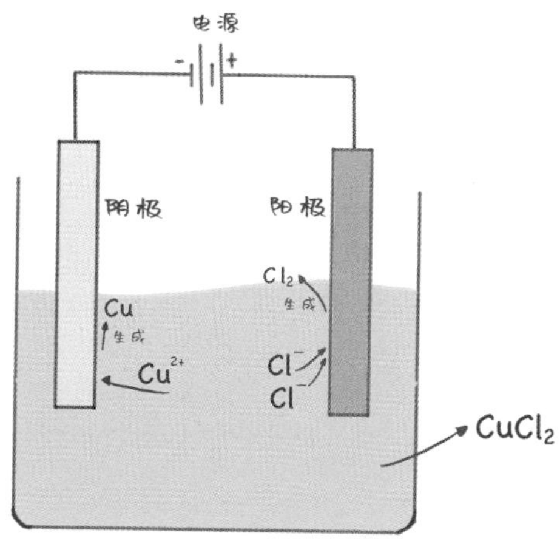

通电一段时间后，能够发现与电源负极相连的石墨棒上覆盖了一层红色的物质，而与电源正极相连的石墨棒上有气泡产生。

经检测，红色的物质是铜（Cu），产生气泡则是由于生成了氯气（Cl_2）。也就是说，在通电的条件下，$CuCl_2$被电解成了铜（Cu）与氯气（Cl_2）：

$$CuCl_2 = Cu + Cl_2\uparrow$$

$CuCl_2$在水中能够电离出铜离子（Cu^{2+}）与氯离子（Cl^-）。在通电前，铜离子（Cu^{2+}）与氯离子（Cl^-）在水中做自由运动，当有电流通过时，这些离子会进行定向运动，阴离子（Cl^-）会向阳极定向移动，阳离子（Cu^{2+}）会向阴极定向移动，即为“阴阳相吸”。

在阳极的粒子会发生氧化反应，失去电子；在阴极的粒子会发生还原反应，得到电子。这个过程叫作**放电**。

所以向阳极迁移的Cl^-失去电子，变为Cl原子，Cl原子结合生成氯气。而向阴极迁移的Cu^{2+}得到电子，变为红色的Cu原子覆盖在阴极上。用方程式表示为：

阳极：$2Cl^- - 2e^- = Cl_2\uparrow$（氧化反应）

阴极：$Cu^{2+} + 2e^- = Cu$（还原反应）

将阳极、阴极反应相加，就得到了电解反应总反应方程式。

像这样，使电流通过电解质溶液，在阳极、阴极引起氧化还原反应的过程称为电解。这种能够将电能转化为化学能的装置称为电解池。

放电顺序

如果电解液中除了$CuCl_2$这一种电解质还存在其他的电解质，如$ZnCl_2$，那么阴极是先出现锌还是先出现铜呢?

由于阴极发生还原反应，所以只需要比较铜离子和锌离子谁更容易得到电子，就可以知道先出现锌还是铜。

金属的还原性越强，越容易失去电子变成金属离子，对应的离子也越难以被还原重新变为单质。阳离子的放电顺序如图2所示。

[图2] 阳离子的放电顺序

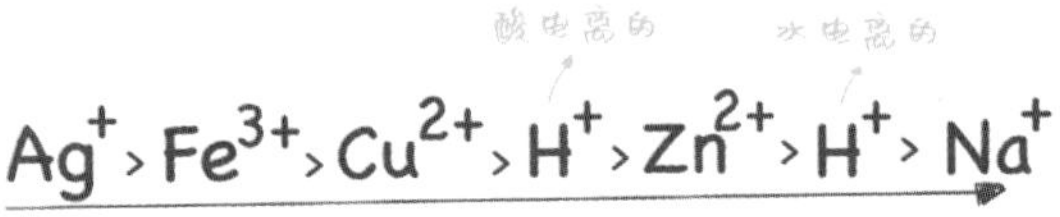

酸电离的　水电离的

$$Ag^+ > Fe^{3+} > Cu^{2+} > H^+ > Zn^{2+} > H^+ > Na^+$$

阴离子在阳极的放电顺序取决于阴离子失去电子的能力。阴离子的放电顺序如图3所示。

[图3] 阴离子的放电顺序

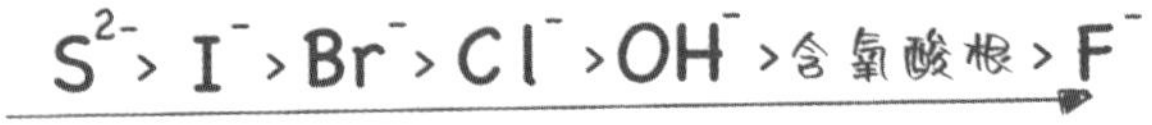

$$S^{2-} > I^- > Br^- > Cl^- > OH^- > \text{含氧酸根} > F^-$$

值得注意的是，只有阳极是惰性材料（如石墨）的时候，才参考离子的放电顺序；若阳极材料为活性电极（如Fe、Cu）等金属，则阳极反应为电极材料失去电子，变成离子进入溶液。

原理应用知多少！

金属的冶炼

在放电顺序最后的，如钠离子（Na^+）排在水电离出的H^+的后面，这意味着Na^+如果在水中就会生成氢气，而不会有钠出来。所以，只能电解熔融的物质，才可以将钠离子变为钠单质。

例如，电解熔融氯化钠可以得到钠单质，如图4所示。

氯化钠在高温下熔融并电离的方程式为：

$$NaCl = Na^+ + Cl^-$$

通电后Na^+向阴极迁移，得到电子并发生还原反应，生成钠单质；Cl^-向阳极迁移，失去电子并发生氧化反应，生成氯气。用方程式表示为：

$$\text{阳极：} 2Cl^- - 2e^- = Cl_2\uparrow$$

$$\text{阴极：} Na^+ + e^- = Na$$

这种将矿石中的金属离子变成金属单质的过程就称为金属的冶炼。

［图4］电解熔融氯化钠

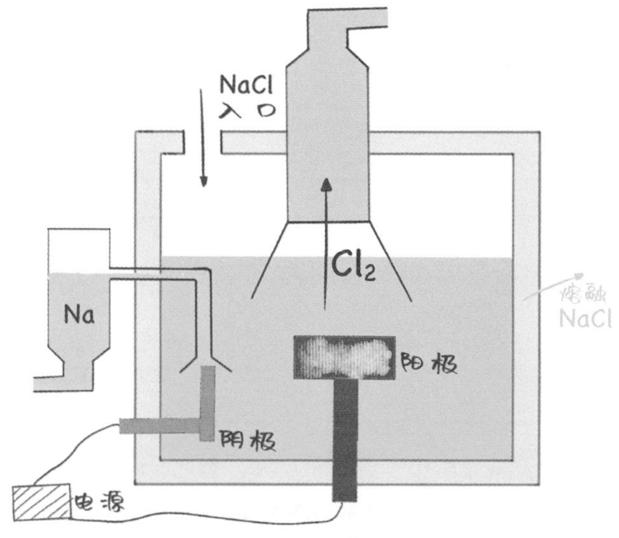

电解水制氢

当电解池中的电解质只有水时，则只有两种离子：氢离子（H^+）与氢氧根（OH^-）。

通入直流电后，氢离子（H^+）向阴极移动，生成氢气；同时，氢氧根（OH^-）向阳极移动，生成氧气，如图5所示。

[图5] 电解水

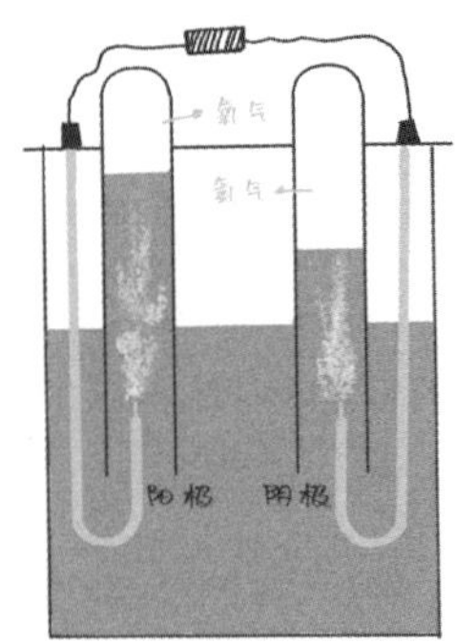

在电解过程中，水是无法直接获得氢气和氧气的。首先是水分子在阴极表面获得能量，其中1个O—H键发生断裂，产生1个氢氧根（OH^-）和1个氢离子（H^+），H^+向阴极移动，与其他H^+结合，生成H_2。

而剩下的OH^-向阳极迁移，并在阳极继续发生断键，生成O^{2-}和H^+。其中1个氢离子和未分解的OH^-结合，产生水，而剩下的O^{2-}则结合产生O_2，并在阳极释放出多余的电子，从而完成整个电荷转移的平衡。方程式如下：

$$\text{阴极：} 4H^+ + 4e^- = 2H_2\uparrow$$

$$\text{阳极：} 4OH^- - 4e^- = O_2\uparrow + 2H_2O$$

电解水在许多实验室和工业过程中用作氢气和氧气的生产方法，通过简单的操作便可以提供纯度高的氢气和氧气，常用于实验室试剂、气体分析和其他应用领域。

尽管电解水可以产生清洁的氢气和氧气，但其能源效率仍然是一个值得关注的问题。在当前能源转型和环境保护的背景下，人们对于提高电解水的能源效率和降低生产成本提出了更高的要求。因此，研究人员正在努力开发新的电解水技术，以提高其能源效率和经济性，推动氢能源的可持续发展。

电解狂魔——戴维

1778年，戴维出生在英国的一个小城，他从小就喜欢观察物质的各种变化。在戴维16岁那年，他的父亲去世了，母亲把他送到药房中做学徒。

在学徒时期，他仔细阅读了拉瓦锡的著作和尼克尔森的《化学辞典》。通过这些书本，戴维喜欢上了化学，他不断进行化学实验，在当地也变得小有名气。

戴维20岁时进入了气体力学院工作。在戴维所在的年代，很多人把碱、苏打、钾草碱当作不可再分解的元素。而拉瓦锡则提出，这些元素不是不可分解，而是当前的手段和方法还达不到分解这些物质的条件。

直到1800年，意大利的伏特发明了世界上第一个电池组，受到拉瓦锡和伏特的启发，戴维开始了自己疯狂的电解之路。

戴维的第一电解对象是钾草碱（K_2CO_3），刚开始，他将钾草碱制成饱和溶液电解，但两端电极得到的却只有氢气和氧气，于是他将电解物质换成熔融状态的钾草碱，通电后，电极产生了有金属光泽的物质，他把这种金属命名为“钾”。

然后，他电解熔融苏打（Na_2CO_3）得到了钠，接下来又利用电解发现了钙、镁、锶、钡和硼。就这样，电解狂魔戴维走上了他的人生巅峰。

燃料电池

以电解水的逆反应为起点，开创了电化学的新领域。

发现契机！

——1839年，威廉·罗伯特·格罗夫（William Robert Grove，1811 年7月11日—1896年8月1日）提出了“燃料电池”的概念。

电解水能够产生氢气与氧气，那么我认为，可以进行电解反应的逆反应，并且可以在氧气和氢气的反应中产生电流。

——您接下来又做了什么呢?

我把铂电极封装在密封容器中，在两个容器中分别放入氢气和氧气。当容器浸入稀硫酸时，两个容器中间产生了持续的电流，并同时在容器内产生了水，这说明我的想法是可行的。

——是什么让您产生了这种想法呢?

长期以来，我一直相信，物质力量表现的各种形式都有一个共同的起源，或者换句话说，它们是如此直接相关和相互依赖，以至于它们可以相互转换，并且在反应行为中拥有等价的力量。

原理解读！

- 燃料电池包含了一个阳极、一个阴极和一个电解质层。
- 在阳极，燃料（通常是氢气或碳氢化合物）发生氧化反应，产生电子和阳离子；而在阴极，氧气（通常是空气）接受来自外部电路的电子，与阳离子结合，形成水。如下图所示。

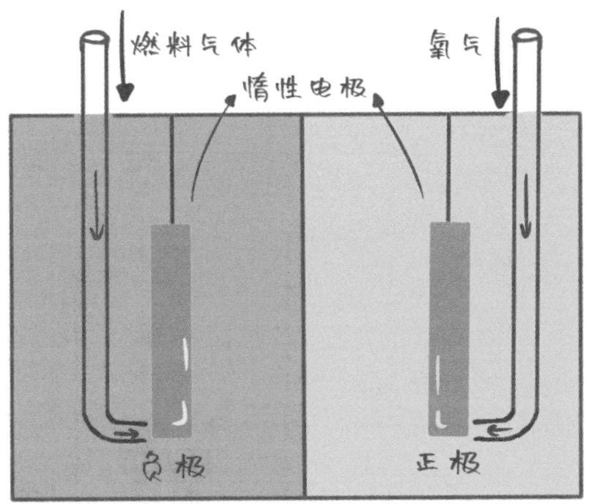

- 燃料电池是一种绿色、清洁的能源转换技术。

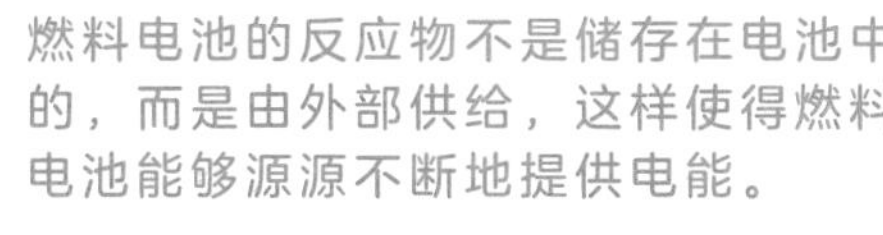

燃料电池的原理

燃料电池是一种将化学能直接转化为电能的装置，通过将燃料和氧气反应产生电流，从而产生电能。与传统的热力发电方式不同，燃料电池在发电过程中基本不产生温室气体和污染物，是一种高效、清洁的能源转换技术。

以酸性氢氧燃料电池为例，铂作为电极材料，氢气作为原料，氧气作为氧化剂，酸性溶液作为电解质，如图1所示。

[图1] 氢氧燃料电池

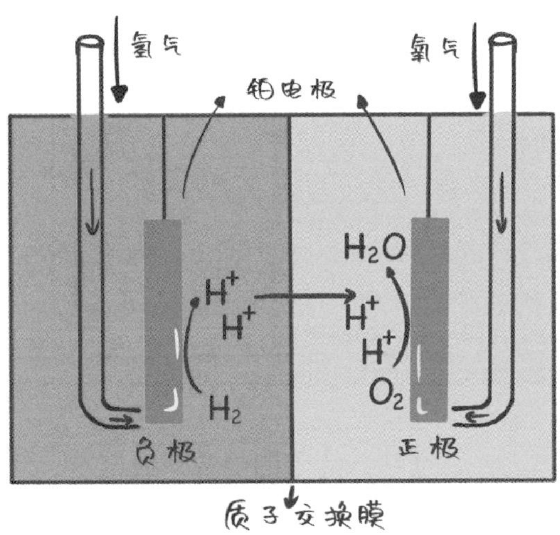

负极室通入氢气（H_2），在铂的催化下，H_2分解为H，H失去电子变为H^+进入电解质溶液中，然后H^+能够通过质子交换膜（只允许质子通过的膜）进入正极室。

正极室通入氧气（O_2），在铂的催化下，O_2得到电子并与H^+反应变成H_2O，反应如下：

总反应：$H_2 + \frac{1}{2}O_2 = H_2O$

负极：$H_2 - 2e^- = 2H^+$

正极：$\frac{1}{2}O_2 + 2H^+ + 2e^- = H_2O$

原理应用知多少！

固体氧化物燃料电池

固体氧化物燃料电池（SOFC）是一种高温燃料电池，利用固体氧化物作为电解质，在高温下将燃料气体（如氢、甲烷）与氧气进行电化学反应，产生电能。SOFC具有高效、低排放和多燃料适应性等优点，因此被广泛研究和应用于各种领域。

固体氧化物燃料电池电解质采用固体氧化物导体（如氧化锆），起传递O^{2-}及分离空气和燃料的双重作用。

SOFC的工作原理基于燃料气体（通常是氢气、甲烷等）在阳极和氧气在阴极之间的氧化还原反应。在高温下，氧离子在固体氧化物电解质上游离，从阴极迁移到阳极，与燃料气体发生反应，形成水和电子。这些电子流经外部电路并产生电流，最终与氧气在阴极结合，生成氧离子。如图2所示。

［图2］SOFC的工作原理

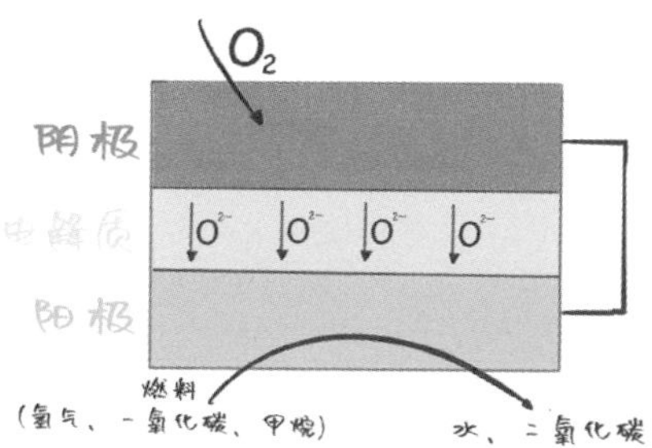

与其他类型的燃料电池相比，SOFC燃料适应性强，可以使用一氧化碳、烃类等作为燃料；此外，其电极电解质材料为陶瓷材料，可显著降低燃料电池的成本；电极总体为全固体结构，制造维护成本低，无电极毒化，无漏液腐蚀，工作寿命长。

SOFC被广泛应用于交通运输领域的动力源，航空航天、家庭、商业建筑等地方的分布式能源系统。

燃料电池火车

2016年，由阿尔斯通制造的全球首款燃料电池火车Coradia iLint首次亮相。

Coradia iLint新能源列车最高时速可达140公里/小时，有可以覆盖1000公里的油箱，一次可乘坐多达300名乘客。

这种火车最大的优点就是环保。一方面，Coradia iLint的牵引系统采用氢气作为燃料，氢气在车体内经过燃烧后只排出水蒸气，对空气不会造成任何污染，真正实现了有害物质的“零排放”。另一方面，从降低噪声污染的角度，新能源火车虽仍然会发出车轮和铁轨摩擦的声音以及火车进站的空气制动摩擦声，但与柴油动力火车巨大的噪声相比，基本可以说是“无噪声”。

2017年起，我国也开始探索氢能交通，包括氢能大巴、氢能火车、氢能无人机等。

例如，国家电投自主研发的“氢腾”燃料电池系统被用于大巴中，标准工况续航可达650公里，每行驶100公里可减少70千克二氧化碳排放，相当于14棵普通树木1天的吸收量、1个成年人约50天的呼出量，真正实现了零排放、零污染。

又如国家电投氢能公司联合中国商飞北研中心完成的多种型号氢动力无人机的开发，翼展6米的“灵雀-H”验证机于2019年试飞成功，最大起重约40千克，续航时长约10小时。

氢能交通尽管有许多优势，但仍然面临一些挑战，包括高成本、氢气生产和储存、加注基础设施建设等。然而随着技术的不断进步和成本的降低，氢能交通有望在未来发挥更重要的作用，特别是在解决交通领域的碳排放和空气污染问题方面。

锂离子电池

能源存储与转换的重要工具。

发现契机！

—— 1980年，美国物理学家约翰·班尼斯特·古迪纳夫（John Bannister Goodenough，1922年7月25日—2023年6月25日）提出可以使用钴酸锂作为正极材料，大大发展了锂离子电池。

钴酸锂（$LiCoO_2$）属于一种层状材料。钴和氧原子的结合更紧密，能够形成正八面体的“平板”，而锂原子层能够镶嵌在两个“平板”之间，所以钴酸锂可以取代金属锂。

—— 您认为锂离子电池的发明对人类社会有着怎样的意义？

锂离子电池的发明为移动电子设备、电动汽车和可再生能源存储等领域提供了高效、可靠的能量储存解决方案。锂离子电池改变了我们的生活方式，推动了电动化和可再生能源的发展，对减少碳排放和环境保护具有重要意义。

—— 您的工作为您赢得了诺贝尔化学奖，并受到了全球科学界的赞誉。您对未来锂离子电池技术的发展有何展望？

我认为锂离子电池仍然有巨大的潜力可挖掘。我相信未来能够改进电池的能量密度、循环寿命和安全性，推动电池技术的进步，以满足人类对能源不断增长的需求。

原理解读！

- 二次电池：一类放电后可以再充电并反复使用的电池。
- 锂离子电池是一种二次电池，通常由正极（正极材料常用的有锂钴氧化物、锂镍钴锰氧化物等）、负极（负极材料常用的有石墨、石墨烯等）、电解质（通常是有机溶剂中的锂盐）和隔膜（用于隔离正负极）等组成。如下图所示。
- 在充电过程中，锂离子从正极释放出来，经过电解质迁移到负极，同时在正极材料中发生氧化反应，在负极材料中发生还原反应，存储电能。在放电过程中，锂离子从负极迁移到正极，电池释放储存的电能。

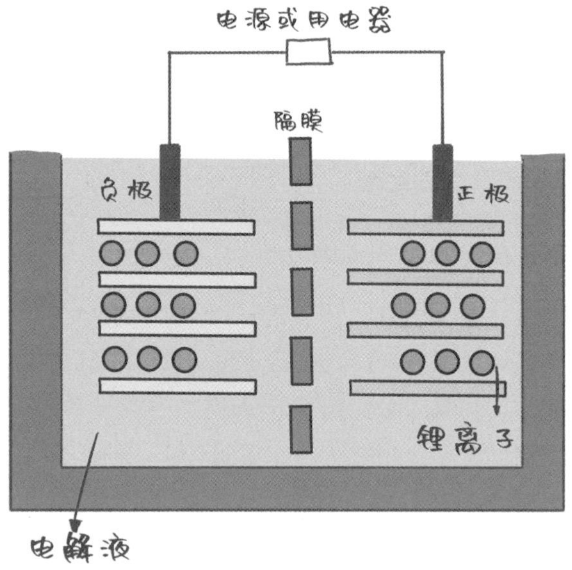

整个充放电过程是通过锂离子在正负极材料之间的迁移完成的，这一过程实现了化学能与电能的相互转化。

二次电池

二次电池是指可重复充放电使用的电池，也称为可充电电池或蓄电池。与一次电池不同，一次电池在放电后不能再次充电使用，而二次电池可以通过外部电源再次充电，从而重复使用。

二次电池的工作原理基于正负极材料之间的化学反应。在充电过程中，电池通过外部电源向正极施加电流，导致正极材料中发生氧化反应，负极材料中发生还原反应，并将电荷储存在电池中；在放电过程中，电池释放储存的电荷，正负极材料之间的化学反应逆转，从而产生电流。这个过程可以通过反复充放电来实现电能的存储和释放。

二次电池在现代生活和工业中具有广泛的应用，包括便携式电子设备、电动车辆、储能系统等。

锂离子电池

锂离子电池是目前应用最广泛的二次电池类型，具有高能量密度、长循环寿命和低自放电率等优点，适用于各种便携式电子设备、电动车辆等。

放电过程：满电锂电池的锂离子嵌入在负极材料上，负极碳呈层状结构，有很多微孔，锂离子就嵌入在碳层的微孔中。放电时，锂离子通过隔膜从负极移动到正极，电子无法通过隔膜，只能通过外面电路的负极移动到正极。如图1所示。

［图1］锂离子电池放电过程

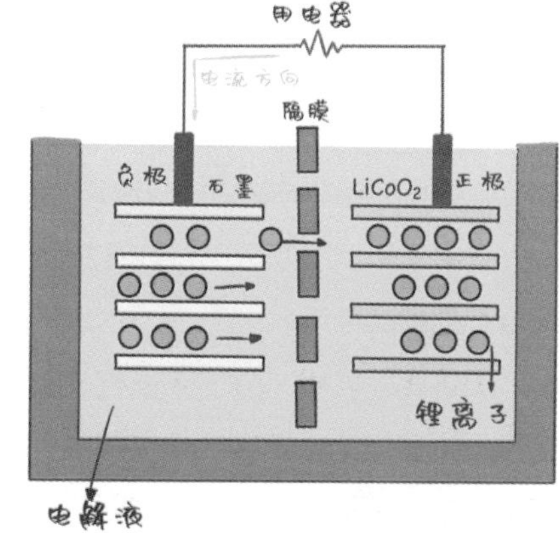

用方程式表示为：

正极：$Li_{1-x}CoO_2 + xe^- + xLi^+ = LiCoO_2$

负极：$Li_xC_6 = 6C + xe^- + xLi^+$

充电过程： 当对电池进行充电时，电池的正极上有锂离子脱嵌，锂离子经过电解液运动到负极。而作为负极的碳呈层状结构，有很多微孔，到达负极的锂离子就嵌入到碳层的微孔中，嵌入的锂离子越多，充电容量越高。如图2所示。

[图2] 锂离子电池充电过程

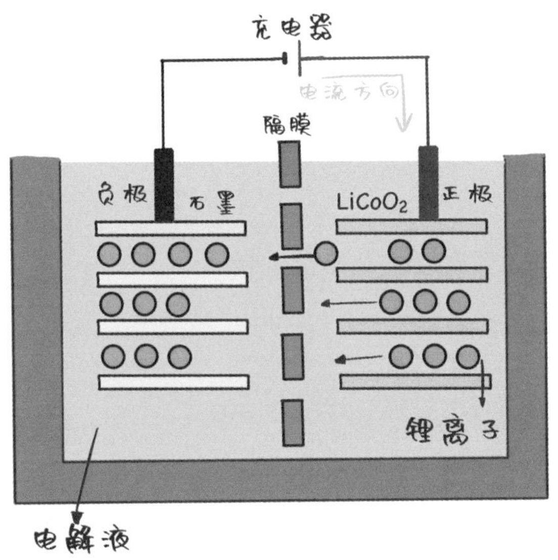

用方程式表示为：

正极：$LiCoO_2 = Li_{1-x}CoO_2 + xe^- + xLi^+$

负极：$6C + xe^- + xLi^+ = Li_xC_6$

所以总的电池方程式可以表示为：

$$LiCoO_2 + 6C \rightleftharpoons Li_xC_6 + Li_{1-x}CoO_2$$

锂离子电池的充放电过程其实就是一个脱锂嵌锂的过程，所以锂离子电池又俗称摇椅式电池。

上述正极使用钴酸锂的锂离子电池称为钴系锂离子电池，除此之外，还有锰系锂离子电池（正极使用锰酸锂）、磷酸铁系锂离子电池（正极使用磷酸铁锂）、三元系锂离子电池（正极使用钴、镍、锰三种材料）等。

原理应用知多少！

锂枝晶

锂离子电池在充电时，锂离子从正极脱嵌并嵌入负极，但当出现一些异常情况时，锂离子无法嵌入负极，只能在负极表面得到电子，形成金属锂单质。析出的锂聚集在一起，形成枝晶状的结构，称为锂枝晶，如图3所示。锂枝晶不仅会使电池性能下降，循环寿命大幅缩短，还限制了电池的快充容量，并有可能引起燃烧、爆炸等灾难性后果。

[图3] 锂离子电池形成锂枝晶

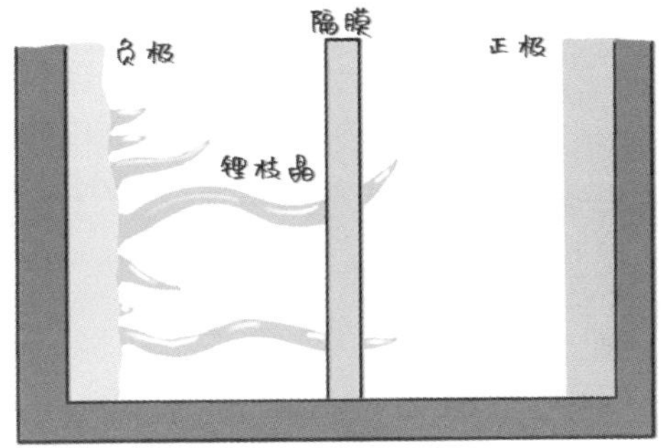

全固态电池

全固态电池就是所有部件都是固态的电池，其电解质使用固体材料。

电解质成为固体后，具有容量比锂离子电池大、高功率的优点。

全固态电池中没有隔膜，这意味着锂枝晶不会穿透隔膜而导致正负极连通，引起电池燃烧甚至爆炸等后果，比锂离子电池更加安全。

现在，锂离子电池被用于电动汽车，而如果使用全固态电池，则因为其不含可燃性有机溶剂，有望降低由事故引起的起火等风险。另外，现在的电动汽车与汽油车相比，充电时间长，而如果使用全固态电池，就能更快速地充电。

锂离子电池的充放电技巧

锂离子电池已无缝融入我们的日常生活，为我们的智能手机、笔记本电脑、电动汽车和一系列其他设备提供动力，所以，掌握锂离子电池的充电技巧至关重要。

最重要的就是避免深度充电放电。频繁的深度放电会对电池产生不利影响，可能造成不可逆转的损坏。应避免锂离子电池在100%充满电的状态下使用设备，如果持续在充满电的状态下接通电源使用笔记本电脑等电子产品，会缩短电池的寿命。

而在电量几乎用完的过放电状态下搁置，也会缩短锂离子电池的寿命。也就是说，避免在过充电和过放电的极限状态下使用电池，这就像人在过饱和空腹状态下运动，都会对身体造成负担一样。

因此，定期将电池放电至20%～30%的适度电量，然后及时充电，可以有效延长电池的使用寿命。这种简单的做法不仅可以保护我们的电池免受潜在伤害，还可以确保它们随着时间的推移继续保持最佳性能。因此，请不要深度放电，并养成定期充电的习惯，这样才能最大限度地延长锂离子电池的使用寿命。

要使锂离子电池性能稳定并正常发挥，最好在常温下使用。或许大家都听说过寒冷能延长使用寿命，但电池在低温状态下，电阻值会增大，对充放电的负荷增大，会起到相反的效果。而且寒冷会使电池结露，可能导致电池周围的电路短路。

电镀

利用电化学原理为物质的表面镀上一层金属的技术。

发现契机！

——1805年，意大利科学家路易吉· 瓦伦蒂·布鲁尼亚泰利（Luigi Valentino Brugnatelli，1761年2月14日—1818年10月24日）发明了电镀技术。

1802年，我成功地进行了第一次镀金电镀实验。在1805年，我改进了这个工艺，还用了伏特五年前发明的伏特电堆来促进电沉积。

——您发明的这一技术在当时有激起很大的水花吗?

很遗憾，没有，我的发明被法国科学院所压制，在接下来的三十年里并没有被用于一般工业。

——真是令人感到遗憾，您发明的这一技术在现代已被广泛应用于金属的装饰、防腐以及增强功能等方面，可以说这一发明为工业和生活带来了重大的改变。

能为人类作出贡献便是我最大的荣幸！

原理解读！

- 金属会发生腐蚀，可分为化学腐蚀、电化学腐蚀以及微生物腐蚀。其中，电化学腐蚀最为严重。
- 电镀是有效防止金属腐蚀的一个方法。
- 电镀是一种利用电解原理在某些金属表面镀上一薄层其他金属或合金的工艺。电镀的反应过程如下图所示。
- 电镀装置的组成：

①阳极：阳极容纳用于电镀过程的金属。

②阴极：阴极装有被电镀的材料，也称为基材。

③电镀液：用作促进电路中电流流动的催化剂。

④电源。

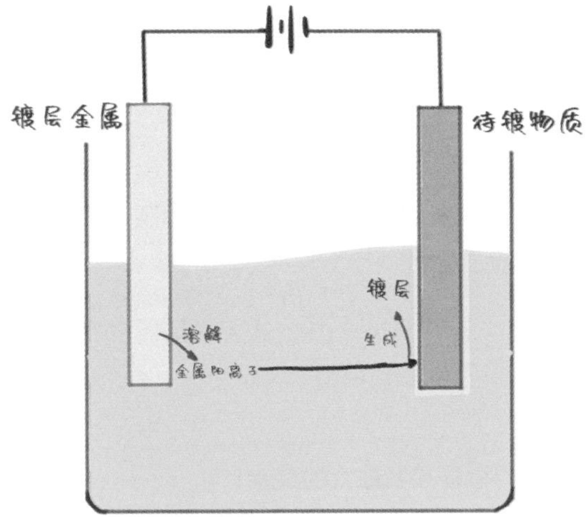

电镀技术是电解反应的一个重要应用。

金属的腐蚀

金属或者合金与周围环境中的气体或者液体发生氧化还原反应，导致金属发生损耗以及结构稳定性变差的现象就是金属的腐蚀。

腐蚀一般分为三种：化学腐蚀、电化学腐蚀以及微生物腐蚀。

当金属与周围环境中的一些氧化性物质（如氧气、氯气等）或有酸碱性的物质接触时，会直接与它们进行反应，从而引起腐蚀，这就是化学腐蚀。例如，铁在高温下被氧气迅速氧化就是化学腐蚀。

当不纯的金属或者合金与电解质液体接触时，会产生电化学反应，活泼性较强的金属会发生氧化反应，从而被腐蚀，这种腐蚀叫作电化学腐蚀。这是因为不纯的金属或合金中含有两种以上的金属，当与电解质溶液接触时，就会形成原电池，较为活泼的金属为负极，从而被氧化并发生腐蚀。

例如，钢铁在潮湿的空气中发生的腐蚀就是电化学腐蚀。钢铁主要是由铁与碳，还有少量的合金元素构成，空气中的二氧化碳、二氧化硫等溶解在水滴中形成电解质溶液，与钢铁接触时就会形成铁为负极、碳为正极的原电池。

根据电解溶液不同的酸碱性，可以将钢铁的腐蚀分为析氢腐蚀与吸氧腐蚀。在酸性环境中会发生析氢腐蚀，腐蚀过程中不断有氢气冒出，如图1的左图所示。

[图1] 钢铁的两种腐蚀

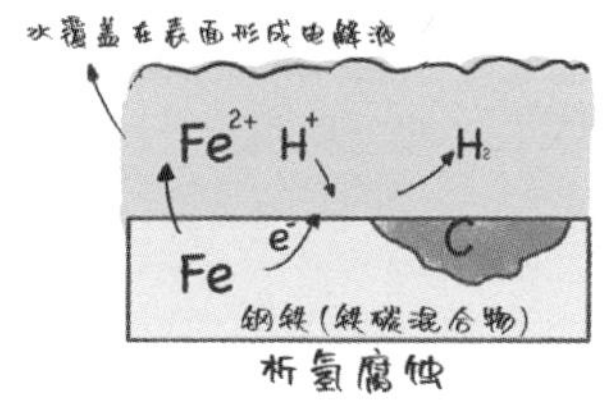

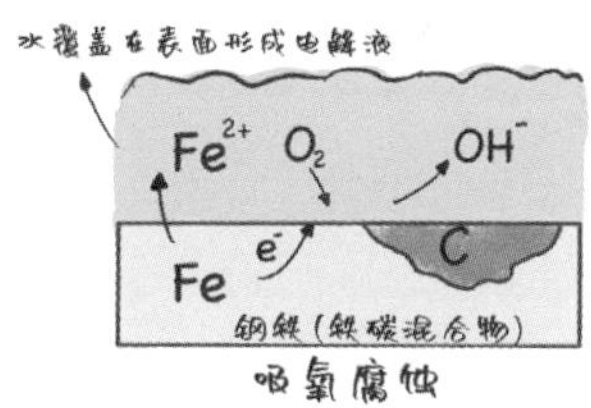

在中性环境或酸性很弱的环境中，并且溶有一定的氧气时，会发生吸氧腐蚀，氧气在正极被还原成氢氧根（OH^-），如图1的右图所示。

由微生物（如细菌、藻类等）在特定环境中对钢铁表面进行生物化学作用导致的腐蚀为微生物腐蚀，例如海水中的海藻腐蚀。

腐蚀是金属普遍发生的现象，可以采用电镀等方法防止金属的腐蚀。

电镀技术

电镀是利用电解原理在某些金属表面镀上一薄层其他金属或合金的工艺，电镀不仅能够增强金属的抗腐蚀能力，还能够增加材料的美观程度。表1中是一些常见的用于电镀的金属以及它们的性质。

［表1］用于电镀的一些金属及其性质

金属	性质
铜	增强材料层之间的附着力，增加基材的耐热性和导电性
锌	具有很高的耐腐蚀性
银	具有令人愉悦的外观、高延展性、耐磨性、高导电性和导热性
镍	能提供元素电阻，硬度高，具有导电性和耐磨性
钯	提高基材的硬度和耐腐蚀性
锡	明亮的金属，便宜环保，有耐腐蚀性和高延展性
金	是高审美情趣的贵金属，有高导电性、抗锈蚀性、耐腐蚀性、耐磨性

电镀的基本过程如下。

先把镀上去的金属接在阳极，或者把待镀金属的可溶性盐添加在槽液中。然后把被电镀的物件接在阴极，通电时，阳极上的金属被氧化，进入到电解质溶液中，在电流作用下，金属离子（待镀金属）向阴极迁移，在阴极接受电子，还原为金属镀层，覆盖在被电镀的物体上，这样就完成了物体的电镀。

原理应用知多少！

金属的精炼

金属的精炼是指将含有金属成分的粗原料经过一系列的处理，从中提取出纯净金属的过程。

金属的精炼与电镀的过程相似，区别在于待镀金属与镀层是同一种物质。

以粗铜（含有杂质的铜）的精炼为例。以粗铜作为阳极，以纯铜作为阴极，用硫酸铜（$CuSO_4$）作为电解质溶液。通电时，阳极上的铜（Cu）被氧化变为铜离子（Cu^{2+}），随电流的作用迁移到阴极接受电子，并以单质铜的形式析出。这样就完成了把粗铜中的铜转移到纯铜上的过程，即铜的精炼。如图2所示。

［图2］**铜的精炼**

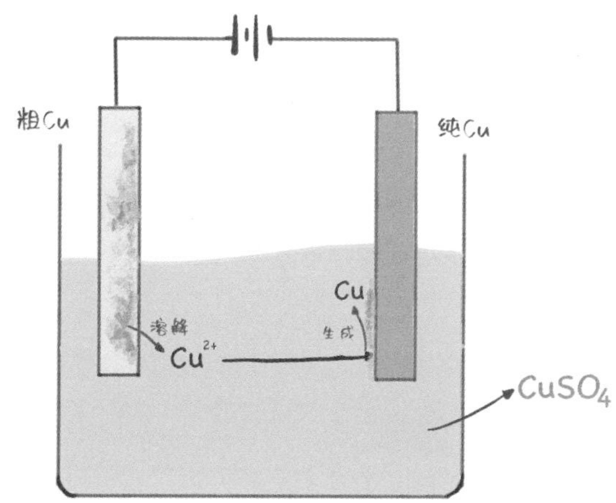

预防腐蚀的方法

金属在进行电化学腐蚀时，总是处于阳极（负极）的金属发生腐蚀，而阴极（正极）金属并不会被腐蚀。如果把要保护的金属放在阴极，就可以有效地防止金属被腐蚀。为了达到这个目的，有两种方法：一是牺牲阳极法，二是外加电流法。

牺牲阳极法：顾名思义，就是用一个活泼性更高的金属充当阳极，那么被保护的金属就处于阴极，这样就达到了保护的作用。

例如，在钢铁设备上安装锌块，由于锌比铁活泼，锌会充当负极，铁会充当正极，锌会不断被消耗腐蚀，而铁就被锌所保护。这就是牺牲阳极法，使用这个方法需要不断地更换、添加被牺牲的阳极，如图3所示。

[图3] 牺牲阳极法

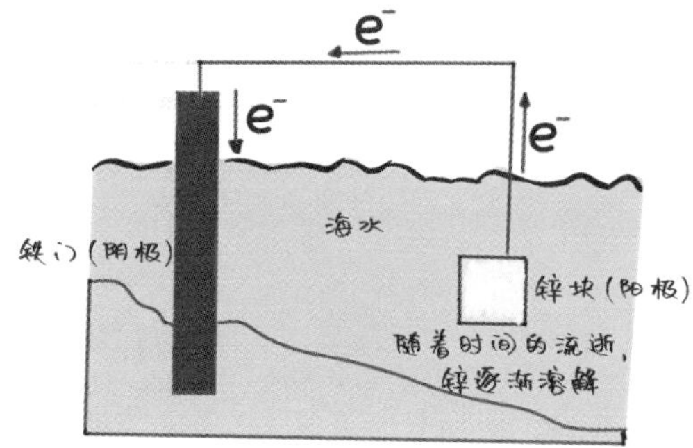

生活中，为减缓铁塔腐蚀，电线塔、手机信号塔等会在铁塔上焊接若干块锌块，让活泼性更高的锌块做阳极，保护铁塔不受腐蚀。

外加电流法：添加一个外加直流电源，使被保护的金属连接电源的负极成为阴极，再用惰性电极作为辅助阳极。通电后，强迫电子流向被保护的金属，促使金属发生还原反应，使金属表面的电流降至0，如图4所示。

[图4] 外加电流法

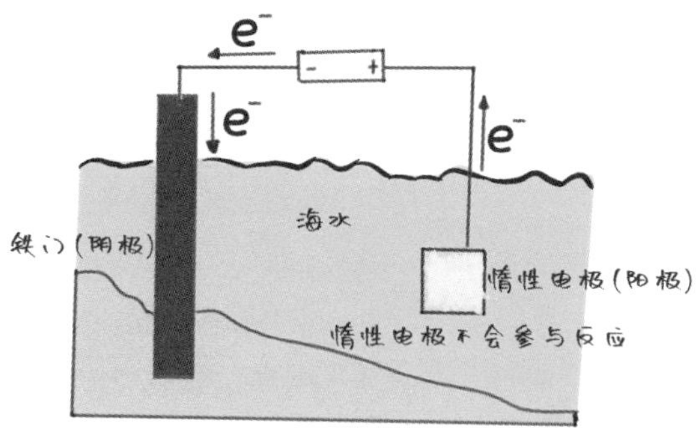

电化学保护法可以在不改变金属结构和外观的情况下实现防腐效果，对金属材料的要求较低，适用于各种类型的金属。

然而，电化学保护法也存在一些局限性。使用这种方法需要定期检查和维护设备，以确保电流供应和金属表面的保护效果；在某些情况下，需要密切控制外加电流的大小和方向，以确保金属表面的保护效果。

电化学保护法无法完全替代其他防腐方法，通常需要与其他防腐措施结合使用。

为什么铁很容易被腐蚀

铝是一种活泼性高于铁的金属，但在生活中为什么常常见到的是铁被腐蚀，而铝不易被腐蚀呢?

暴露在空气中的铝，会迅速与空气中的二氧化碳反应，生成三氧化二铝（Al_2O_3），这是一种致密的氧化物，它能够形成一层膜包裹着铝，阻止金属铝继续和氧气接触，自然就阻止了氧化腐蚀过程的继续发展。这种现象称为**钝化**。

铁在空气中氧化的速度比铝慢，但铁在空气中氧化的产物是铁锈。铁锈是一种疏松多孔的物质，不能阻止金属铁继续和空气接触，所以氧化腐蚀过程会进一步发展下去。最终，一整块铁会全部变成疏松的铁锈。铝和铁氧化后的结果如下图所示。

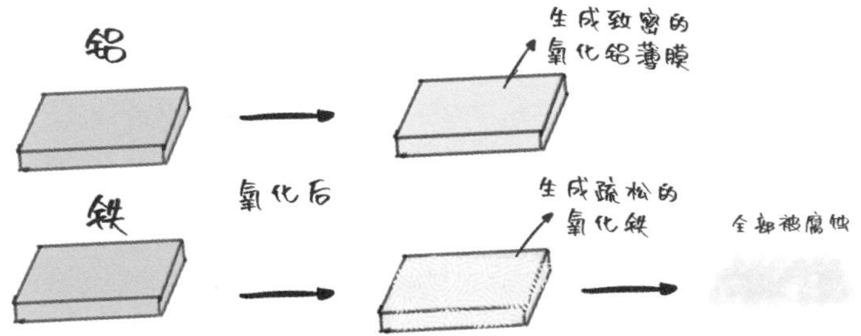

因此，铁的防锈尤为重要。可以通过制成不锈钢来防锈，不锈钢的表面是一层不容易发生反应的三氧化二铬（Cr_2O_3），这种致密层阻挡了水、氧气与铁的接触，从而达到“不锈”的效果。

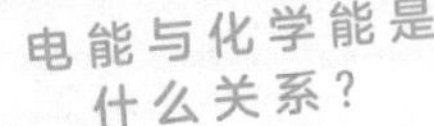

法拉第定律

揭示了通入的电量与析出物质之间的定量关系。

发现契机！

——1832年，英国科学家迈克尔·法拉第（Michael Faraday，1791年9月22日—1867年8月25日）阐述了法拉第电解定律，这个定律适用于一切电极反应的氧化还原过程，是电化学反应中的基本定量定律。

我通过一系列实验观察到了电流和化学反应速率之间的定量关系。我发现，通过电解质的电量越多，电化学反应的速率也越快。基于这些实验结果，我提出了法拉第定律。

——您的发现对电化学领域产生了深远影响。那么，您认为，法拉第定律的意义在于什么?

我认为，法拉第定律的意义在于揭示了电化学反应的定量关系，并为电化学理论的发展奠定了基础。法拉第定律不仅对于理论研究具有重要意义，也为电化学技术的应用提供了重要指导。

——非常感谢您的分享，法拉第先生。您的发现为电化学领域带来了巨大的进步，我们对您的贡献表示由衷的敬意。

谢谢！我希望后人能够继续探索电化学的奥秘，并将我的发现应用于更多的领域，为人类社会带来更多的进步和发展。

原理解读！

- 法拉第第一定律：在电解过程中，物质在电极生成的质量与通过电极的电量成正比。公式为：

$$m = KQ\text{（}K\text{为常数）}$$

- 法拉第第二定律：在电解过程中，使用相同的电量时，不同物质在电极生成的质量与该物质的当重重量成正比（当重重量等于摩尔质量M除以接受或失去的电子数量z）。公式为：

$$\frac{m_1}{m_2} = \frac{M_1/z_1}{M_2/z_2}$$

- $Q = \mathrm{n}zF$

Q为电量。

n为发生了反应的物质的量。

F为法拉第常数。

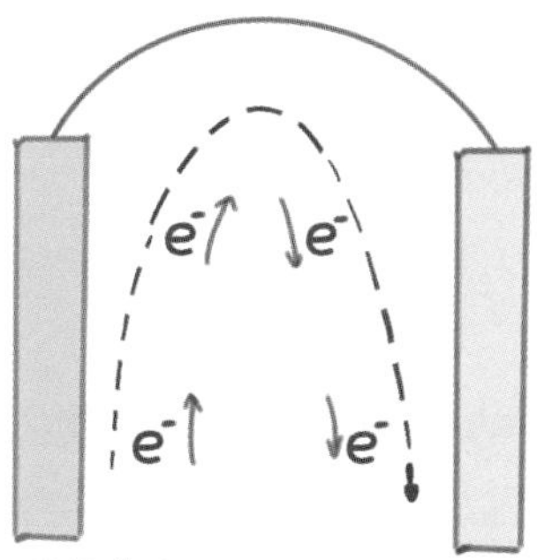

法拉第定律的本质就是电荷的守恒。电荷的守恒能揭示出电极上生成物的质量与通过电量的关系，以及两电极之间物质转化的质量关系。

法拉第定律

英国物理学家法拉第为了探究电解产物准确的产量，利用伏特电堆进行定量电解实验，探究电解产生的气体量与电量之间的关系，并发现了以下实验事实。

• 对不同浓度的硫酸进行电解，只要电量保持相同，释放的氢气和氧气的体积都相同。

• 用苛性钠、苛性钾、硫酸镁、硫酸铵、碱式碳酸钾等水溶液实验，只要电量相同，释放出的氢气和氧气的量相同。

• 水在电流的作用下被分解的量与通过的电量成正比。

因此，法拉第提出，在电解过程中，物质在电极生成的质量与通过电极的电量成正比，表示为：

$$m = KQ$$

其中m为生成的质量，K为常数，Q为电解池的电量。

例如，电量为Q的电解池电解水生成了质量为m的氢气，当电量变为$2Q$时，生成的氢气质量变为$2m$。

在两电极上转化的物质1（电荷数z_1）与物质2（电荷数z_2）的质量比有以下关系：

$$\frac{m_1}{m_2} = \frac{M_1/z_1}{M_2/z_2}$$

通过相同电量的两个电极上转化的物质的质量比与它们的当重重量成正比。

将M移至等式左侧，可以得到：

$$\frac{n_1}{n_2} = \frac{z_2}{z_1}$$

也就是说发生转化的物质的量数与它们所带的电荷成反比。

例如，相同电量的两个电极分别发生Cu^{2+}与Cl^-的转化，那么有1mol的Cu^{2+}发生转化的同时，必然有2mol的Cl^-发生了转化。

从电极上通过氧化或者还原1mol物质时所需的电量为$Q = N_A e_0$（e_0为一个电子带电量），那么转化1mol多价离子（z）所需的电量是$Q = zN_A e_0$，$N_A e_0$在数值上等于96485C/mol，称为法拉第常数，用F表示。

那么n摩尔的物质发生转化所需的电量为：

$$Q = \frac{m}{M/zF} = \mathrm{n}zF$$

原理应用知多少！

库仑计

库仑计是一种用于测量电荷量的仪器，通常用于实验室和工程中。库仑计的工作原理基于法拉第定律，测量电流通过前后阴极析出的质量，从而计算出通过的电荷量。

库仑计工作原理的简要描述如下：

库仑计由一个含有30%$AgNO_3$溶液的铂坩埚和浸在溶液中的一根银棒组成，铂坩埚与电解池的负极连接，而银棒与电解池的正极连接。当电解池通过电量，银在铂坩埚的阴极内壁析出，形成银沉积层；同时，银从银棒阳极溶解成银离子。在两个电极上发生的反应为：

铂坩埚阴极：$Ag^+ + e^- = Ag$

银棒阳极：$Ag - e^- = Ag^+$

为了避免银阳极溶解过程中可能产生的金属颗粒掉进铂坩埚而导致测量误差，实验中常在银阳极附近加一个收集网袋。如下右图所示。

通过仔细测量铂坩埚电解前后的质量变化，通过电解池的电量可以精确测定。

通过$Q = \frac{m}{M/zF} = \mathrm{n}zF$，可以得出$Q$（单位C）与$m$（单位mg）的关系：

$$Q = \frac{m}{1.118}$$

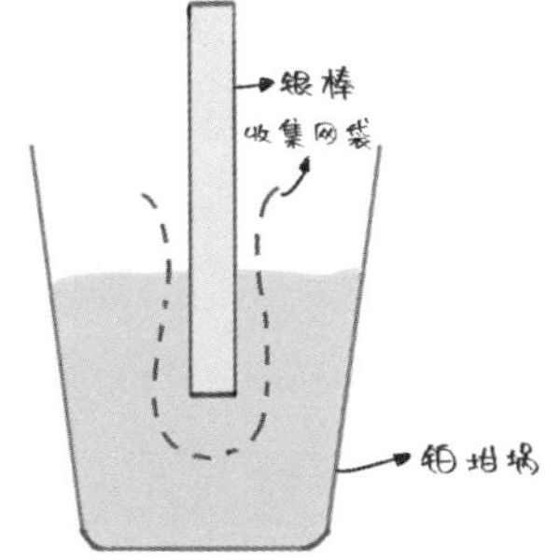

法拉第的“恩师”戴维

法拉第出生在英国一个贫苦铁匠家庭，年幼辍学，12岁时就当起了报童，第二年又成了书店学徒，学习装订手艺。

20岁时，法拉第听了戴维教授的讲座，被深深地震撼到了，立志要成为科学家。他写信给戴维，并附上了自己精心整理和装订的《亨·戴维爵士演讲录》。

这本书的装订十分精美，并且有足足386页。戴维被他的真诚感动了，于是回信表示愿意收法拉第为实验室助手。

就这样，法拉第的科学研究之路正式开启。

1820年，奥斯特发现了通电导线能让磁铁发生偏转。于是戴维和沃拉斯顿开始进行电和磁的研究，戴维把这个任务交给了法拉第，在多次实验后，法拉第成功设计出了能够将电能转化成持续的动能的装置，这也是电动机的始祖。

法拉第将这一成果发表后引起了巨大的反响，有人说他剽窃了沃拉斯顿的方法，法拉第希望戴维能够帮自己解释，但戴维却选择了沉默。沃拉斯顿亲自说明了自己的实验与法拉第的成果毫无关系，这才帮法拉第洗脱了嫌疑。

后来，法拉第被推举成为皇家研究院的会员。眼看法拉第的成就就要超过戴维了，戴维却投出了唯一的反对票。

戴维把法拉第赶出了电磁领域，指派他研究了8年的玻璃制作。直到戴维去世后，法拉第才有机会回归到电磁研究的领域中。回归第二年，法拉第就发现了电能够生磁，并发明了第一台发电机。戴维是法拉第的恩师，但同时他也阻碍了法拉第对电与磁的研究。

有机篇

有 机 物 的 结 构 与 性 质 是 什 么 样 的 ？

有机化合物

有机化合物是由碳元素构成的分子，广泛存在于生命体内及自然界中。

发现契机！

—— 1824年，德国化学家弗里德里希·维勒（Friedrich Wöhler，1800年7月31日—1882年9月23日）在实验室通过加热无机物氰酸铵的方法得到了有机物尿素，这是人类首次合成有机物。

当时我打算制备氰酸铵，我在氰酸中倒入氨水后，想通过用火慢慢加热的方法把溶液蒸干，然后得到氰酸铵结晶。但蒸发的速度很慢，临睡时我停止了加热，清晨醒来发现得到了针状晶体，这和我以前制备的氰酸铵晶体完全不一样！

—— 这种针状晶体是什么呢?

我在这种晶体中加入氢氧化钾溶液，但加热后没有产生氨气，如果是氰酸铵，则会释放出氨气，并能够闻到氨气的臭味。经过分析，这种针状晶体是尿素，这让我感到十分震惊，因为这个结果有悖于当时流行的“活力论”。

什么是活力论?

当时科学界普遍认为有机物只存在于有机生命体中，是有“生命力”的，无法人为合成，所以当我把这一成果告诉我的老师贝采利乌斯时，受到了他的质疑，他说：“下次你试着用化学反应创造一个婴儿给我看看。”之后我发表论文讲述合成尿素的过程，引起了化学界的震动。

—— 您的发现开创了有机合成的新时代!

原理解读！

- 有机化合物在组成上都含有碳元素，如乙醇、蔗糖和甲烷等，因此有机化合物被定义为含碳化合物。
- 除了碳元素外，有机化合物基本上都含有氢元素，称为碳氢化合物。氢原子可以被其他元素例如氧、氮、硫取代，称为衍生物。
- 有机化合物与无机化合物在性质上有着明显的差别。
- 有机物的主体为碳，每个碳可以连接4条键，可以是4条单键、2条单键和1条双键、2条双键，或1条单键和1条叁键。如下图所示。

单键　双键　叁键

- 大部分有机化合物中都含有官能团，官能团是指分子中比较活泼而容易发生反应的原子或者基团，常常决定着化合物的主要性质，反映了化合物的主要特征。
- 有机化学就是研究碳氢化合物及其衍生物的化学。

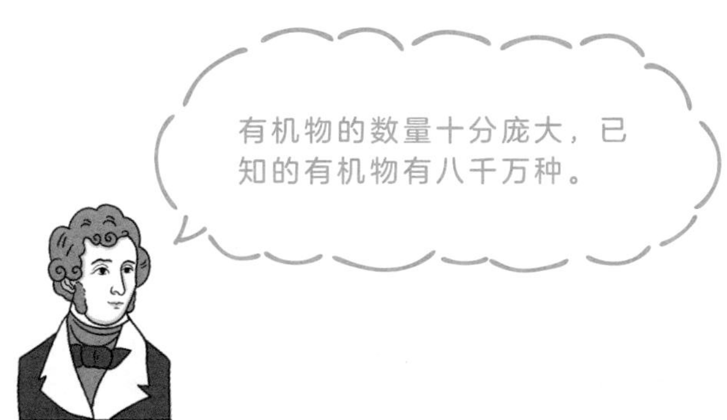

有机化合物的特性

有机化合物与无机化合物没有明确的界限，但是它与无机化合物在结构和性质上有着明显的差别。

组成有机化合物最基本的原子是碳原子，碳原子与碳原子，以及碳原子与其他原子之间能够形成稳定的共价键，能够通过单键、双键、叁键连接形成链状或者环状化合物。如图1所示。

［图1］链状或者环状化合物

单键 双键 叁键 链状 环状

同时，即使分子的组成相同，不同的原子连接次序也会形成不同的化合物，导致有机化合物的数量十分庞大。这是由于有机物在结构上不同于无机化合物而造成的。

在性质上，有机化合物与无机化合物也有很大的差别。

有机化合物一般可以燃烧，而绝大多数无机化合物是不能燃烧的；有机化合物大多都不易溶于水，易溶于有机溶剂，无机化合物则相反；有机化合物的熔点通常较低，一般不超过400℃，而无机化合物的熔点较高，难以融化；有机化合物的反应通常速率较小，且有副反应发生，一般需要催化剂促进反应，而大多无机化合物的反应可以在瞬间完成，且反应产物单一。

有机物的这些性质不是绝对的，比如有些有机物如四氯化碳（CCl_4）不易燃烧，蔗糖（$C_{12}H_{22}O_{11}$）极易溶于水等，但是大部分有机物都符合这个规律，这是由有机化合物的结构决定的。

有机化合物的结构式

分子的物理和化学性质不仅取决于组成其原子的种类和数目，更取决于其结构。

分子结构代表着原子之间的键合顺序和空间排列关系，所以标明有机化合物的结构十分重要。

有机化合物的结构式有3种表示方式：短线式、缩简式和键线式。

例如正丙醇（分子式C_3H_8O），结构式如图2所示。

［图2］正丙醇的结构式

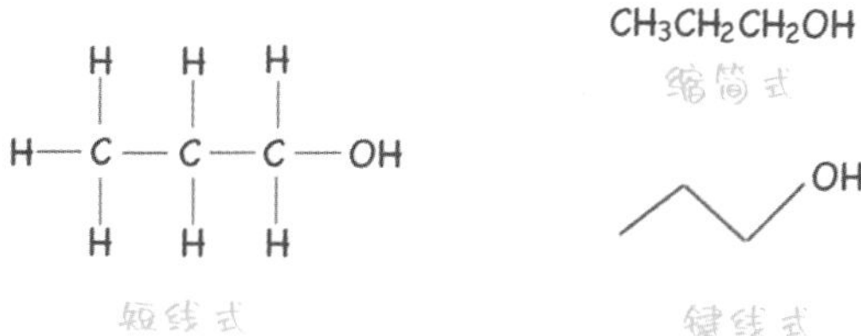

书写键线式时，用短线表示化学键，用拐角和端点表示碳原子，除了氢原子外，与碳链相连的其他原子（如O、N、S等）或者基团需要用元素符号或缩写符号表示。

有机化合物的分类

有机化合物的数量庞大，为了对其进行系统的研究，需要先将其进行科学分类。

一般采取两种分类方法：一种是按照碳架分类，另一种是按照官能团分类。

按照碳架的不同，可以将有机化合物分为下面几类：

• 开链化合物

开链化合物分子中的碳原子以链状连接。其中碳原子之间以单键、双键或叁键相连，具体如下。

$$CH_3-CH_3 \quad CH_2=CH_2 \quad CH_3C\equiv CH$$

• 脂环（族）化合物

脂环（族）化合物分子中的碳原子以环状连接，其性质与开链化合物相似。其中成环的两个相邻碳原子可以通过单键、双键或叁键相连，具体如下。

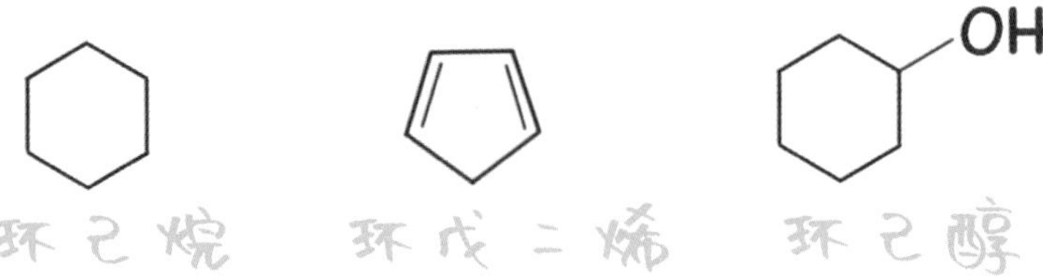

• 芳香族化合物

芳香族化合物分子中一般含有苯环结构，具有芳香性，具体如下。

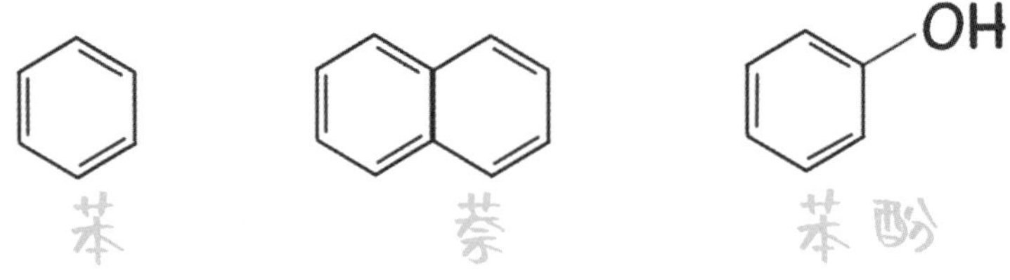

• 杂环（族）化合物

杂环（族）化合物是分子中一般含有碳原子和其他原子（通常称为杂原子，如O、N、S等）连接成环的一类化合物，具体如下。

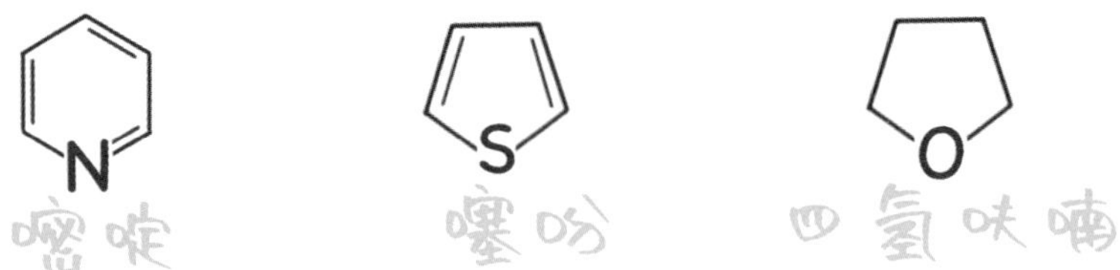

官能团

官能团是指分子中比较活泼而容易发生反应的原子或者基团，它常常决定着化合物的主要性质，反映了化合物的主要特征。含有相同官能团的化合物具有相似的性质，图3中是一些常见的官能团。

[图3] 常见的官能团

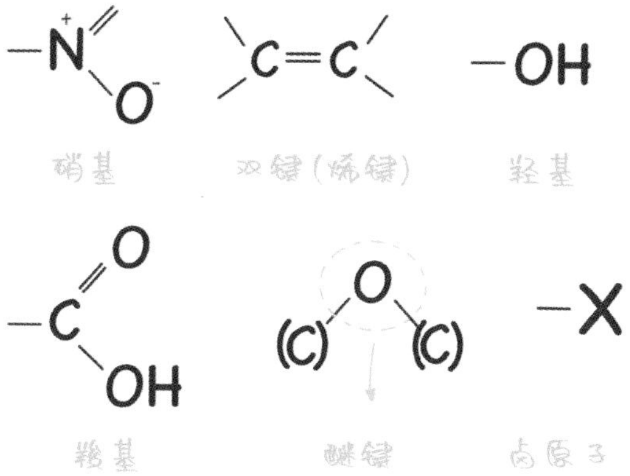

硝基　双键（烯键）　羟基

羧基　醚键　卤原子

含有相同官能团的化合物可以分为一类，如含有硝基的化合物称为硝基化合物，含双键的烃称为烯烃，含有醚键的称为醚，含有羧基的称为羧酸等。

原理应用知多少！

生活中的有机物

在生活中，有机物扮演着关键的角色，我们的衣食住行都离不开有机物。

食物中的有机物：生活中我们摄入的食物主要由碳水化合物、蛋白质、脂肪、维生素等有机物构成。例如，水果中的葡萄糖、蔬菜中的维生素、肉类中的蛋白质等都是有机物。

药物：大部分药物都是有机化合物，包括阿司匹林、头孢菌素、青霉素等。

日常用品：许多日常用品也含有有机化合物，比如洗涤剂中的表面活性剂、塑料制品、化妆品中的成分等。

香料和香精：许多香水、香料和调味料等都是有机化合物，如香草醛、丁香酚等。

天然提取物：许多草药、植物提取物和天然油脂等都是有机物，如茶叶中的咖啡因、薄荷叶中的薄荷脘、橄榄油中的橄榄酸等。

活力论

世界各文明古国很早就掌握了酿酒、染色、造纸、制醋、制糖等技术，但对有机物却长期缺乏认识。

19世纪，化学家们认识到：铜、水等物质一般来自海洋和土壤这些本身没有生命的地方；糖、油等物质通常来自生物界，有的来自生命活体，有的来自生命遗体。1807年，贝采利乌斯将来自有机体的物质称为“有机物”，其他的则叫“无机物”。

化学家对这些有机物和无机物进行了分析，发现它们似乎都是由一些相同的东西构成的，但却无法解释为什么有机物是“有机”的，而无机物是“无机”的。化学家隐隐约约地感觉到，好像有一种神奇的力量隐藏在有机物中，化学家将这种力量称为“活力”。

化学家为此还杜撰了一个传说：在很久以前，一种伟大的超自然力量将活力注入某些物质中，这些物质就“活了”，成了有机物；而没有得到“恩泽”的物质亿万年来则死气沉沉，只能继续做无机物。贝采利乌斯更以“史诗”般的语言宣告：正是靠着水、矿物等无机物所没有的神奇活力，有机体才能制造出有机物。因此，有机物就是有机物，无机物就是无机物，无机物想成为有机物是绝对不可能的，有机物和无机物之间有一条不可逾越的鸿沟。“活力论”曾一度禁锢了化学家的思想，致使许多人不敢从事合成有机物的研究，因而也一度妨碍了有机化学的发展。直到1824年德国化学家维勒人工合成有机物尿素，才攻破了这一理论。

烷烃

由碳和氢元素组成的有机化合物，是石油和天然气的主要成分。

发现契机！

——自1862年起，德国化学家卡尔·肖莱马（Carl Schorlemmer，1834年9月30日—1892年6月27日）对甲烷、乙烷、丙烷、丁烷直到辛烷都进行了深入研究，极大地丰富了人们对烷烃的认识。

我从煤焦油和石油中先分离出戊烷、己烷、庚烷和辛烷，仔细地测定了这些脂肪烷烃的沸点等物理常数，分析了它们的元素组成，并通过测定蒸汽密度求出了分子量，接着我对甲烷、乙烷、丙烷、丁烷直到辛烷进行分析，实现了一系列有机合成。

——1892年，恩格斯这样说道："我们现在关于烷烃所知道的一切，主要应该归功于肖莱马。"

谢谢对我的认可！在这之前，化学家只对个别的、最低的几种烷烃进行过研究，对烃类化合物的认识是零散和无规律的。由于关于各种脂肪烃的知识还是空白的，所以研究烃类物质需要冒着很大的风险，实验研究中发生爆炸事故是难以避免的。我也得到了不少"光荣"的伤痕，只是因为戴着眼镜，才没有因此而丧失视力。

——您的科研精神令我感到十分佩服！除此之外，肖莱马先生还编写了《碳化合物的化学教程》与《化学教程大全》，后者在当时被认为是英国和德国最好的著作之一。

原理解读！

- 烃类化合物是一类仅由碳元素和氢元素组成的有机化合物，简称烃。烃类化合物包括烷烃、烯烃、炔烃等。
- 烃分子中的碳原子均以单键（C—C）相连，称为饱和烃，烷烃就是饱和烃，如下图所示。

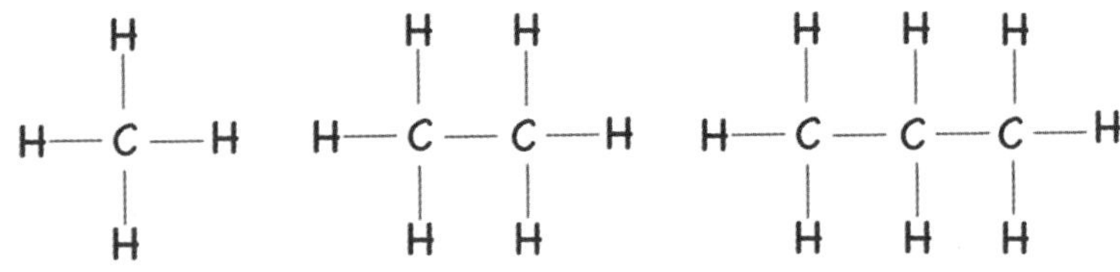

烷烃中每个碳原子均以4个单键相连

- 碳骨架是开链的饱和烃称为烷烃，碳骨架是环状结构的饱和烃称为环烷烃。
- 烷烃可以发生取代反应，即烷烃中的氢原子可以被其他原子或基团所取代，生成一系列有机化合物，如下图所示。

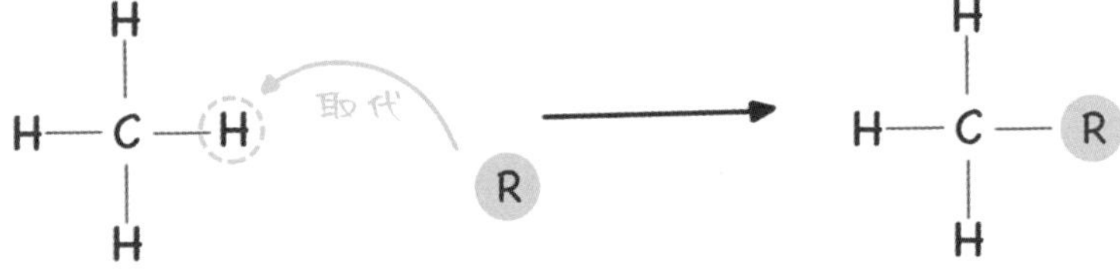

烷烃是一类比较稳定的化合物，且种类繁多，因此在化学工业和日常生活中有着广泛的应用。

烷烃与环烷烃

碳骨架是开链的饱和烃称为烷烃，通式为C_nH_{2n+2}。碳骨架是环链的饱和烃称为环烷烃，通式为C_nH_{2n}。如图1所示。

[图1] 环烷烃与烷烃

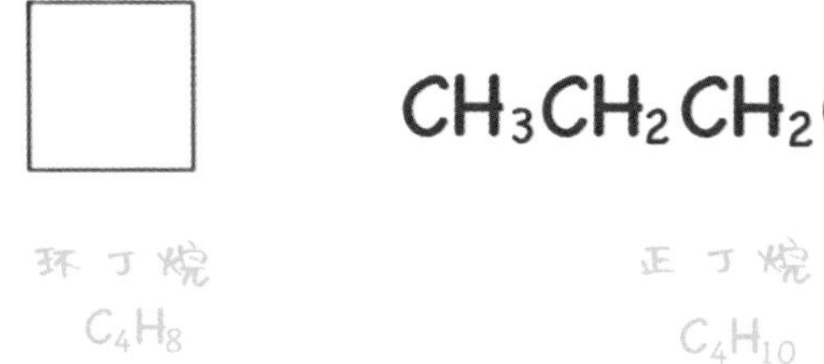

为了方便，通常将有机分子中的不同碳给予不同的称谓。当分子中的某一饱和碳原子与一个、两个、三个或四个碳原子相连时，对应的碳原子分别称为伯、仲、叔、季碳原子，如图2所示。与伯、仲、叔、季碳原子相连接的氢原子分别称为伯、仲、叔、季氢原子。

[图2] 伯、仲、叔、季碳原子

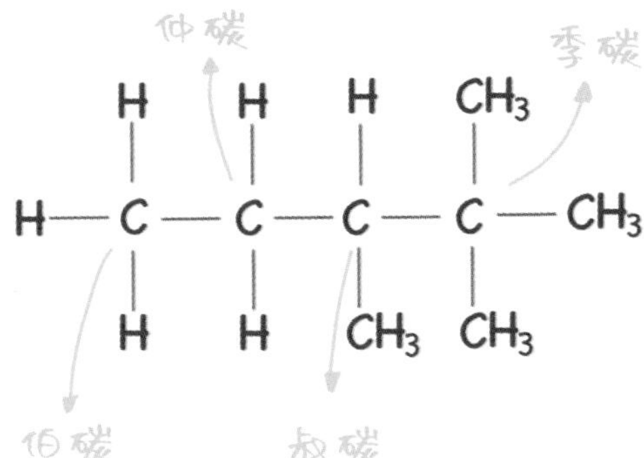

不同碳原子数的烷烃采用普通命名法来命名，碳原子数在10个以内，分别用甲、乙、丙、丁、戊、己、庚、辛、壬、癸表示碳的数目，10个以上的碳原子则用十一、十二等汉语数字表示。例如1个碳原子数的烷烃称为甲烷，5个碳原子数的直链烷烃称为戊烷，11个碳原子数的直链烷烃称为十一烷……

烷烃的结构和物理性质

最简单的烷烃是甲烷（CH_4），它的构型为正四面体，碳原子位于正四面体的中心，4个氢原子分别位于4个顶点。这是由于原子轨道相互重叠而形成的立体结构，分子中4个C—H的长度和强度相同，键角都为109.5°，如图3所示。

［图3］甲烷的模型

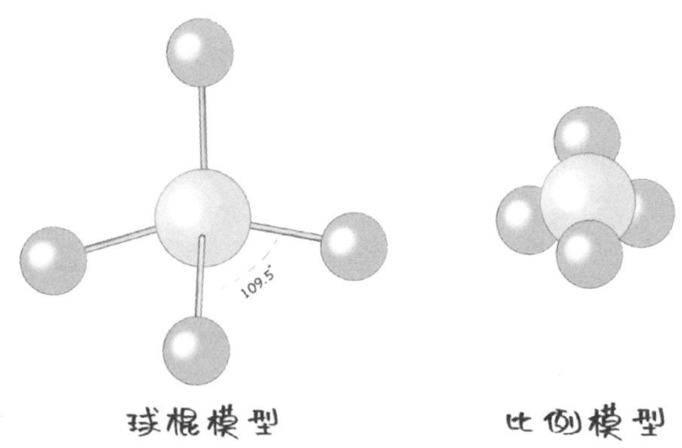

所以说，在碳链中，C—C—C的键角也必然接近109.5°，因此碳链的立体形象不是书写结构式时所表现出的直线形，而是曲折的。

烷烃和环烷烃都是无色的，并具有一定的气味，它们的物理性质存在着一定的规律：直链烷烃与无取代基的环烷烃，其沸点、熔点和相对密度随着碳原子的增加而有规律地升高。其中，环烷烃的沸点、熔点和相对密度比相同碳原子数的烷烃高，这是因为环烷烃有着较大的对称性和刚性，使得分子间的作用力变强。

取代反应

烷烃能够发生一个重要反应，即取代反应。取代反应是指化合物分子中的原子或基团被其他原子或基团取代的反应。

在一定条件下，烷烃能够与卤素发生取代反应。

例如，在光照条件下，甲烷能够与氯气发生取代反应，具体如下。

$$\mathrm{H{-}\underset{\underset{H}{|}}{\overset{\overset{H}{|}}{C}}{-}H + Cl{-}Cl \xrightarrow{光} H{-}\underset{\underset{H}{|}}{\overset{\overset{H}{|}}{C}}{-}Cl + HCl}$$

一氯甲烷

生成的一氯甲烷为甲烷的衍生物，能够进一步与氯气发生取代反应生成二氯甲烷，就这样，氯原子可以逐一取代氢原子，生成4种不同的取代产物，具体如下。

$$\mathrm{H{-}\underset{\underset{Cl}{|}}{\overset{\overset{H}{|}}{C}}{-}H + Cl{-}Cl \xrightarrow{光} H{-}\underset{\underset{Cl}{|}}{\overset{\overset{H}{|}}{C}}{-}Cl + HCl}$$

二氯甲烷

$$\mathrm{Cl{-}\underset{\underset{Cl}{|}}{\overset{\overset{H}{|}}{C}}{-}H + Cl{-}Cl \xrightarrow{光} Cl{-}\underset{\underset{Cl}{|}}{\overset{\overset{H}{|}}{C}}{-}Cl + HCl}$$

三氯甲烷

$$\mathrm{Cl{-}\underset{\underset{Cl}{|}}{\overset{\overset{Cl}{|}}{C}}{-}H + Cl{-}Cl \xrightarrow{光} Cl{-}\underset{\underset{Cl}{|}}{\overset{\overset{Cl}{|}}{C}}{-}Cl + HCl}$$

四氯甲烷

四氯甲烷也称为四氯化碳或氯烷，常态下为无色、不易燃烧的液体。四氯甲烷过去常用作灭火器中的灭火有机物质，也曾经是常用的冷却剂。但四氯化碳是一种致癌且有毒的有机化学物，而且会破坏臭氧层，所以如今用于清洁的四氯化碳大多数都已被三氯乙烯所取代。

原理应用知多少！

烷烃的燃烧

通常情况下，烷烃比较稳定，不与酸、碱以及强氧化剂发生反应。但烷烃能在空气中受热，引燃后可以燃烧，从而发生氧化反应。如果氧气充足，则能够完全燃烧并生成二氧化碳和水，同时放出大量的热。例如，甲烷的燃烧反应方程式如下：

$$CH_4 + 2O_2 \xrightarrow{\text{点燃}} CO_2 + 2H_2O$$

上述方程式是天然气（主要成分为甲烷）作为能源，以及汽油和柴油（主要成分为不同结构的烷烃混合物）作为内燃机燃料燃烧的基本原理，也是矿洞中瓦斯爆炸的主要原因。

烷烃的裂化

烷烃和环烷烃在没有氧气存在的情况下进行的热分解反应称为裂化反应。裂化反应是一个复杂的过程，产物为许多化合物的混合物。从反应实质上看，裂化反应就是C—C键和C—H键断裂的过程，并且C—C键比C—H键更容易断裂，具体如下。

断裂

$$CH_3CH_2CH_2CH_3 \xrightarrow{500\text{度}} \begin{cases} CH_4 + C_3H_6 \\ CH_3CH_3 + C_2H_4 \\ C_4H_8 + H_2 \end{cases}$$

断裂

裂化反应是石油加工过程中的一个重要反应，是将高沸点馏分裂化为相对分子质量更小的低沸点馏分的方法，能提高汽油、柴油等的质量和产量。

石油的加工——从“黑金”到“白金”

石油被誉为“黑金”，它不仅是我们生活中不可或缺的能源来源，还是化工产品的主要原料。接下来让我们一起来探索石油加工的奥秘，了解石油从“黑金”到“白金”的变化过程吧！

石油是由多种碳氢化合物组成的混合物，成分十分复杂。石油的探索始于地下深处的勘探，通过地质勘探、钻探等技术，可以找到地下蕴藏的石油资源。随后，通过钻井将原油抽取到地表。

一旦采集到原油，就会将其运输到加工厂。原油到达加工厂后，首先经历的是分馏过程。分馏是利用石油中不同成分的沸点不同，从而将它们分离出来。在分馏塔内，原油根据沸点的不同被分离成天然气、汽油、柴油、航空燃料和润滑油等不同产品。如图4所示。

为了进一步得到乙烯、丙烯等小分子基本化工原料，需要将石油在高温下进行深度裂化反应，称为裂解。

原油处理后剩下的残渣可以制成沥青用于铺路。

就这样，成分复杂的原油就被分离成了许多有用的物质。

［图4］石油分馏

石油天然气
汽油
石脑油
煤油
柴油
燃油
润滑油
原油
沥青
加热炉

有机物的结构与性质是什么样的？

贝采利乌斯

同分异构

同分异构是指具有相同分子式但结构不同的化合物现象。

发现契机！

——1830年，瑞典化学家永斯·雅各布·贝采利乌斯（Jöns Jakob Berzelius，1779年8月20日—1848年8月7日）提出了“同分异构”的概念。

维勒在合成氰酸铵的时候意外合成了尿素，经过研究发现，二者竟然有相同的分子式，基于对它们的组成及性质的有关研究，我认为有必要提出一个新的名词：同分异构。

——同分异构具体能够帮助我们理解什么呢？

同分异构化合物虽然具有相同的分子式，但由于原子的排列方式不同，导致它们能表现出不同的物理和化学性质。我认为同分异构的提出帮助我们理解了化合物的多样性和复杂性。

——您在化学领域的其他贡献也非常突出，比如元素符号的引入和化学键理论的发展。您认为这些工作和同分异构之间有何联系？

这些工作都有一个共同的目标：揭示物质的基本结构和性质。无论是元素符号的引入、化学键理论的发展，还是同分异构的提出，都是为了更好地理解化学世界的规律，从而推动科学的进步。

原理解读！

- 同分异构是指具有相同分子式但结构不同的一类化合物现象。由于原子的排列方式不同，同分异构体表现出了不同的物理和化学性质。
- 例如，尿素与氰酸铵的分子式都是CH_4ON_2，但是它们的结构完全不同，因此尿素与氰酸铵是一对同分异构体，如下图所示。

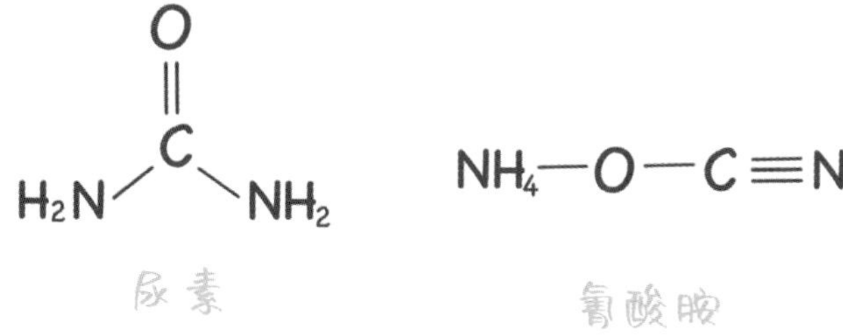

- 同分异构分为两种，分别为构造异构与立体异构。
- 分子内原子间相互键连的顺序不同称为构造异构。

  例如，尿素与氰酸铵就属于构造异构现象，尿素的构造式为$CO(NH_2)_2$，而氰酸铵的构造式为NH_4OCN。

  分子内原子间相互键连的顺序相同，即构造式相同，但原子的空间排列顺序不同，称为立体异构。

同分异构有助于我们认识到分子结构在决定物质性质中的关键作用。

同分异构现象

甲烷、乙烷、丙烷和环丙烷只有一种构造，但含有4个或4个以上碳原子的烷烃和环烷烃不止一种。例如含有4个碳原子的烷烃（C_4H_{10}）有两种结构，如图1所示。

［图1］C_4H_{10}的同分异构现象

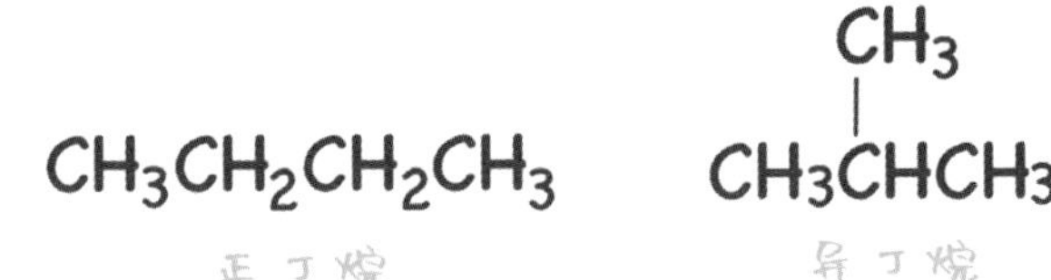

正丁烷是直链结构，异丁烷是带有支链的结构，它们拥有相同的结构式C_4H_{10}，但是它们的沸点分别为-0.5℃和-11.73℃，也就是说它们是不同的化合物。这种现象称为**同分异构现象**，正丁烷与异丁烷则互为同分异构体。

同分异构体是由于分子内原子间相互键连的顺序不同造成的，这种异构体称为构造异构体。构造异构体是碳的骨架不同引起的，所以又称为碳架异构。随着碳原子数的增加，构造异构体的数目显著增多，烷烃的构造异构体数目如表1所示。

［表1］烷烃的构造异构体数目

碳原子数	异构体数目	碳原子数	异构体数目
4	2	8	18
5	3	9	35
6	5	15	4347
7	9	20	366319

二十烷的异构体数目高达366319个，可见，同分异构现象是造成有机物数量庞大的原因。

同分异构分为两种，即构造异构体与立体异构体。构造式相同而原子的空间排列顺序不同的分子称为立体异构体。

同分异构体

环烷烃的异构比烷烃的复杂，例如环烷烃（C_5H_{10}）有5种异构体，而同碳原子数的戊烷（C_5H_{12}）只有3种异构体，如图2所示。

［图2］戊烷的构造异构体

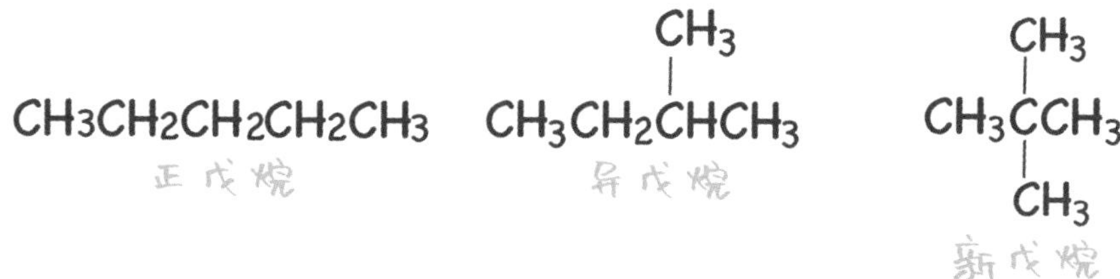

我们用“正”“异”“新”等不同的前缀来区别不同的异构体。“正”代表直链烷烃；“异”指仅在末端具有$(CH_3)_2CH$—构造而没有其他支链的烷烃；“新”指具有$(CH_3)_3$—构造的含5或6个碳原子的烷烃。

环烷烃（C_5H_{10}）的5种异构体，如图3所示。

［图3］环烷烃的构造异构体

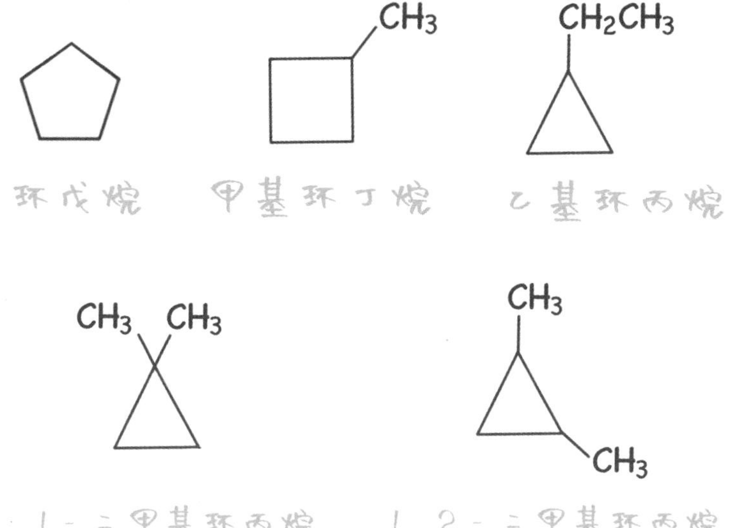

顺反异构

与烷烃不同，乙烯是平面型的，两个碳原子和四个氢原子是处于同一平面内的，并且碳碳双键不可以绕轴自由旋转。因此，当两个双键碳原子各自连有两个不同的原子或者基团时，可能产生两种不同的空间排列方式，如图4中的顺丁2烯和反丁2烯所示。

[图4] 顺丁2烯（左侧）与反丁2烯（右侧）

用球棍模型表示它们的结构能够清晰地看出它们之间的区别，如图5所示。

[图5] 顺丁2烯（左侧）与反丁2烯（右侧）球棍模型

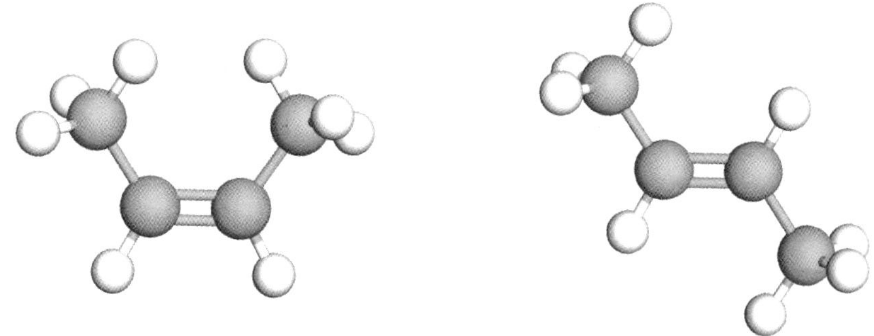

顺丁2烯与反丁2烯的分子式相同，构造也相同，但分子中原子的空间排列顺序不同，且在通常情况下不能够相互转化，因此，顺丁2烯与反丁2烯由于构型不同产生的异构体称为构型异构体，构型异构是立体异构的一种类型。而上述的两种物质通常用“顺”“反”来区别，称为顺反异构体，这种现象称为顺反异构，顺反异构也是立体异构的一种。

原理应用知多少！

异构化反应

化合物从一种异构体转变为另一种异构体的反应称为异构化反应。在适当的条件下，如在催化剂的作用或加热等的情况下，多数烷烃均可发生异构化反应，例如正丁烷在一定条件下可以转化为异丁烷，具体如下。

$$\underset{\text{正丁烷}}{CH_3CH_2CH_2CH_3} \xrightleftharpoons[95℃\sim100℃,\ 1MPa\sim2MPa]{AlCl_3-HCl} \underset{\text{异丁烷}}{CH_3\overset{\overset{\large CH_3}{|}}{C}HCH_3}$$

异构化反应是可逆的，受热力学平衡控制。

通过异构化反应可以将廉价的直链烷烃转化为更有价值的支链或环状烷烃，从而降低生产成本，提高利润率。

烷烃的异构化反应对于提高燃料质量、提高发动机性能、减少环境污染以及降低生产成本具有重要的意义，是石油化工和燃料工业中的关键技术之一。

异构对沸点的影响

在碳原子数目相同的烷烃异构体中，含支链越多的烷烃沸点也越低，例如戊烷的3个异构体的沸点大小，如图6所示。

［图6］戊烷的3个异构体的沸点大小

$$\underset{\text{正戊烷}}{CH_3CH_2CH_2CH_2CH_3} > \underset{\text{异戊烷}}{CH_3CH_2\overset{\overset{\large CH_3}{|}}{C}HCH_3} > \underset{\text{新戊烷}}{CH_3\overset{\overset{\large CH_3}{|}}{\underset{\underset{\large CH_3}{|}}{C}}CH_3}$$

沸点	36.1℃	27.9℃	9.5℃

这是因为烷烃的支链增多时，分子之间彼此不易充分靠近，使得分子之间相距较远，范德瓦耳斯力（主要是色散力）变小，分子间的吸引力减弱，沸点降低。

同素异形体和同分异构体的区别

两个氧原子可以结合成氧气分子（O_2），三个氧原子可以结合成臭氧分子（O_3）。

像这样，组成元素相同而结构不同的单质称为同素异形体。

同素异形体的重点在于单质，例如刚才提到的氧气（O_2）、臭氧（O_3），以及石墨（C）、金刚石（C）与足球烯（C_{60}，如图7所示）等都是单质。

与同分异构体一样，同素异形体的物理性质各不相同。

臭氧常温下是淡蓝色的气体，具有鱼腥味，而氧气是人体必需的气体，无色无味。

纯净的金刚石是无色透明、正八面体形状的固体，金刚石很硬，能够用来切割玻璃；而石墨是一种深灰色、有金属光泽而不透明的细鳞片状固体，石墨很软，在纸上可以留下痕迹，所以经常用作铅笔芯；足球烯是一种完全由碳组成的中空分子，形状呈球形，与足球类似，故称为“足球烯”。

同分异构体与同素异形体都展现了化学世界的丰富多样性。

[图7] **足球烯的结构**

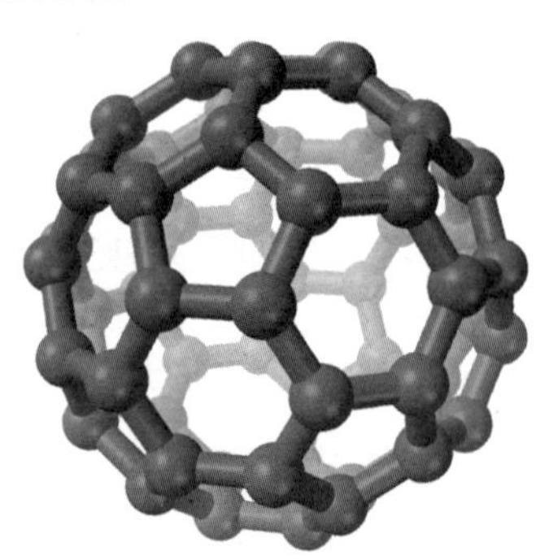

92号、95号汽油中数字的含义

在汽车行业中，辛烷值是一个至关重要的概念，它直接影响着发动机的性能和燃料的质量。无论是在普通家用车还是高性能赛车中，辛烷值都是一个不容忽视的指标。

在汽油发动机里，会发生一种“爆震”的现象。当燃料和空气的混合气进入气缸后，会先被压缩到一定比例，然后火花塞再点火。理想情况下，火焰会从火花塞开始扩散到整个气缸中，但有些时候，一部分燃料会在火焰还没传播到的时候就自发燃烧，这种自燃产生的冲击波会和正常的冲击波叠加，产生高频振动，降低输出功率并逐渐损坏气缸。

为了避免爆震，需要寻找抗爆性好的燃料。科学家发现异辛烷的抗爆性极好，而正庚烷的抗爆性则非常差，将它们混合制作标准燃料，与待测燃料比较，便可以得到燃料的防爆震性能。

辛烷值就是防爆性能的指标。汽油的辛烷值越大，抗爆性能就越好，质量越高，也就是说，发动机可以在更高的压缩比下运行而不会出现爆震问题。规定异辛烷的辛烷值为100，正庚烷的辛烷值为0，将汽油试样与异辛烷和正庚烷的混合物进行对比，抗爆性与油品相等的混合物中所含异辛烷的百分数即为该油品的辛烷值。例如80%异辛烷和20%正庚烷混合液的抗爆性就定义为80。

我们常说的92号汽油中的“92”，其实就是它的辛烷值，代表了异辛烷：正庚烷 = 92：8。可以将直链烷烃通过异构化反应变为带有支链的异烷烃，从而提高汽油的辛烷值。

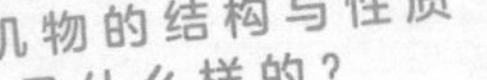

手性化合物

互为镜像又无法重合的物质，对人类社会和科学技术发展起着重要作用。

发现契机!

—— 1848年，法国科学家路易斯·巴斯德（Louis Pasteur，1822年12月27日—1895年9月28日）发现了手性化合物。

当时我在研究葡萄酒的沉渣“酒石酸”，我向酒石酸溶解后得到的液体中照入偏振光，发现通过的光的偏振方向是向右旋转的。后来我自己合成了一点酒石酸，然后又把它们溶解成液体，但是再次射入偏振光，却并没有发生偏振光方向的旋转。

—— 为什么会出现这种现象呢?

我用显微镜观察人工合成的酒石酸晶体，发现晶体的形状有两种，我就将晶体分离成两类，然后又分别向两种晶体溶解后的液体照入偏振光，如此一来，一类液体中的偏振光是向右旋转的，而另一类液体中的偏振光则是向左旋转的。将两种晶体混合后溶解成液体，然后照入偏振光，两种效果又相互抵消了，就像什么都没有发生过一样。

—— 这两种晶体的形状有什么特殊之处吗?

原本以为是同一种类的酒石酸分子，其实是由两种分子混合而成的。同时，据我观察，两种晶体的形状互为镜像，所以我推测这两种分子应该也是互为镜像的关系。

—— 后来经过人们的研究，巴斯德的推测被证明是正确的。

原理解读！

- 人的左右手互为实物与镜像，但彼此不能重合，这种特征在其他物质中也普遍存在。因此，人们将这种实物与镜像不能重合的特征称为**手性**，如下图所示。

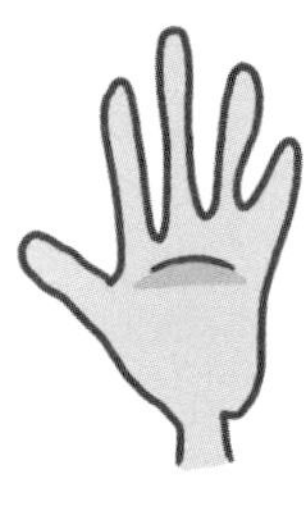

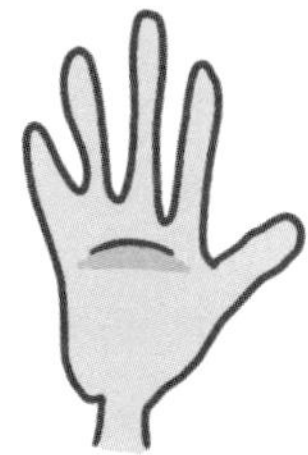

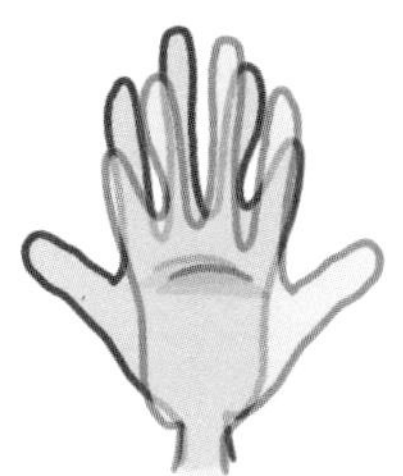

- 有些分子由于相连的原子或基团的空间排列不同，会形成两种分子结构，两种结构互为对方的镜像，无论怎样旋转都不会互相重合，也具有左、右手的特征。这类与自身的镜像不能重合的分子通常被称为**手性分子**，具有手性。
- 互为镜像且不能重合的两种分子称为**对映异构体**。
- 对映异构是同分异构现象的一种，属于立体异构。
- 手性化合物通常具有旋光性，而非手性化合物则不具有旋光性。

手性分子

化合物分子中存在一个连有4个不同原子或基团的碳原子时，这个化合物可能有两种不同的空间排列方式。

例如，2-溴丁烷分子中第二个碳原子上连有4个不同的原子或基团，它们分别是氢原子、甲基、乙基和溴原子，如图1所示。

［图1］C_2连接的4个不同基团

$$\begin{array}{c} H \\ | \\ CH_3 - C - C_2H_5 \\ | \\ Br \end{array}$$

这种结构的化合物有两种空间排列方式，如图2所示。

［图2］2-溴丁烷分子的两种空间排列方式

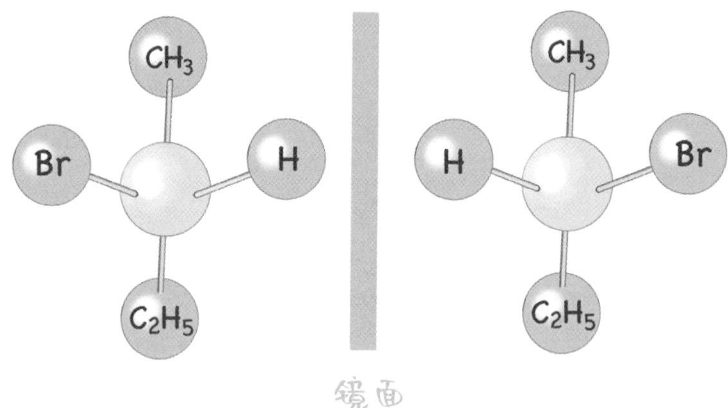

凡是不能与自身镜像重合的分子就是具有手性的分子，称为手性分子。凡是可以与自身镜像重合的分子，称为非手性分子，不具有手性。

两种分子互为镜像则称为对映异构体，简称对映体。

凡是手性分子都存在对映体。

手性分子的性质——光学活性

光是一种电磁波，它的振动方向垂直于光波前进的方向。单色光是具有某一波长的光，在单色光的光线中，光波在所有可能的平面上振动。

图3中的左图是垂直纸面并朝向我们射来的单色光的横截面，每个双箭头表示与纸面垂直的平面。图3中的右图是偏振光的横截面。

［图3］单色光与偏振光

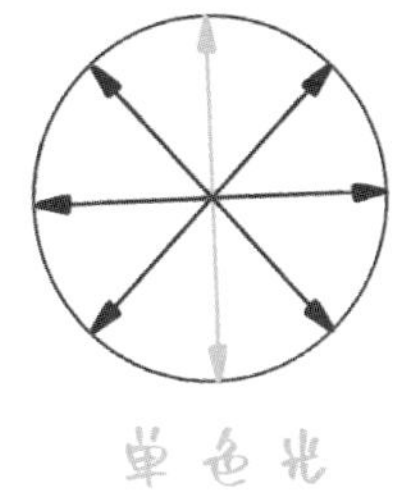

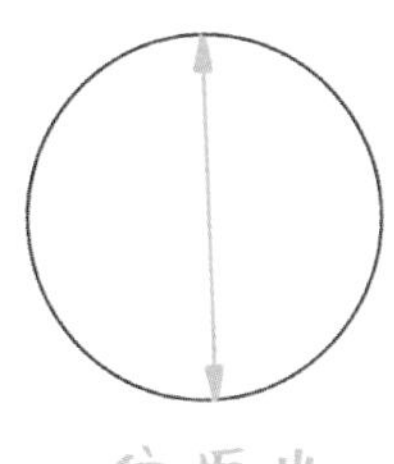

如果使单色光通过一个由方解石制成的棱镜，只有与棱镜晶轴平行的平面上振动的光线才可以透过棱镜，因此通过这种棱镜的光线就只能在一个平面上振动，这种单色光就是平面偏振光，简称**偏振光**。

当偏振光通过某些液体物质或某些物质的溶液后，需要将原来的振动平面旋转一定角度后才能够以相对最大光强度通过，即偏振光出来时将在另一个平面上振动。

这种能够使偏振光振动平面旋转的物质称为**旋光性物质**。

上页图2中的两种2-溴丁烷分子均是旋光性物质，它们之间的差别表现在对平面偏振光有不同的影响。

一种能够使偏振光右旋（迎着光线方向观察，偏振面顺时针旋转），称为右旋2-溴丁烷；另一种能够使偏振光左旋（迎着光线方向观察，偏振面逆时针旋转），称为左旋2-溴丁烷。

它们使偏振光的振动平面向左或向右的旋转能力相同，只是旋转方向不同。

在一对对映体中，凡是能够使偏振光左旋的称为左旋体，能使偏振光右旋的称为右旋体。等量的左旋体与右旋体相混合，它们对偏振光的影响会相互抵消。

手性化合物这种能够旋转平面偏振光偏振方向的性质称为光学活性。

原理应用知多少！

手性香料

随着立体化学的发展，人们发现许多手性化合物的对映体有着不同的香味，这是由于对映体空间结构不同，导致与嗅觉受体结合时会产生不同的嗅觉体验。

下面是一些常见的手性香料：

• 香叶醇（Geraniol）：香叶醇是一种用于调香的重要成分，存在两种对映体，分别具有花香和薄荷香味。

• 薄荷脑（Menthol）：薄荷脑是一种常见的手性化合物，其L-对映体（左旋）具有清凉的薄荷香味，而D-对映体（右旋）则呈现出较弱的药材味。

• 丁香酚（Eugenol）：丁香酚是丁香油的主要成分之一，具有两种对映体，分别具有辛辣的丁香香味与淡雅的丁香香味。

• 柠檬烯（Limonene）：柠檬烯是一种常见的手性化合物，其L-对映体（左旋）具有柠檬香味，而D-对映体（右旋）则具有橙香味。

• 桉叶醇（Eucalyptol）：桉叶醇是桉树油中的成分，其D-对映体（右旋）呈现出清凉的桉树香味，而L-对映体（左旋）则具有类似迷迭香的香味。

• 香茅醇（Citronellol）：香茅醇是香茅油的主要成分之一，存在两种对映体，分别具有花香和柠檬香味。

• 橙花醇（Nerol）：橙花醇是橙花油的成分之一，其D-对映体（右旋）具有花香味，而L-对映体（左旋）则呈现出较弱的柠檬香味。

• 香草醛（Vanillin）：香草醛是香草味的主要成分，虽然它本身不是手性分子，但其合成过程中可以得到手性对映体。

这些手性香料在香水、食品、化妆品等行业中被广泛应用，为产品赋予了独特的香味和风格。

沙利度胺（反应停）的故事

沙利度胺（Thalidomide）是20世纪中期研发的一种药物，最初被认为是无毒且有效的镇静剂和止吐药。然而，这个药物后来却导致了医学史上严重的药物灾难。

沙利度胺由西德制药公司在20世纪50年代末开发并上市。该药物最初作为一种镇静剂销售，用于缓解孕妇的晨吐症状。上市后，沙利度胺迅速在全球范围内推广，并因显著的效果和声称的安全性广受欢迎。

但在药物上市后的几年内，医生们注意到使用沙利度胺的孕妇生下了大量患有严重肢体畸形（如海豹肢症）的婴儿。这些婴儿的手臂和腿发育不全，有的甚至没有四肢。这种悲剧在全球范围内蔓延，估计有超过10,000名婴儿受到影响。

沙利度胺是一种手性化合物，存在两种对映异构体：R型和S型。R型具有镇静和止吐作用，而S型则具有致畸性（导致胎儿畸形）。在人体内，这两种对映异构体可以互相转化，因此即使只服用一种异构体，也可能会有致畸性。

1961年，澳大利亚医生威廉·麦克布莱德和德国医生伦茨分别独立发现并报告了沙利度胺与婴儿畸形之间的关联。这一发现引起了全球医学界的震动，各国迅速采取行动，禁止沙利度胺的销售和使用。这场灾难促使全球药品监管机构重新审视药物审批程序，尤其是对孕妇用药的安全性检测。

沙利度胺的故事揭示了手性化合物在药物设计和安全性中的重要性。沙利度胺的灾难也推动了化学家对手性化合物的深入研究，促进了对药物立体化学的重视。

苯

凯库勒

一种具有独特的稳定性和对称性的有机物，表现出了独特的化学性质。

发现契机！

——1865年，德国化学家奥古斯特·凯库勒（August Kekulé，1829年9月7日—1896年7月13日）提出了苯环的结构。

我能提出苯的环状结构是因为一个特别的梦。我当时正在研究苯的性质，但一直难以解释其独特的化学行为。有一天晚上，我做了一个梦，梦见蛇咬住了自己的尾巴，形成了一个环状结构。醒来后，我突然意识到，苯分子可能是一个环状结构，这就能解释它的对称性和稳定性了。

——这个梦真是一个非凡的灵感来源。您能详细讲讲这个发现对化学研究的意义吗?

当然。苯的环状结构提出之前，苯的许多性质无法用当时的化学理论解释，而环状结构模型提出后，成功解释了苯的等效性和稳定性问题，并且为芳香化合物的研究提供了基础。这一发现不仅帮助我们理解了苯，还开启了芳香族化合物的系统研究，极大地推动了有机化学的发展。

——非常感谢您，凯库勒先生。您的工作不仅改变了我们对化学的理解，也激励了无数科学家继续探索未知领域。

谢谢。我很高兴我的工作能对科学发展有所贡献，希望未来的科学家们能够在这个基础上取得更大的突破。

原理解读！

- 苯是由6个碳原子与6个氢原子组成的环状结构，如下图所示。

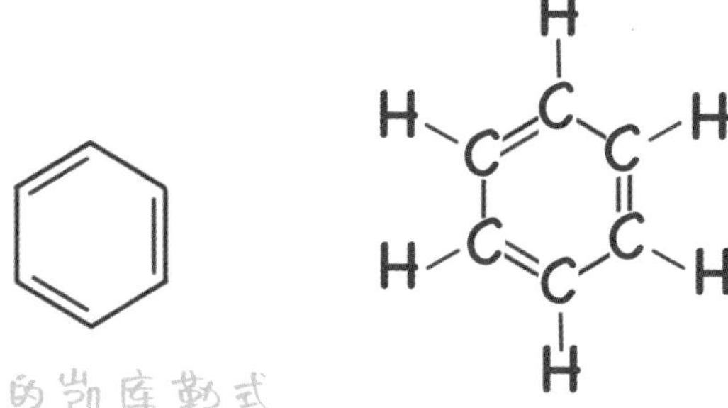

苯的凯库勒式

- 凯库勒提出苯分子是一个由6个碳原子以单、双键相互交替的方式连接的结构，因此上述结构也称为凯库勒式。
- 事实上，苯中6个碳原子的成键情况是完全相同的，所以苯的结构也可以用下图表示。

- 同烷烃一样，苯也可以进行取代反应。

含有苯环的烃类化合物称为芳香烃，苯是最基本的芳香烃，同时也是芳香烃的母体。

苯环

苯是一种无色液体，其相对密度小于1，且不溶于水，但可溶于有机溶剂，另外，苯含有一种特殊的有毒气味。

苯是一种芳香化合物，分子式为C_6H_6。苯为平面正六边形环状结构，它的6个碳原子与6个氢原子处于同一平面上，如图1所示。

虽然结构式表明苯中有3个碳碳双键，但事实上，苯中的碳碳键既不是单键也不是双键，而是介于两者之间。并且6个碳碳键是完全相同的，这是由于形成了大π键。

苯分子中的大π键就像是一个环形的“游乐园”，由碳原子的电子共享形成。这个大π键其实是碳原子之间的电子云，它们形成一个环形的云团，把整个苯分子包围在里面。这个云团不仅让苯分子看起来很稳定，还让苯分子具有一些特殊的性质，比如很难被其他物质破坏，还能和其他分子进行很特别的化学反应，如图2所示。

[图1] 苯的球棍模型图

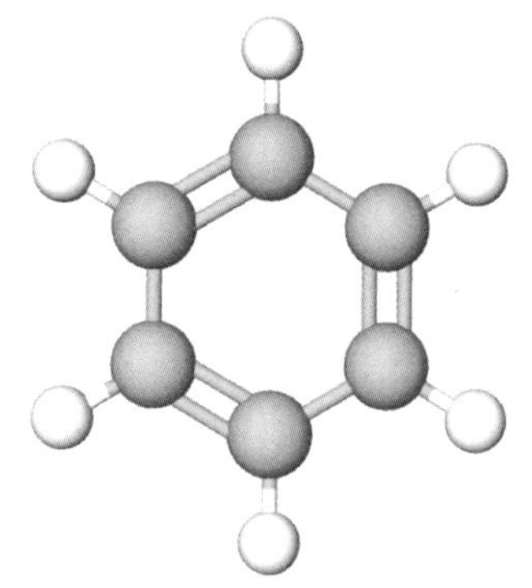

[图2] 苯的大π键

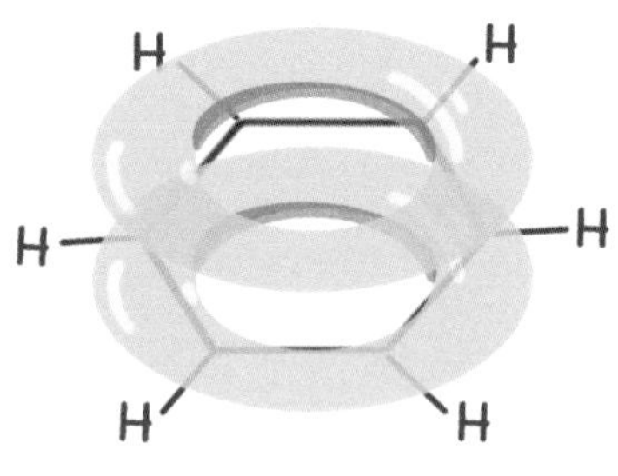

苯的取代反应

无催化剂存在时，苯与溴或氯并不发生反应。然而，在催化剂如$FeCl_3$的存在下，苯能够与卤素作用生成卤代苯，这种反应称为卤化反应。苯与氯气的反应如下。

$$C_6H_6 + Cl_2 \xrightarrow[25℃]{FeCl_3} C_6H_5Cl + HCl$$

在较强的条件下，卤苯可继续与卤素作用，生成二卤苯，具体如下（省略了产物HCl）。

$$C_6H_5Cl \xrightarrow[60\sim65℃]{Cl_2,\ FeCl_3} \text{邻-}C_6H_4Cl_2 + \text{对-}C_6H_4Cl_2$$

类似情况下，氟、溴、碘都能够与苯环发生取代反应，它们的活性次序为氟＞氯＞溴＞碘。其中氟的反应十分剧烈，碘的反应最慢，且不能进行彻底。

除了与卤素反应，苯还能够与浓硝酸和浓硫酸的混合物在50℃～60℃的环境中反应，苯环上的一个氢原子被硝基（$-NO_2$）所取代，生成硝基苯，这种反应称为硝化反应，具体如下。

$$C_6H_6 + HO{-}NO_2 \xrightarrow[加热]{浓硫酸} C_6H_5NO_2 + H_2O$$

纯净的硝基苯是一种无色液体，有苦杏仁味，不溶于水，且密度比水大。

苯的取代异构

由于苯的碳原子与氢原子分别完全相同，所以用一个取代基取代苯的一个氢原子，只能够得到一种物质（即没有异构现象）；当用两个取代基分别取代苯上的氢原子时，根据取代基在环上的相对位次不同，有三种异构体，用两个甲基（$-CH_3$）取代苯所得到的三种物质如图3所示。

[图3] 三种苯的二甲基取代物

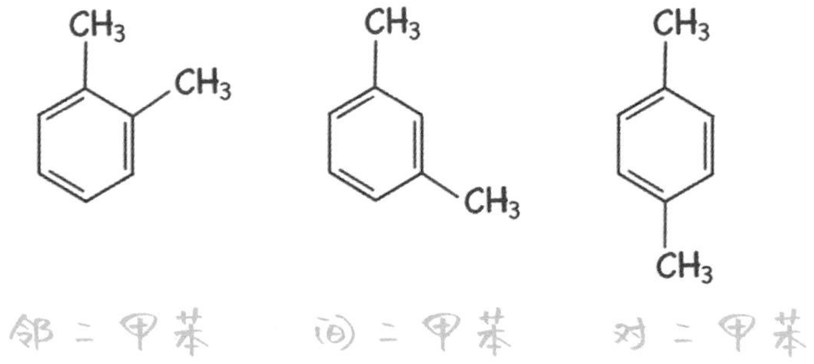

CH_3　CH_3　CH_3　CH_3　CH_3　CH_3

邻二甲苯　间二甲苯　对二甲苯

两个取代基位于苯环碳原子的相邻位置称为邻位，位于苯环碳原子的对称位置称为对位，位于苯环碳原子的间隔位置称为间位。

稠环芳烃

分子中含有两个或者多个苯环，并且彼此间通过共用两个相邻碳原子稠合而成的芳烃称为稠环芳烃。

两个苯环连在一起称为萘，三个苯环连成一条直线称为蒽，它们的结构如图4所示。

[图4] 萘和蒽的结构

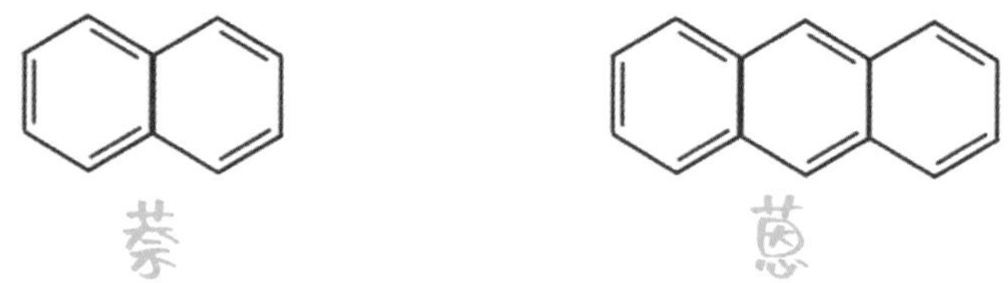

萘（$C_{10}H_8$）是一种光亮的片状晶体，有特殊气味，并且易升华，不溶于水，但易溶于有机溶剂。萘的化学性质与苯相似，能够发生卤化、硝化反应，可用于生产农药、染料、增塑剂等。

蒽（$C_{14}H_{10}$）是一种白色至浅黄色的固体，具有独特的芳香气味。蒽类化合物具有抗癌和抗菌活性，因此被广泛用于药物研究和医药制备中。例如，蒽醌类化合物被用作治疗白血病和其他癌症。

原理应用知多少！

工业生产环己烷

环己烷是重要的化合物，是一种无色、易挥发的液体，在工业上被广泛用作有机溶剂、原料以及反应介质。

工业上生产环己烷主要是用苯加氢法。

苯加氢法就是在催化剂的作用下，使苯与氢气发生加成反应，生成环己烷，反应如下。

$$+\ 3H_2 \xrightarrow{\text{催化剂}}$$

环己烷

利用苯加氢法能够得到纯度高于99%的环己烷。

TNT炸弹

甲苯与浓硝酸和浓硫酸的混合物在加热条件下可以发生取代反应，生成一硝基取代物、二硝基取代物和三硝基取代物，其中生成三硝基取代物的反应如下。

$$CH_3 \quad +\ 3HO\text{—}NO_2 \xrightarrow[\text{加热}]{\text{浓硫酸}} O_2N\text{—} \quad CH_3 \quad \text{—}NO_2 \quad NO_2 \ +\ 3H_2O$$

TNT

反应的一种生成物叫作三硝基甲苯（TNT），它是甲苯的硝化产物，是一种无色至浅黄色的结晶固体，具有强烈的爆炸性。由于其稳定性，被广泛用作炸药。

被禁用的农药“六六六”

1825年，英国科学家法拉第利用苯和氯气在日光照射下的反应首次将“六六六”合成，得到了固体粉末。“六六六”因分子式中的C、H、Cl都是6个而得名。在紫外线的照射下，苯与氯气生成六氯化苯（$C_6H_6Cl_6$），反应如下。

$$C_6H_6 + 3Cl_2 \longrightarrow C_6H_6Cl_6$$

1935年，本德尔（Bender）发现“六六六”具有杀毒作用，于是随后在全世界范围内，“六六六”被用来防治卫生害虫和农作物虫害。

由于“六六六”的生产成本低、生产工艺简单，所以在世界范围内被广泛使用，也一度成为我国生产量最大的杀虫剂。

但由于“六六六”在土壤中和水体中分布较广，它能通过空气、水、土壤等潜入农作物，继而通过食物链或空气进入人体。“六六六”在人体中会积累，其慢性毒性会对人体造成伤害。同时，药物的大量使用使许多害虫产生了抵抗力，所以在20世纪70年代，各个国家开始相继禁用“六六六”。

“六六六”的高稳定性使它能够强效地杀虫，但高稳定性也是一把双刃剑，使它一直残留在生物体内，最后流向人体，不仅对环境造成了污染，也危害了人类的健康。

目前，人类使用的杀虫剂以拟除虫菊酯为代表，随着科技的进步，人类肯定能够开发出更有效、更绿色的农药。

烯烃与炔烃

一类不饱和的烃，是合成塑料、橡胶和各种化学品的重要原料。

发现契机！

——1669年，德国化学家约翰·约阿希姆·贝歇尔（Johann Joachim Becher，1635年5月—1682年10月）制备出了乙烯，被认为是现代第一个发现乙烯的人。

乙烯的发现源于我对气体的广泛研究，我一直对不同类型的气体及其性质非常着迷。我在实验室中通过加热乙醇和浓硫酸的混合物，意外地生成了一种气体，即乙烯。

——您能详细讲解一下您具体是如何生成乙烯的吗?

在实验中，我将乙醇和浓硫酸混合加热，这个过程叫作脱水反应。乙醇中的氢和氧被硫酸吸收生成水，而剩下的碳氢化合物就是乙烯。我在《地下物理》一书中提到了这种气体，但是当时我对它的性质还不是很了解。

——1795年，四位荷兰化学家进行了许多实验来了解乙烯的物理和化学性质。他们发现它具有高度的可燃性，在空气中燃烧时会产生明亮的火焰，但是这种气体跟氢气不同，是一种碳氢化合物。此外，他们发现乙烯能与氯气结合，生成二氯乙烷。

真好啊，不断研究并不断发现，这就是科学的意义。

原理解读！

- 分子中含有一个碳碳双键的烃称为烯烃，烯烃的官能团是碳碳双键。
- 乙烯是最简单的烯烃，分子式是C_2H_4，这是一种平面结构，相邻两个键的夹角为120°，如下图所示。

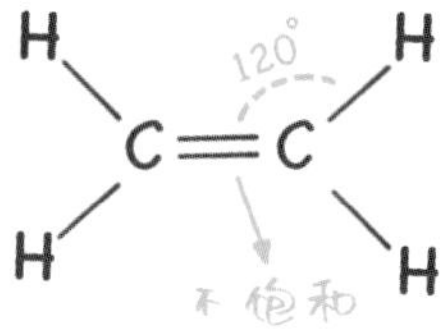

- 乙烯的氢原子数少于乙烷分子中的氢原子，碳原子价键没有被氢原子“饱和”。
- 含有一个碳碳三键的烃称为炔烃，炔烃的官能团是碳碳三键。
- 乙炔是最简单的炔烃，乙炔的分子式为C_2H_2，其分子呈直线型结构，相邻两个键的夹角为180°，并且乙炔也是不饱和烃。如下图所示。

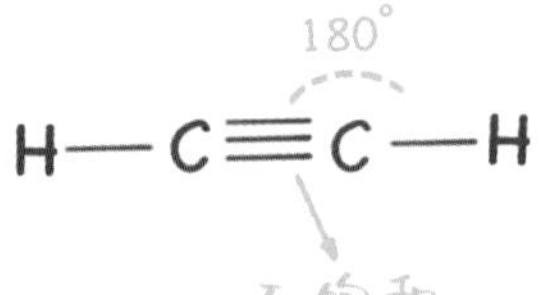

乙烯和乙炔具有较高的反应活性，广泛应用于有机合成。

烯烃

分子中含有一个碳碳双键的烃称为烯烃，碳碳双键是烯烃的官能团，烯烃属于不饱和烃。

烯烃包括链状烯烃与环状烯烃，通式分别为C_nH_{2n}与C_nH_{2n-2}。

最简单的链状烯烃是乙烯，最简单的环烯烃为环丙烯，如图1所示。

［图1］乙烯（左）与环丙烯（右）

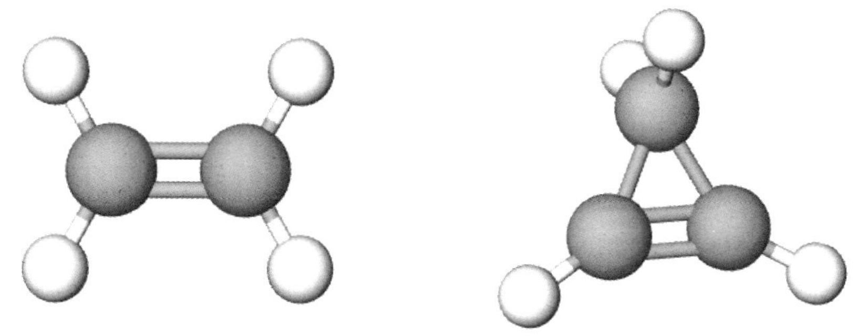

烯烃的沸点随着分子中碳原子数的递增而逐渐升高，在常温常压下，C_2到C_4的烯烃是气体，从C_5开始为液体。烯烃难溶于水，而易溶于非极性或弱极性的有机溶剂，如石油醚、乙醚、四氯化碳和苯等。

加成反应

在烯烃分子中，碳碳双键中的一条键容易断裂，它会分别与试剂的两部分结合并形成两个较强的键，从而生成加成产物。这就是加成反应，是烯烃重要的反应。如图2所示。

［图2］加成反应

$$\rangle C{=}C\langle \; + \; X{-}Y \longrightarrow -\underset{X}{\overset{|}{\underset{|}{C}}}{=}\underset{Y}{\overset{|}{\underset{|}{C}}}-$$

断裂

将乙烯通入盛有溴的四氯化碳溶液中，能观察到溴的四氯化碳溶液褪色了，说明乙烯与溴发生了反应。

反应中，乙烯双键中的一个键断裂，两个溴原子分别加在两个价键不饱和的碳原子上，生成无色的1，2-二溴乙烷液体，反应如下。

$$\mathrm{H_2C{=}CH_2} + \mathrm{Br{-}Br} \longrightarrow \mathrm{H{-}C(H)(Br){=}C(H)(Br){-}H}$$

1，2-二溴乙烷

氯也能发生上述加成反应，且比溴更加活泼。卤素的活性顺序为氟＞氯＞溴＞碘，氟的加成过于剧烈而难以控制，碘的加成反应比较困难。因此，只有氯与溴的加成反应具有实际意义。

在适当催化剂的存在下，烯烃能够与氢气进行加成反应，生成相应的烷烃，这种反应称为催化氢化反应，反应如下。

$$\mathrm{H_2C{=}CH_2} + \mathrm{H{-}H} \xrightarrow[\text{加热}]{\text{催化剂}} \mathrm{CH_3{-}CH_3}$$

另外，在酸的催化下，活泼的烯烃可以与水进行加成反应，生成醇，反应如下。

$$\mathrm{H_2C{=}CH_2} + \mathrm{H{-}OH} \xrightarrow[\text{加热、加压}]{\text{催化剂}} \mathrm{CH_3{-}CH_2{-}OH}$$

乙醇

这种方法是工业生产乙醇的一种方法，称为直接水合法。

炔烃

含有一个碳碳三键的烃称为炔烃，碳碳三键为炔烃的官能团，同烯烃一样，炔烃也是一种不饱和烃。

炔烃包括链状炔烃和环状炔烃，通式为C_nH_{2n-2}与C_nH_{2n-4}。

最简单的链状炔烃为乙炔，乙炔的结构如图3所示。

［图3］乙炔

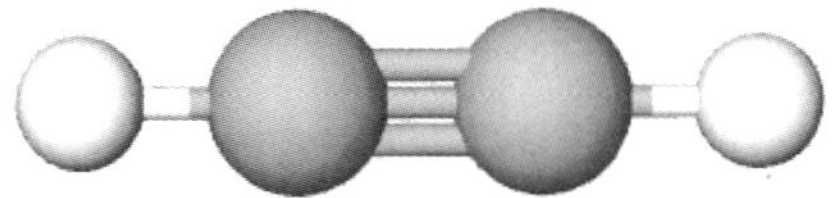

同乙烯一样，乙炔也能够发生加成反应，例如乙炔与溴能发生加成反应生成1，2-二溴乙烯，剩余的溴能够进一步与1，2-二溴乙烯发生加成反应生成四溴乙烷。反应如下。

H—C≡C—H + Br—Br ⟶ H—C=C—H

Br Br

1，2-二溴乙烯

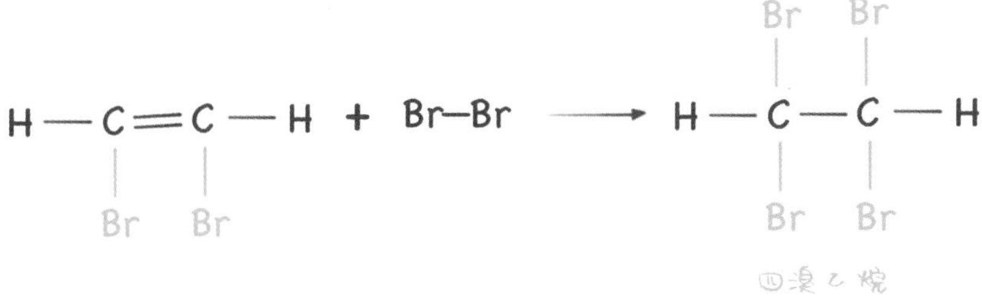

炔烃与卤素反应的速率较烯烃慢，如果分子中既有双键又有叁键，那么在较低温度下与溴、氯反应时，则首先会与双键发生加成反应。

原理应用知多少！

石化工业之母—— 乙烯

乙烯被誉为“石化工业之母”，是合成纤维、合成橡胶、合成塑料（聚乙烯及聚氯乙烯）、合成乙醇（酒精）的基本化工原料，也用于制造氯乙烯、苯乙烯、环氧乙烷、醋酸、乙醛、乙醇等。

烯烃作为经济和生产社会的重要原料之一，其影响广泛，特别是在高分子材料和精细化工领域，乙烯、丙烯的上游产能直接决定了下游化工品的产能，并在多方面影响着我们的生活。乙烯是最重要的石油化学衍生单体之一，具有最大的烯烃市场，其作为原料制备的化工产品及用途如表1所示。

［表1］乙烯作为原料制备的化工产品及其用途

化学试剂	用途
乙二醇	生产聚酯纤维（涤纶）、防冻剂、润滑剂、增塑剂
环氧乙烷	生产杀菌剂（应用于医院消毒）和洗衣粉、清洁剂等各种洗涤剂
苯乙烯	制备涂料和油墨、合成药物和香精成分、用作光学组件、用作LED封装材料
醋酸乙烯	制造染料、涂料、胶水、杀虫剂、果蔬保鲜剂、食品添加剂和合成阿司匹林药物
α-烯烃	合成一系列工业用化学品，如有机溶剂、表面活性剂、油田化学品等。
聚乙烯	制造垃圾袋、保鲜膜、塑料瓶、外墙保温板、空调管道、医用手套、仪表板等
聚氯乙烯	制造建筑门窗、塑料瓶、包装、银行卡和会员卡、地板、标牌、留声机唱片等
乙烯-醋酸乙烯共聚物	应用于光伏胶膜、发泡材料、热熔胶、涂覆、电缆料、农膜等领域

苹果“坏一个，烂一筐”的秘密

将熟苹果与香蕉放一起催熟，香蕉、苹果“坏一个，烂一筐”，以及购买的水果会用纸或泡沫网包着，这几个事情看似毫无联系，实则背后隐藏着一只看不见的手——乙烯。

尚未成熟的水果是“青涩”的，一般硬而不甜。“青”来源于水果中的叶绿素，“涩”来自水果中的单宁，而“硬”主要是果胶的功能，“不甜”则是因为淀粉还没有转化成糖。

等到水果应该成熟的时候，植物中就会产生乙烯。乙烯就像是一种“信号”，它一出现，水果中的各部分就像听到进攻的号角，开始了夺取成熟的战斗。

在这场通往成熟的战役中，有的酶会分解叶绿素，产生新的色素，于是绿色消失，而红、黄等代表着成熟的颜色出现；一些酶分解了酸，使水果不再那么酸；淀粉酶把淀粉水解成糖而产生甜味；果胶酶的到来则分解掉了一些果胶，从而让水果变软；还有一些酶分解了水果中的特定化合物而释放出某些气体，于是不同的水果就有了不同的香味。

如果一个水果坏掉了，它分泌的乙烯会大大增加，周围的水果受到乙烯的影响，会纷纷启动成熟机制，导致水果提前成熟，慢慢地，水果就会全部坏掉。

我们在购买水果时，经常看到一些水果用纸或泡沫网包着，这可不只是为了好看，还因为水果的“受伤”也会刺激乙烯的分泌。在运输过程中，水果之间难免会发生摩擦，虽然只是“小伤”，但也会使它们产生更多的乙烯，导致加速成熟和腐烂，而成熟变软又会增加“受伤”的概率，所以才给它们穿上华丽的“外衣”。

马氏规则

能够预测烯烃加成反应产物的形成位置，推动了有机合成领域的发展。

发现契机！

——1870年，俄国化学家马尔科夫尼科夫（Markovnikov，1837年12月22日—1904年2月11日）提出了马尔科夫尼科夫规则（Markovnikov's rule），简称马氏规则。

马氏规则的提出源于对烯烃加成反应机理的探索。我注意到，在烯烃与卤素类试剂发生加成反应时，取代基倾向于添加在烯烃双键的碳原子上，从而形成最稳定的产物。这一规则的基本原理基于对反应过程中产生碳正离子的稳定性的考量。

——这一规则的提出对有机化学的发展产生了重要影响。您认为这一规则在有机合成中的应用有哪些重要意义？

通过遵循这一规则，有机化学家能够预测加成反应产物的形成位置，从而合成目标化合物。这种可预测性大大简化了有机合成的设计和实施过程，提高了合成的效率和产率。

——非常感谢您，虽然您提出的这个规则在当时并没有获得大部分学者的承认，但现在，该理论已经被承认在大多数情况下适用了。您提出的规则也为有机合成领域的发展提供了重要的理论基础。

非常感谢，希望我提出的规则能够继续为有机化学的发展贡献力量。

原理解读！

- 在加成反应中，质子首先从HX转移到烯烃上产生碳正离子中间体，后者很快与卤负离子结合生成产物，这种反应称为亲电加成反应。
- 对称烯烃与卤化氢发生亲电加成反应会生成相应的卤化物，并且产物是单一的。
- 不对称烯烃与卤化氢发生加成反应时，能够生成两种及以上的产物。

  例如丙烯与卤化氢发生加成反应，可能生成两种产物，如下图所示。

$$CH_3CH{=}CH_2 \xrightarrow{H-Cl} \underset{1}{CH_3\overset{\overset{\displaystyle Cl}{|}}{C}H-CH_3} + \underset{2}{CH_3CH_2-\overset{\overset{\displaystyle Cl}{|}}{C}H_2}$$

  该反应是生成1还是生成2，可以通过马氏规则来预测。

- 马氏规则：不对称烯烃与卤化氢进行加成反应时，氢原子倾向于加到含氢较多的双键碳原子上，卤原子则倾向于加到含氢较少的或不含氢的双键碳原子上。
- 马氏规则的本质就是优先生成比较稳定的碳正离子中间体。

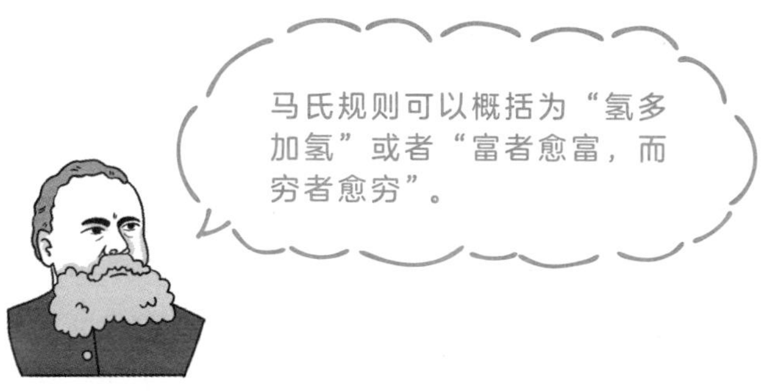

加成反应的机理

在加成反应中，质子首先从卤化氢HX转移到烯烃上进行亲电加成，产生碳正离子中间体，后者很快与卤负离子结合，生成卤代烷。其中，碳正离子中间体的生成步骤通常是整个反应的速度控制步骤，决定了整个反应的速率。加成反应机理如图1所示。

［图1］加成反应机理

$$>C=C< \xrightarrow{H-X} -\underset{H}{\underset{|}{\overset{|}{C}}}=\overset{+}{C} + X^- \longrightarrow -\underset{H}{\underset{|}{\overset{|}{C}}}=\underset{X}{\underset{|}{\overset{|}{C}}}-$$

这种加成反应称为亲电加成。

碳正离子是亲电加成反应的关键中间体，其结构与稳定性对于判断反应的难易程度以及反应的取向至关重要。

马氏规则的本质

马氏规则可以用反应过程中生成的活性物质中间体的稳定性来解释，加成反应的速率和方向往往取决于活化能的高低。活性中间体越稳定，相应的过渡态所需要的活化能越低，则越容易生成。例如，丙烯和卤化氢加成，第一步反应产生的碳正离子中间体有两种可能，如图2所示。

［图2］两种碳正中间体

$$CH_3CH=CH_2 \xrightarrow{H-X} \underset{1}{CH_3\overset{+}{C}H-CH_3} + \underset{2}{CH_3CH_2-\overset{+}{C}H_2}$$

由于碳正离子中间体1比碳正离子中间体2稳定，所需要的活化能较低，因此碳正离子中间体1比2更容易生成，反应速率也相应较大，如图3所示。

[图3] **活性中间体的相对稳定性**

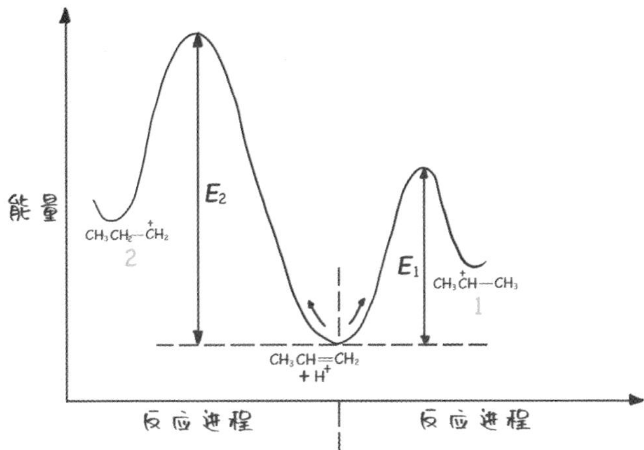

由图3可以看出，中间体1比中间体2的能量更低更稳定，反应所需的活化能E_1小于E_2，反应优先生成中间体1，因此向右的反应优先进行。

因此，马氏规则的实质是优先生成比较稳定的碳正离子中间体。

反马氏规则

马氏规则对不对称烯烃的加成规则的应用范围很广，可以预测许多烯烃加成反应的主要产物，但也有例外，例如3－甲基－1－丁烯和氯化氢的反应能够生成两种产物，如图4所示。

[图4] **3－甲基－1－丁烯和氯化氢反应生成的两种产物**

$$CH_3-\underset{CH_3}{\overset{H}{C}}-CH=CH_2 \xrightarrow{HCl} CH_3-\underset{CH_3}{\overset{H}{C}}-\underset{Cl}{CH}-CH_3 + CH_3-\underset{CH_3}{\overset{Cl}{C}}-\underset{H}{CH}-CH_2$$

40% 产物1　　　　60% 产物2

产物1是按照马氏规则的预测产物，产物2是反马氏规则的产物，并且产物2为主要产物，这违反了马氏规则。

这也跟碳正离子中间体的稳定性有关。碳正离子中间体的稳定性大小如下：

叔碳正离子＞仲碳正离子＞伯碳正离子＞CH_3^+

仲碳正离子能够重排成更稳定的叔碳正离子，再与Cl^-结合，就形成了产物2（重排产物），这种产物为该反应的主要产物。重排过程如图5所示。

［图5］重排过程

$$CH_3-\underset{CH_3}{\overset{H}{C}}-CH=CH_2 \xrightarrow{HCl} CH_3-\underset{CH_3}{\overset{H}{C}}-\overset{+}{C}H-CH_3 \xrightarrow{重排} CH_3-\underset{CH_3}{\overset{+}{C}}-\overset{H}{C}H-CH_3$$

Cl^- ↓　　　　Cl^- ↓

$$CH_3-\underset{CH_3}{\overset{H}{C}}-\underset{Cl}{CH}-CH_3 \qquad CH_3-\underset{CH_3}{\overset{Cl}{C}}-CH-\underset{H}{CH_2}$$

40% 产物1　　　　60% 产物2

原理应用知多少！

小环环烷烃的开环加成

小环环烷烃容易发生开环（加成）反应，例如催化加氢、加卤素等。当不对称小环环烷烃与不对称试剂（HX）发生反应时，开环的位置在连接氢原子最多和连接氢原子最少的两个成环碳原子中间，氢总是加到含氢较多的碳原子上，而卤原子则加到含氢原子较少的成环碳原子上。此规则与烯烃反应中的马氏规则相似。如图6所示。

［图6］小环环烷烃的加成

$$CH_3-\underset{\backslash\ \ /}{CH-CH_2} + HBr \longrightarrow CH_3-\underset{Br}{CH}-CH_2-\underset{H}{CH_2}$$
（环中 CH 与 CH_2 之间的键：断裂）

马尔科夫尼科夫与门捷列夫的友谊

马尔科夫尼科夫和著名的化学家德米特里·门捷列夫是同一时代的人，他们不仅是同事，更是朋友。两人在化学研究上有过许多的交流和合作。

一次，马尔科夫尼科夫和门捷列夫一起旅行，途中他们讨论了各种化学问题，特别是元素周期表的排列。门捷列夫正在完善他的周期表，而马尔科夫尼科夫则对有机化学反应的机制充满兴趣。然后他们遇到了一位农民，这位农民带着几瓶自制的酒，热情地邀请他们品尝。门捷列夫作为一位喜欢实验的化学家，决定分析一下酒的成分。他拿出随身携带的小试剂盒，开始了简易的化学分析，而马尔科夫尼科夫则在一旁饶有兴趣地观看。

分析结束后，门捷列夫发现这位农民的自制酒居然含有一些未发酵完全的糖分和少量的醇类。于是他开玩笑地对农民说："你这酒还需要再发酵一段时间，味道会更好！"农民听后哈哈大笑，邀请两位化学家回家继续品尝其他美食。

这次旅程不仅加深了马尔科夫尼科夫和门捷列夫的友谊，也让他们在轻松愉快的氛围中交流了科学思想。两人的合作和友谊对当时的化学研究产生了深远影响。

科尔贝

羧酸

广泛存在于自然界和工业中的一种有机物。

发现契机！

—— 1843年至1845年间，德国科学家赫尔曼·科尔贝（Hermann Kolbe，1818年9月27日—1884年11月25日）用二硫化碳合成了乙酸，这是一种简单羧酸。

我最初是从电解氰酸钾入手的，通过电解生成氰酸钾，然后再将其转化为乙酸。这一过程涉及多个步骤，包括生成二硫化碳、三硫化碳，然后用氯气处理得到三氯甲烷，最终在高温高压下水解生成乙酸。这个过程证明了通过一系列的化学反应，可以从无机化合物合成有机物。

—— 您的工作对有机化学的发展有何重要意义？

虽然维勒已于1828年成功合成了尿素，但直到19世纪40年代，许多化学家仍相信有机化合物只能是生物经“活力”合成得到。经过我这次的有机合成，再一次打破了“活力论”的概念，激励了后来的化学家探索更多复杂的有机合成路径。

—— 您的这一成就展示了有机化学的无限可能性，为后来的研究提供了宝贵的方法论。随后，更多复杂有机分子的合成得以实现，包括药物、染料和材料等。

谢谢。我也希望未来的化学家们能够继续探索未知，推动科学的进步。

原理解读！

- 含有羧基（—COOH）官能团的化合物称为羧酸。
- 最简单的羧酸为甲酸（HCOOH），甲酸分子的最稳定构象具有平面结构，键角接近120°，如下图所示。

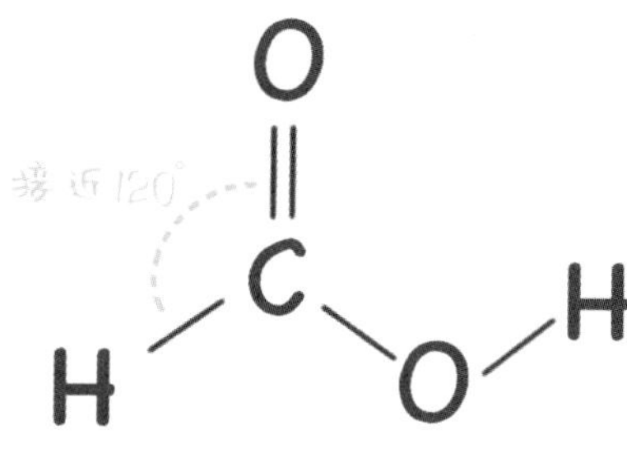

- 除甲酸外，羧酸可以看成是烃的羧基衍生物。
- 羧酸是一种弱酸，具有酸的性质，能够与碱发生反应。
- 羧酸和醇在催化剂的作用下可以发生酯化反应，生成酯与水，如下图所示。

$$-\overset{\overset{\displaystyle O}{\|}}{C}-O-H + H-O- \rightleftharpoons -\overset{\overset{\displaystyle O}{\|}}{C}-O- + H_2O$$

羧酸　　　　醇　　　　　　酯

事实上，醋酸就是一种羧酸，也称为乙酸。

羧酸的物理性质

常温常压下，C_1～C_9的直链羧酸为液体，C_{10}以上的羧酸为固体。甲酸、乙酸和丙酸有刺激性气味，丁酸至壬酸有腐败气味，固体羧酸通常无气味。部分羧酸的物理性质如表1所示。

［表1］部分羧酸的物理性质

名称	熔点/℃	沸点/℃	溶解度/g
甲酸	8.4	100.7	∞
乙酸	16.6	117.9	∞
丙酸	−20.8	141.1	∞
正丁酸	−4.5	165.6	∞
正戊酸	−34.5	185～187	4.97
正己酸	−2～−1.5	205	0.968

羧酸是极性分子，能够与水形成氢键，因此甲酸至丁酸可以与水互溶。随着相对分子质量的增加，羧酸在水中的溶解度逐渐减小，癸酸以上的羧酸不溶于水。

羧酸的沸点比相对分子质量相同的醇高。例如，甲酸的沸点是100.7℃，而相对分子质量相同的乙醇的沸点只有78.5℃。这是因为羧酸分子间能够形成两个氢键并生成稳定缔合体，如图1所示。

［图1］羧酸形成的氢键

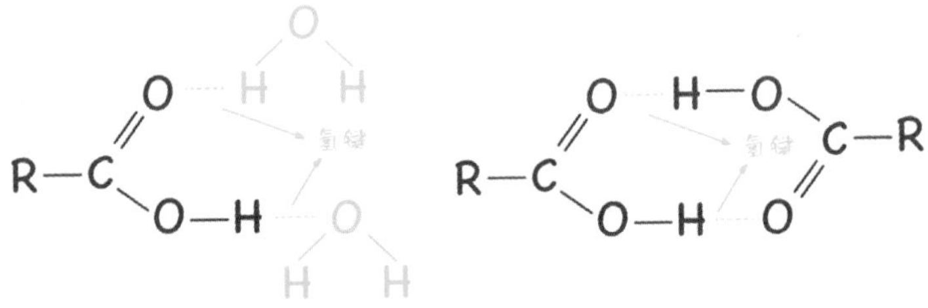

根据测定，低级羧酸甚至在气态下还可以保持双分子缔合。

羧酸的化学性质

羧酸的化学性质主要取决于羧基官能团。当羧酸发生化学反应时，羧基结构中图2的两个部位的化学键容易断裂。

［图2］羧基易断键部分

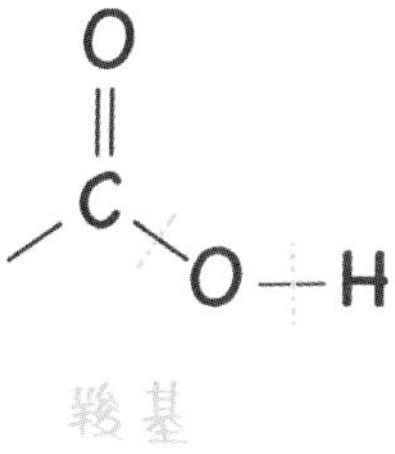

羧基

当O—H键断裂时，会解离出H^+，使羧酸表现出酸性；当C—O键断裂时，—OH可以被其他基团取代，生成酯、酰胺等羧酸衍生物。

羧酸具有明显的酸性，能够与氢氧化钠、碳酸钠以及碳酸氢钠作用生成羧酸钠。方程式为：

$$RCOOH + NaOH \longrightarrow RCOONa + H_2O$$

羧酸是弱酸，但比碳酸的酸性强。

羧酸的另一个重要反应为酯化反应，羧酸和醇在催化剂的作用下可以发生酯化反应，生成酯与水。

例如乙酸与乙醇在浓硫酸的催化和加热的条件下反应，生成乙酸乙酯，具体如下。

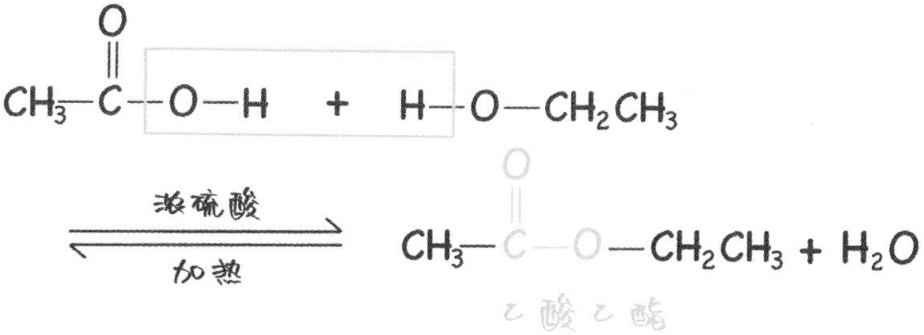

$$CH_3-\overset{\overset{\displaystyle O}{\|}}{C}-O-H + H-O-CH_2CH_3 \underset{加热}{\overset{浓硫酸}{\rightleftharpoons}} CH_3-\overset{\overset{\displaystyle O}{\|}}{C}-O-CH_2CH_3 + H_2O$$

乙酸乙酯

在酯化反应中，乙酸中羧基的羟基与乙醇中羟基的氢原子结合生成水，其余部分结合成酯。

原理应用知多少！

护肤品中的酸——果酸与水杨酸

化学换肤术，俗称“刷酸”，在我国皮肤病的治疗和皮肤美容中占重要地位，在痤疮、玫瑰痤疮、黑变病、黄褐斑等多种皮肤问题的治疗中表现出了独特的优势。酸的类型主要分为两种，即果酸和水杨酸。

果酸（AHA）是从水果及乳制品中提炼而来的，如苹果（苹果酸）、葡萄（酒石酸）、柠檬（柠檬酸）、苦杏仁（杏仁酸，结构如图3的左图所示）、甘蔗（甘醇酸）、酸牛奶（乳酸）等，果酸具有较强的水溶性（杏仁酸除外，杏仁酸有较强的脂溶性）。

低浓度的果酸能降低角质层细胞之间的连接，加速细胞角质层脱落，减轻痘痘、粉刺情况，还能提高皮肤含水量，消除细小皱纹。而高浓度（50%以上）的果酸能促进表皮松解。水杨酸（BHA，结构如图3的右图所示）是一种从柳树皮中提取的有机酸，由于水杨酸中具有苯环结构，所以其脂溶性较强。

［图3］杏仁酸与水杨酸

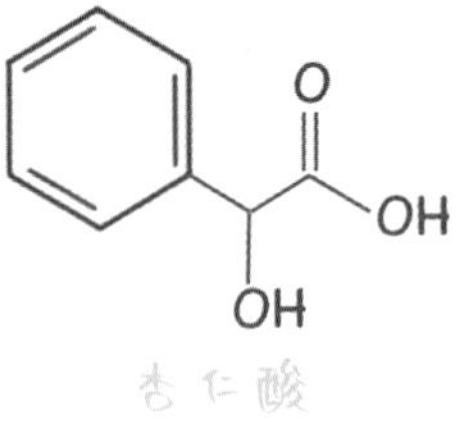

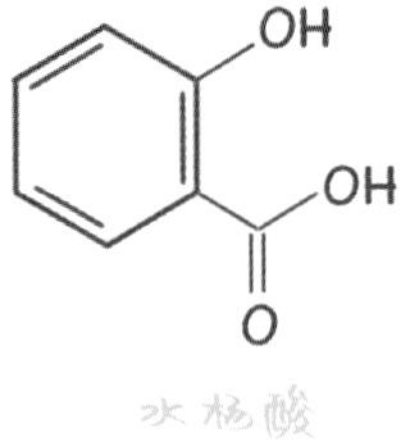

杏仁酸　　　　水杨酸

水杨酸的主要功效是深入毛孔，去除毛孔内的污垢和油脂，减少黑头和粉刺的生成，以达到“改善痘痘问题”的作用。同时，水杨酸对黑色素合成的关键酶酪氨酸酶有抑制作用，能起到美白淡斑的作用。除此之外，水杨酸还可使皮肤中的厌氧菌接触到氧气或二氧化碳后无法继续繁殖，从而起到抑菌消炎的作用。水杨酸的作用比较强烈，适合油性皮肤和痘痘肌使用，而对于敏感皮肤来说可能会引起刺激和过敏。

水果香气的奥秘

当咬开一个多汁的苹果，剥开一只甜美的香蕉，或者切开一颗芳香的菠萝时，你可能会被它们扑鼻的香气所吸引。但这些诱人的香气来自何处呢？答案就在一种叫作“酯”的化合物中。

酯是一类有机化合物，通常由酸和醇通过酯化反应生成。酯的化学结构决定了它能够挥发并散发出香气，这些香气通常是令人愉悦的果香味。

在自然界中，水果产生的香气是复杂混合物的结果，包含了各种各样的化学成分，其中酯是最重要的组成部分之一。例如：

乙酸乙酯：常见于苹果和草莓，散发出甜美的果香。

乙酸异戊酯：主要存在于香蕉中，给人一种熟透香蕉的香甜气味。

乙酸丁酯：存在于菠萝中，赋予菠萝独特的热带水果香气。

这些酯类化合物不仅赋予水果特有的香味，还在吸引动物传播种子、促进授粉等生态过程中发挥着重要作用。

酯类化合物在水果成熟的过程中形成。在这个过程中，内部的酶开始将糖分解成简单的醇类化合物，同时有机酸也在酶的作用下生成。然后，这些有机酸和醇发生酯化反应，形成各种酯类化合物。

科学家们也能够通过化学方法合成这些酯类化合物，并用于食品工业、香料制造和化妆品等领域。例如，许多糖果、饮料和香水中就添加了人工合成的酯，以模仿天然水果的香气。

格氏试剂

有机合成的“魔法棒”，在有机合成和有机金属化学中有重要用途。

发现契机！

—— 1901年，法国化学家维克多·格林尼亚（Victor Grignard，1871年5月6日—1935年12月13日）发现了格氏试剂。

格氏试剂是一类有机镁化合物，通常通过卤代烃和镁在无水乙醚中反应制备。格氏试剂是极强的亲核试剂，能够与多种化合物反应，形成新的碳-碳键。

—— 能否请您讲述一下您是如何发现格氏试剂的？

在1900年，我正在研究卤代烃与金属镁之间的反应。当时，我尝试将卤代烃和镁在无水乙醚中混合，意外地发现反应生成了一种新的化合物。这种化合物在与其他有机化合物反应时展现出了非常活跃的化学性质，我逐步意识到，我们可以利用这种反应来构建新的碳-碳键。这就是后来被称为格氏试剂的化合物。

—— 这是一个伟大的突破。您认为格氏试剂的发现对有机化学领域产生了哪些重要影响？

格氏试剂的发现使得我们能够更高效地进行有机合成，特别是在构建复杂分子结构方面。通过格氏反应，我们可以在温和条件下实现羰基化合物和卤代烃的反应，生成醇类化合物。这种方法不仅简化了合成过程，还提高了反应的效率和选择性。

原理解读！

- 格氏试剂，又称格林尼亚试剂，指烃基卤化镁，如下图所示。

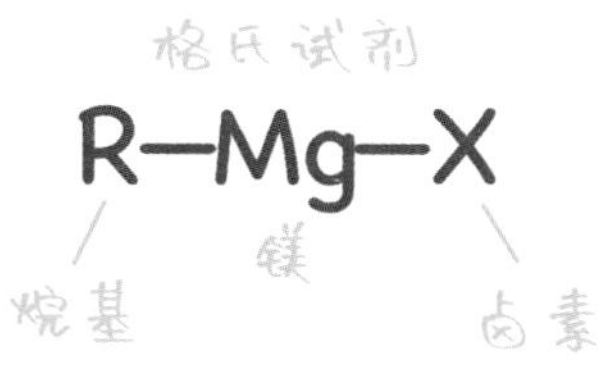

- 格氏试剂的制备：卤代烃与镁在无水乙醚或四氢呋喃（THF）中反应，就能形成格氏试剂，如下图所示。

$$\mathrm{R{-}X} + \mathrm{Mg} \longrightarrow \mathrm{R{-}Mg{-}X}$$

卤代烃　　镁　　格氏试剂

- 格氏试剂的化学性质十分活泼，甚至能够被空气中的氧气氧化。
- 利用格氏试剂合成烃、醇、羧酸等一系列有机化合物的这些反应称为格氏反应。

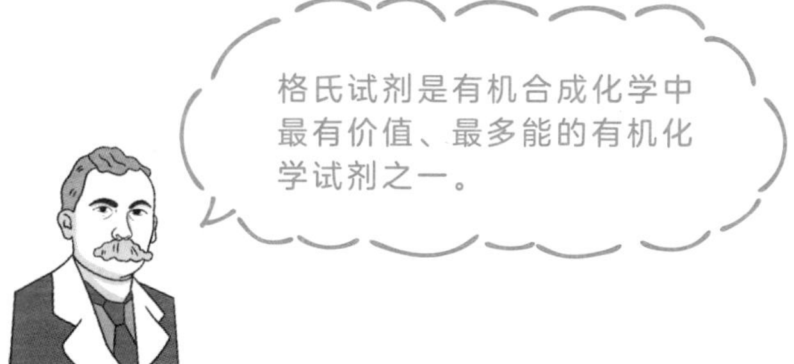

卤代烃与金属反应产生格氏试剂

烃分子中的一个或者几个官能团被卤原子取代后的产物称为卤代烃。

卤代烃能与金属锂、钠、镁、锌等反应，生成金属有机化合物，用R—M表示。由于金属的电负性一般比碳原子小，因此R—M键一般是极性共价键，金属原子带有部分正电荷，与之相连的碳原子则带有部分负电荷。

R—M键容易断裂，化学性质活泼，能够与多种化合物发生反应。

卤代烃与金属镁反应产生的金属有机化合物称为格氏试剂，反应如下。

$$CH_3CH_2Br + Mg \xrightarrow{\text{乙醚，回流}} \underset{\text{格氏试剂}}{CH_3CH_2MgBr}$$

在制备格氏试剂时，卤代烷的活性次序是碘代烷＞溴代烷＞氯代烷，其中的碘代烷不常用，因为价格较高且易发生副反应。

格氏试剂的性质

格式试剂很活泼，能够吸收空气中的氧气而被氧化，其氧化产物经过水解能够产生醇，反应如下。

$$RMgX + \frac{1}{2}O_2 \longrightarrow ROMgX$$

$$ROMgX \xrightarrow{H_2O} ROH + Mg(OH)X$$

由于格氏试剂活性很高，生成格氏试剂后往往不进行提纯分离，而是直接用于下一步反应。

格氏试剂还能够与含有活泼氢（如酸、水、醇等）的化合物作用而被分解成烃，与水发生反应如下。

$$RMgX + H_2O \longrightarrow RH + Mg(OH)X$$

原理应用知多少！

利用格氏试剂合成有机物

格氏试剂在有机合成方面具有极其广泛的应用，能够实现从简单到复杂的有机分子的构建，下面介绍两种利用格氏试剂制备有机物的方法和实例。

• 利用格氏试剂制备羧酸

格氏试剂能够与二氧化碳进行亲核加成并水解，可将卤代烃分子中的卤原子转变为羧基，这是制备羧酸的一个有效方法。具体如下。

$$C_6H_5\text{—MgBr} \xrightarrow[\text{② } H_2O]{\text{① } CO_2} C_6H_5\text{—COOH}$$

• 利用格氏试剂制备醇

格氏试剂能够与醛、酮进行亲核加成反应，产物经水解产生醇，反应原理如下。

$$>C=O + RMgX \longrightarrow R-\overset{|}{\underset{|}{C}}-OMgX$$

$$R-\overset{|}{\underset{|}{C}}-OMgX \xrightarrow{H_2O} R-\overset{|}{\underset{|}{C}}-OH + Mg(OH)X$$

例如格氏试剂与甲醛反应能够生成增加一个碳原子的伯醇，反应如下。

$$HCHO + C_6H_{11}\text{—MgCl} \xrightarrow[\text{② } H_2O]{\text{① 乙醚}} C_6H_{11}\text{—}CH_2OH$$

从花花公子到诺贝尔奖得主

1912年，诺贝尔化学奖获得者格林尼亚收到了一封贺信，信中只有一句话："我永远敬爱您！"落款是波多丽女伯爵。看到这封信，格林尼亚的眼圈红了，过去的一幕浮现在眼前。

格林尼亚出生在一个百万富翁家庭，从小养成了游手好闲、挥金如土、盛气凌人的恶习。然而，在他21岁的时候，却遭受了一次严重的打击。

1892年秋的一天，在法国切尔堡上流社会举行的一个午宴上，风度翩翩的"公子哥"格林尼亚邀请一位气质高雅的陌生姑娘跳舞，姑娘却对他露出不屑一顾的神态，并摇着手说："请站远一点儿，我最讨厌被你这样的花花公子挡住视线。"在大庭广众之下被拒绝，是这位"公子哥"有生以来的第一次，他难堪极了，周围人幸灾乐祸的围观更使他面红耳赤，手足无措。

那位姑娘就是波多丽女伯爵，她的话像针一般刺痛了格林尼亚的心。他开始意识到自己过去的所作所为竟然如此令人厌恶，禁不住悔恨交加。

格林尼亚提前退出宴会并驱车回家，他和衣躺在床上，痛感自己堂堂七尺男儿竟成了社会"公害"，真是无地自容。

之后，格林尼亚给家里留下一封信："请不要探询我的下落，我会刻苦学习，我相信自己将来会创造一些成就！"

最终，格林尼亚没有让他的亲人失望，获得了世人瞩目的诺贝尔奖。

格林尼亚

醇

醇是含有一个或多个羟基与烃基相连的有机化合物。

发现契机！

—— 1901年，法国化学家维克多·格林尼亚（Victor Grignard，1871年5月6日—1935年12月13日）提出了格式反应，这使得醇类化合物的合成变得更加简便和高效。我们有请格林尼亚先生为我们讲解醇类化合物。

醇类化合物在化学中非常重要，广泛应用于医药、化妆品、溶剂、燃料和工业原料等多个领域。醇类化合物的多样性和反应活性使它们成为有机合成中的基本单元。醇类化合物的合成方法多种多样，常见的醇类化合物合成方法包括还原反应、烯烃水合反应、环氧化物开环反应和酯还原等，当然，我提出的格式反应能够高效地合成醇类化合物。

—— 格氏试剂是如何使醇类化合物的合成变得更加简便和高效的?

格氏试剂在醇类化合物的合成中起着关键作用。通过使用格氏试剂，可以将卤代烃与醛、酮等羰基化合物反应，直接生成相应的醇。传统的合成方法往往需要多步反应，而使用格氏试剂可以一步完成。此外，其反应条件温和、收率高、适用于多种有机基团等特点，使得它在实验室和工业生产中都得到了广泛应用。

—— 非常感谢您今天的分享，格里尼亚先生。您的发现无疑为有机化学的发展作出了巨大贡献。

原理解读！

- 羟基与饱和碳原子相连的有机物称为醇，醇的官能团是羟基（—OH），如下图所示。

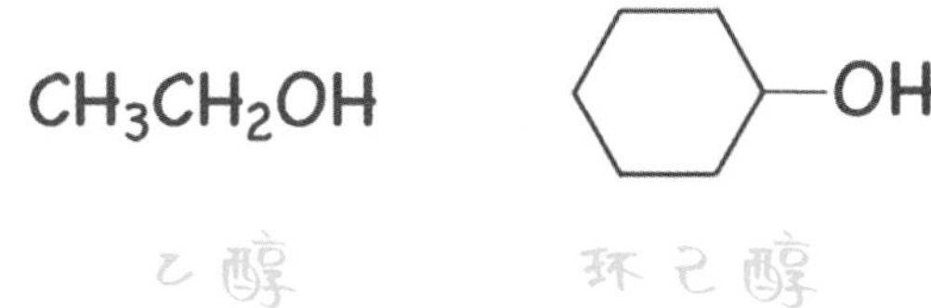

- 根据醇分子中所含羟基的数目可以分为一元醇、二元醇和多元醇。

  甲醇、乙醇是由饱和烷烃所衍生的，称为一元饱和醇，通式为$C_nH_{2n+1}OH$。

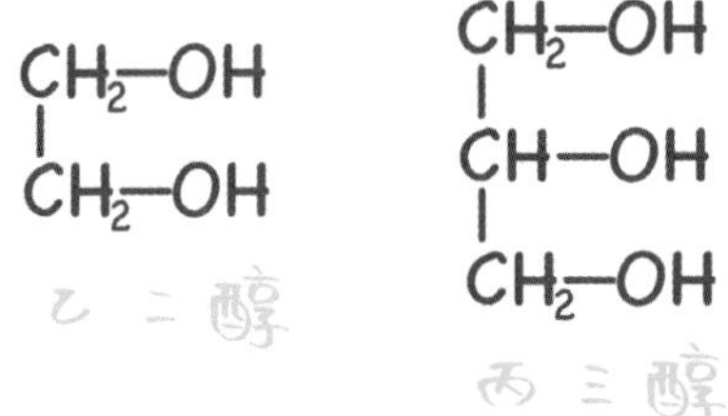

- 醇可以发生取代反应，羟基或者羟基上的氢可以被其他原子或基团所取代。
- 醇也可以发生消去反应，消去反应是指醇分子在一定条件下失去一个水分子，形成不饱和化合物（通常是烯烃）的一类反应。

当羟基与苯环相连时，形成的有机物不是醇，而是苯酚。

醇的物理性质

直链饱和一元醇中，C_4以下的醇为具有酒味的流动液体，C_5～C_{11}的醇为具有不愉快气味的油状液体，C_{12}以上的醇为无臭无味的蜡状固体。一些醇的物理常数如表1所示。

［表1］一些醇的物理常数

名称	熔点/℃	沸点/℃	溶解度/g
甲醇	−97.8	64.7	∞
乙醇	−114.7	78.5	∞
正丙醇	−126.5	97.2	∞
正丁醇	−89.5	117.3	∞
正戊醇	−117.0	132.0	2.2
正己醇	−52.0	158.0	0.7

与相对分子质量相近的非极性或弱极性化合物（如烃类）相比，醇的沸点、熔点和在水中的溶解度等有明显的差别。

这是因为醇能够形成分子间氢键，如图1所示。

［图1］醇分子内形成的氢键

液态醇汽化时，不仅要破坏分子间的范德瓦耳斯力，还要有足够的能量破坏氢键。因此，低级醇的沸点比相对分子质量相近的烷烃高很多。例如，甲醇的沸点比乙烷的沸点高153.3℃。但随着碳原子数的增加，醇分子中烷基所占的比例增大，分子间氢键的作用减小，故随着碳链的增长，醇与相对分子质量相近的烷烃的沸点差值逐渐缩小。

醇的化学性质

醇的化学性质由羟基官能团决定。在醇分子中，由于氧原子吸引电子的能力比氢原子和碳原子的强，使O—H键和C—O键的电子都向氧原子偏移。因此，醇在反应时，O—H键容易断裂，使羟基中的氢原子被取代并发生取代反应。同样，C—O键也容易断裂，使羟基被取代或脱去，发生取代或者脱去反应。醇容易发生断裂的键如图2所示。

［图2］醇容易发生断裂的键

$$CH_3CH_2-O-H$$

易断裂

醇可以与氢卤酸发生取代反应生成卤代烃和水，醇中的C—O键断裂，卤素原子取代了羟基，从而生成了卤代烃。例如，乙醇与浓氢溴酸混合加热后发生的取代反应如下。

$$C_2H_5-OH + H-Br \xrightarrow{加热} C_2H_5-Br + H_2O$$

乙醇在浓硫酸的作用下，加热到170℃可以生成乙烯，如下。

$$H-\overset{\displaystyle H}{\underset{\displaystyle H}{C}}-\overset{\displaystyle H}{\underset{\displaystyle OH}{C}}-H \xrightarrow[170℃]{浓硫酸} CH_2=CH_2\uparrow + H_2O$$

在这个反应中，乙醇分子脱去1个水分子生成乙烯，发生了消去反应。

如果把乙醇和浓硫酸混合物的温度控制在14℃左右，乙醇将会以另一种方式脱水，即每两个乙醇分子间会脱去1个水分子而生成乙醚，具体如下。

$$C_2H_5-OH + H-O-C_2H_5 \xrightarrow[140℃]{浓硫酸} C_2H_5-O-C_2H_5 + H_2O$$

乙醚是一种无色、易挥发的液体，有特殊气味，具有麻醉作用。

像乙醚这样的2个羟基通过1个氧原子连接起来的化合物称为醚。醚的结构可以用R_1-O-R_2来表示，其中的R_1、R_2都表示烷基，可以相同，也可以不同。

值得注意的是，相同碳原子数的醚常常与醇是一对同分异构体，例如乙醇与二甲醚就是一对同分异构体，如图3所示。

［图3］乙醇与二甲醚

同分异构体

$C_2H_5—OH$　　$CH_3—O—CH_3$

乙醇　　二甲醚

原理应用知多少！

醇的代表物的应用

• 甲醇

甲醇最早是通过木材干馏的方法得到，所以俗称木精。甲醇是无色液体，沸点为65℃。甲醇有毒，服入10mL就能使人双目失明，服入30mL可以致死。甲醇是重要的化工原料及溶剂，加入汽油中可提高汽油的辛烷值。

• 乙醇

乙醇俗称酒精，是酒的主要成分。乙醇是无色的液体，有刺激性气味，沸点为78.5℃，能与水及多种有机溶剂混溶。乙醇是一种常用的工业溶剂，用于油漆、清洁剂、油墨、涂料和化妆品等产品的生产，并且它具有良好的溶解性能，可以溶解许多有机物和某些无机物。

• 丙三醇

丙三醇俗称甘油，是无色黏稠液体，有甜味。丙三醇被广泛用作食品添加剂，常用于调味品、烘焙食品、冷冻食品、饮料和甜点中。丙三醇作为甜味剂和保湿剂，可以提供特殊的口感和保持食品的湿润度，同时还能增加食品的甜度和口味。在护肤品和化妆品中，丙三醇常用于保湿霜、护手霜的配方中，具有保湿和滋润皮肤的作用。

酒精是如何让我们产生醉意的

乙醇是酒精性饮料中的活性成分，它的结构简单，有助于其渗透细胞膜。乙醇虽然是小分子，但其产生的影响却比其他大分子更为广泛。

我们摄入酒精后，酒精先进入胃部，然后通过消化道被吸收到血液中。而胃内的食物会影响酒精被吸收到血液中的程度，因为在进食后，将小肠和胃隔开的幽门括约肌会收缩关闭，所以此时血液中的酒精含量只有空腹时的四分之一。

之后，酒精会随着血液流向各个器官，尤其是血流量最大的器官——肝脏和大脑。

酒精首先到达肝脏，肝脏中的酶分两步将酒精分子分解：第一步是乙醇脱氢酶将酒精转化为带有毒性的乙醛；第二步是乙醛脱氢酶将有毒的乙醛转化为无毒的醋酸盐。伴随着血液循环，肝脏会不断地将酒精清除，而这一次清除决定了酒精到达大脑和其他器官的程度。

酒精对情绪、认知和行为所产生的影响，也就是所谓的醉态，则决定了大脑的灵敏度。酒精使大脑中的主控物质，即神经递质γ一氨基丁酸增加，并使大脑中的神经递质谷氨酸减少，这使得神经元的交流大大减少。若达到酒精中毒的摄入量，则会阻碍基本的大脑活动。

有机物的结构与性质是什么样的?

施陶丁格

高分子线链学说

大分子量的高分子是通过成键连接在一起的。

发现契机!

—— 1920年，德国化学家赫尔曼·施陶丁格（Hermann Staudinger，1881年3月23日—1965年9月8日）提出了高分子链理论。

我认为橡胶、纤维素和蛋白质实质上是由一类小分子量、重复、以共价键相连的化学单元构成，换言之，它们是高分子材料。

—— 在您提出高分子线链学说时，遇到了哪些挑战?

当我提出高分子链理论时，主流科学界并不接受我的观点。当时的普遍看法是高分子只是由小分子通过弱的物理相互作用聚集而成的，而不是由长链大分子组成的，所以许多同事质疑我的实验结果和理论假设。我面临的主要挑战是证明高分子链的存在，并解释其物理和化学性质。

—— 您是如何应对这些质疑，并最终证明您的理论的?

面对质疑，我决定通过更加严谨的实验和详细的理论分析来证明我的观点。我进行了大量的黏度测量和渗透压实验，结果显示高分子化合物具有长链结构，而不是由小分子聚集形成的。特别是通过对橡胶的研究，我证明了其分子量和链长之间的关系。这些实验数据使得我的理论最终得到了认可。

—— 您的发现开创了高分子化学的先河，对科学界和工业界都有着深远的影响。

原理解读！

- 高分子又称为聚合物，是由大量重复的小分子通过共价键连接形成的大分子。

  例如聚乙烯就是高分子，是由大量乙烯连接而成的，如果将乙烯看作一个曲别针，那么聚乙烯就是一串由曲别针连成的长链，如下图所示。

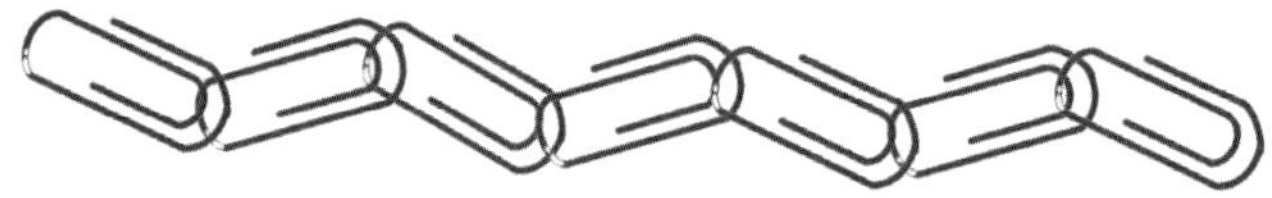

像穿起来的曲别针长链

- 高分子的分子量很大，比一般有机物要大得多，通常在 10^4 以上。
- 高分子链的结构可以呈现多种构象，如线形、螺旋形、球形等。
- 合成高分子的方法包括加聚反应与缩聚反应。

  加聚反应：是指小分子通过连续的加成反应形成高分子链的过程，这种反应通常不产生副产物。

  缩聚反应：是指小分子通过逐步的缩合反应形成高分子链的过程，这种反应通常会产生小分子副产物（如水）。

高分子的相对分子质量并没有一个明确的数值，因为聚合反应得到的分子是长短不一的混合物。

加聚反应

在一定条件下，烯烃中的双键能够打开，并通过加成自身结合在一起，这种反应就称为聚合反应。

例如在催化剂的作用下，乙烯能够聚合为聚乙烯，反应过程如下图1、图2所示。

而在没有催化剂时，乙烯之间不会发生反应，如图1所示。

［图1］乙烯（蓝色圆形代表碳，省略氢与碳氢键）

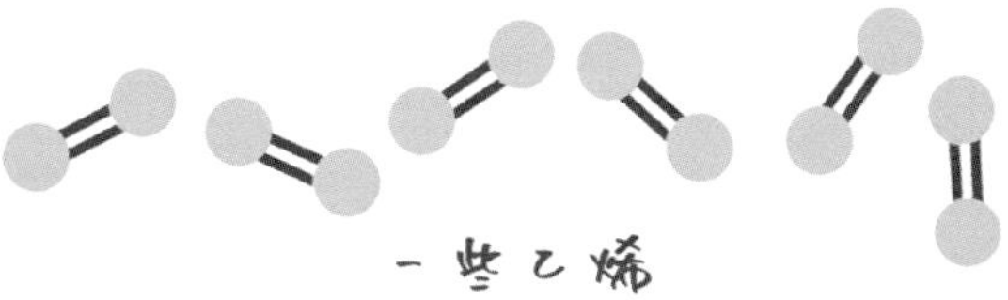

催化剂就像号角一样，乙烯们听到号角吹响就开始打开双键，如图2所示。

［图2］聚乙烯的形成过程

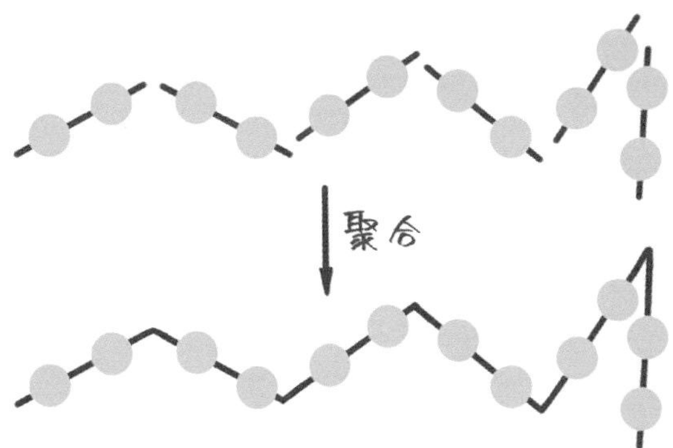

而打开双键后，它们开始连在一起，这样就形成了聚乙烯。我们用以下方程式来表示这个反应。

$$nCH_2=CH_2 \xrightarrow{\text{催化剂}} [CH_2-CH_2]_n$$

乙烯在这里发生的就是加成聚合反应，简称加聚反应。反应中的原料乙烯称为单体，生成的聚乙烯称为加成聚合物，简称加聚物。

$—CH_2—CH_2—$为可以重复的单元，相当于曲别针，称为链节，又称重复结构单元。含有的链节数目称为聚合度，用n来表示。公式为：

聚合物的平均相对分子质量=链节的相对质量×n

缩聚反应

我们知道乙醇和乙酸在酸的催化下能够生成酯，称为缩合反应。

如果将上述反应中的一元醇与一元酸换为二元醇与二元酸，就能够生成链状的聚酯，称为缩聚反应，反应过程如图3和图4所示。

二元醇的一端羟基与二元酸的一端羧基能发生反应生成酯，如图3所示。

［图3］缩聚反应的第一步反应（羧代表连接的羧基，羟代表连接的羟基，R代表碳链）

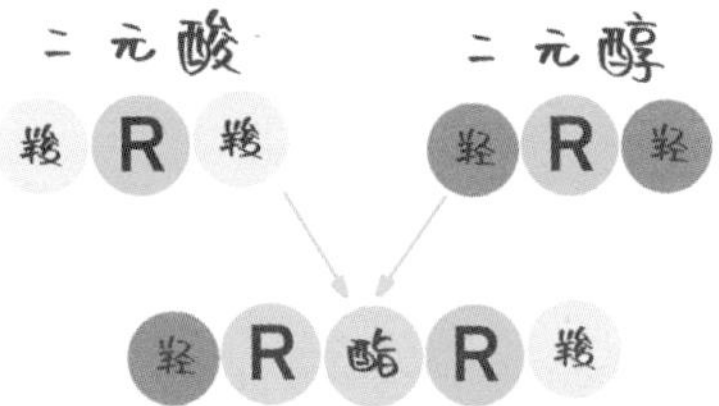

生成的物质两端依然有羟基与羧基，能够继续进行缩合反应，如图4所示。

［图4］缩聚反应的第二步反应

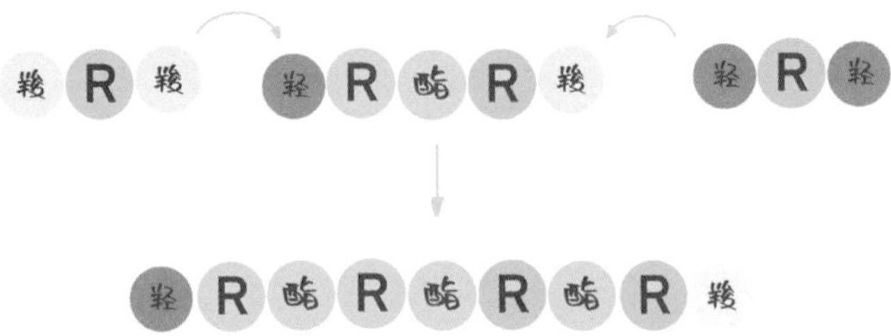

就这样一直进行缩合反应，生成的链状分子会越来越大，这种聚合物称为聚酯。

值得注意的是，每一步反应都会有一分子的水生成，这是缩聚反应与加聚反应的重要不同之处。

原理应用知多少！

高分子材料

塑料、合成纤维和橡胶这三大高分子材料，在现代社会中具有广泛的应用和重要的地位。

• 塑料

塑料的主要成分是合成树脂，例如聚乙烯、聚氯乙烯、聚丙烯、聚苯乙烯等。塑料具有较高的强度和较低的密度，可以通过注塑、挤出、吹塑等工艺制造各种形状的制品，并且大多数塑料具有良好的耐化学腐蚀性能。

• 合成纤维

纤维是人们生活中的必需品。棉花、羊毛、蚕丝等是天然纤维；以木材、秸秆等农副产品为原料，经加工处理可以得到再生纤维；以石油、天然气、煤等为原料，将其转化为单体，再经过聚合反应得到的是合成纤维。再生纤维与合成纤维统称为化学纤维。

涤纶就是一种合成纤维，是对苯甲酸与乙二醇进行缩聚制成的。涤纶纤维具有强度大、耐磨、易洗、速干的优点，但是透气性和吸湿性差，可以与天然纤维混纺进行改进。涤纶是应用最广泛的合成纤维品种，大量用于服装与床上用品、服饰布料以及工业用纤维制品（绝缘材料、过滤材料、传送带）等。

• 合成橡胶

橡胶是一类具有弹性的物质，在外力作用下，橡胶的形状会发生改变，但去除外力之后又能恢复原来的形状。橡胶广泛应用于工业、农业、国防、交通以及日常生活的各个方面。一些常见的橡胶如下。

丁苯橡胶（SBR）：用于轮胎、胶管、胶带等。

氯丁橡胶（CR）：用于密封件、胶管、防护服等。

硅橡胶（SI）：用于耐高温材料、耐低温材料、医疗用品等。

丁腈橡胶（NBR）：用于油封、密封件、胶管、工业用手套等。

塑料瓶底的标识

在日常生活中，我们常在塑料瓶的底部发现三角标识，如图5所示。

[图5] 瓶底的三角标识

那么这些标识代表什么意思呢?

1号代表聚乙烯对苯二酸甲酯，常用于饮料瓶，应避免高温。

2号代表高密度聚乙烯，常用于酸奶瓶、沐浴露瓶，不易清洗，不建议循环使用。

3号代表聚氯乙烯，常用于塑料袋、橡皮等，不宜接触食品，遇高温会释放有害物质。

4号代表低密度聚乙烯，常用于保鲜膜，应避免高温，不宜接触含有油脂的食物。

5号代表聚丙烯，常用于快餐盒、吸管等，110℃以上易变形。

6号代表聚苯乙烯，常用于一次性塑料餐具等，应避免高温，有苯丙烯残留风险。

7号代表其他，常用于水杯，购买时请检查有无“不含BPA”标签，保证自己的健康和安全。

附录

化学的发展脉络

化学作为一门科学，有着悠久而丰富的历史。从古代的炼金术到现代的分子科学，化学的发展脉络展现了人类对物质世界的不断探索和认知深化。以下是化学发展的一些重要阶段和里程碑。

古代炼金术时期

化学的起源可以追溯到古代的炼金术。炼金术士试图将普通金属转化为黄金，并追求长生不老的药物。尽管他们的目标未能实现，但他们的实验和发现为后来的化学发展奠定了基础。许多实验技术和化学器具也起源于这一时期。

17世纪—18世纪：近代化学的开端

17世纪的科学革命为化学的现代化奠定了基础。罗伯特·波义耳（Robert Boyle）被誉为近代化学之父，他在1661年出版的《怀疑派化学家》一书中，提出了元素的概念，这标志着化学从炼金术向科学的转变。

18世纪，被称为现代化学之父的安托万·拉瓦锡（Antoine Lavoisier）通过精确的定量实验，提出了质量守恒定律，揭示了化学反应中物质的守恒。拉瓦锡还命名了氧气，并解释了燃烧和呼吸的本质。这些成就奠定了现代化学的基础。

19世纪：原子理论和元素周期表的提出，有机化学开始发展

19世纪初，约翰·道尔顿（John Dalton）提出了原子理论，认为所有物质是由原子组成的，每种元素的原子具有特定的质量。道尔顿的理论为化学反应的理解提供了新的视角。

1824年，德国化学家弗里德里希·维勒（Friedrich Wöhler）合成了尿素，这一实验被认为是有机化学的开端。通过无机物氰酸铵合成尿素的实验，维勒证明了有机化合物可以通过无机物合成，打破了有机化合物只能由生物体产生的观点。

1869年，德米特里·门捷列夫提出了元素周期表，他根据元素的原子量和化学性质排列元素，揭示了元素的周期性规律。门捷列夫的周期表不仅预言了许多未知元素的存在，还促进了元素的系统研究和新元素的发现。

20世纪：量子化学和分子生物学的兴起

20世纪初，物理学的发展对化学产生了深远影响。尼尔斯·玻尔（Niels Bohr）的原子结构模型和量子力学的发展，使人们对原子和分子的结构有了更深入的理解。量子化学成为解释化学键和分子结构的重要理论基础。

20世纪中叶，分子生物学的兴起将化学推向了新的高度。詹姆斯·沃森（James Watson）和弗朗西斯·克里克（Francis Crick）在1953年发现了DNA的双螺旋结构，揭示了遗传信息的化学基础。此后，生物化学和分子生物学迅速发展，化学在理解生命现象中扮演了关键角色。

21世纪：纳米技术和绿色化学的崛起

进入21世纪，化学迎来了新的发展机遇。纳米技术的发展使得人们能够操控原子和分子，制造出具有特殊性质的纳米材料。纳米化学的研究不仅推动了材料科学的发展，还在医学、电子学和能源等领域展现出广阔的应用前景。

与此同时，绿色化学的理念逐渐深入人心。绿色化学倡导通过开发更环保的化学工艺和产品，减少对环境的污染和资源的消耗。可再生能源的开发、生物降解材料的研究，以及无毒无害工艺的应用，都是绿色化学的重要领域。

未来展望

化学的未来充满了挑战和机遇。随着科技的不断进步，化学将在解决全球能源危机、环境污染、食品安全和健康医疗等重大问题中发挥越来越重要的作用。通过跨学科的合作和创新，化学将继续引领科学和技术的前沿，推动人类社会的可持续发展。

从古代的炼金术到现代的分子科学，每一个阶段都标志着科学认识的飞跃。化学不仅能帮助我们理解物质的基本构成和变化规律，还在提高我们的生活质量和保护地球环境方面发挥着不可替代的作用。期待未来的化学能够继续为人类社会带来更多的福祉和进步。

常见元素符号中文对照表

元素符号	中文名称	元素符号	中文名称	元素符号	中文名称
Ag	银	He	氦	Sc	钪
Al	铝	Hg	汞	Se	硒
Ar	氩	I	碘	Si	硅
Au	金	K	钾	Sn	锡
B	硼	Kr	氪	Sr	锶
Ba	钡	Li	锂	Ti	钛
Be	铍	Mg	镁	U	铀
Br	溴	Mn	锰	V	钒
C	碳	N	氮	W	钨
Ca	钙	Na	钠	Xe	氙
Cl	氯	Ne	氖	Zn	锌
Co	钴	Ni	镍		
Cr	铬	O	氧		
Cu	铜	P	磷		
F	氟	Pb	铅		
Fe	铁	Pt	铂		
Ga	镓	Ra	镭		
Ge	锗	Rn	氡		
H	氢	S	硫		

推荐词

- 兴趣是学习最好的老师，作为一名化学老师，深知兴趣对学生的学习有深远的影响，本书通过一个又一个实验、历史小故事，生动形象地给读者讲述了化学最基本的理论，再通过理论联系实际，让读者真正体会到化学世界的有趣和奇妙。无论你是化学小白，还是想拓展知识面，《跟着化学家学化学》都可以满足你的需求。快来和我一起翻开《跟着化学家学化学》，一同发掘化学之美，领略化学的奇妙魔力吧！

  ——B站知名化学教育博主 郭有威（小郭老师）

- 《跟着化学家学化学》将开启你的化学世界寻宝之旅，点燃你对变化世界的无限“烯望”，激发你与化学宇宙的“焰色反应”。

  ——小红书知名科普博主 化学系林小羽

- 《跟着化学家学化学》把抽象晦涩的化学原理具象化、形象化、故事化，让孩子们对化学更感兴趣，这是一本适合中小学生化学启蒙的好书。

  ——小红书知名博主 化学吕老师

- 《跟着化学家学化学》一书以化学家视角解读化学奥秘，生动有趣，助力高考，开启奇妙化学之旅。

  ——王珊珊 化学网课名师、小红书知名博主“化学实验班王老师”

- 科普读物《跟着化学家学化学》能把初高中化学理论部分解读得有趣且透彻，化学逻辑超棒，枯燥的知识瞬间鲜活起来，作为一线教师，甚是喜欢！推荐给初高中学生、一线教师同仁、师范生以及备考教师编的朋友们。

  ——小红书知名博主 化学静静老师

- 嘿，青少年朋友们！《跟着化学家学化学》来啦，它就像一把神奇的钥匙，即将开启你通往奇妙化学世界的大门。在这里，你能跟着化学家们的奇妙经历，把那些看似神秘莫测的化学知识一一解锁。这本书里全是有趣的故事、奇妙的实验，让你不知不觉就沉浸其中，跟着化学家的脚步，探索化学的无限奥秘哟，千万别错过这本超赞的科普读物呀！

  ——小红书知名博主 教化学的小李老师

- 《跟着化学家学化学》是一本精彩的化学科普读物，新颖的编写体例和有趣生动的对话让人如临其境，从日常生活中的现象到前沿的科学研究，深入浅出地带你领略化学的神奇魅力。快快跟上，与专家一同探索化学的奥秘，开启惊喜的科学之旅吧！

  ——高级中学化学教师 包鹏飞

- 《跟着化学家学化学》这本科普类书籍，对于大部分中学生是非常不错的选择，单从目录分类就可以看出很多知识是平时在学校接触不到的，通过阅读可以有助于培养学生在闲暇之余对于化学的兴趣，更好地帮助学生感受到化学这一学科的魅力。

  ——高中化学教师 知名化学博主 张文

- 《跟着化学家学化学》是一本用访谈形式写的化学书，通过它可以倾听不同时代化学家们的科研历程，呈现知识的来龙去脉，触摸化学的温度！

  ——小红书不知名博主 化学芝士店